Schriften
der
Berlinischen Gesellschaft
naturforschender Freunde.

Zweyter Band.

Mit Kupfern.

Berlin 1781.
Im Verlage der Buchhandlung der Realschule.

Vorbericht.

Mit Beziehung auf diejenigen Vorfälle und Veränderungen, von welchen wir unsern verehrungswürdigen Freunden und Lesern schon im Vorberichte des ersten Bandes unserer Schriften Nachrichten ertheilet haben, können wir nunmehro nach der Wahrheit versichern, daß die vornehmsten derselben dergestalt zum Vortheil der innerlichen gesellschaftlichen Angelegenheiten ausgeschlagen sind, daß sich die Aufnahme der Gesellschaft seit jener Zeit auf eine so erwünschte Art geäußert, welche Fortgang und Dauer verspricht, daß wir damit zufrieden zu seyn alle Ursache finden. Unsere auswärtige Freunde haben daran bereits vielen Antheil genommen, und mit andern recht vorzügliche und würksame Proben wegen der gemachten Einrichtungen ihres Beyfalls und Zuneigung gegeben: indem sie sich diese nicht nur überaus wohl gefallen lassen, da wir ihnen sowohl als uns selbst des Briefwechsels halber, die möglichste Bequemlichkeit zu verschaffen gesucht, sondern auch zum Theil uns verschaffet haben.

Es ist also schon ein wichtiger Theil unserer Besorgnissen abgethan, und wir sind nach unsern Wünschen in so ferne in die verlangten Umstände gesetzet worden, daß wir von nun an auf die Erfüllung unserer Zusage desto sicherer denken, und dasjenige mit mehrern Nachdruck betreiben können, wovon wir überzeugt worden sind, daß es dem Publikum am allerangelegentlichsten seyn werde.

Sowohl auswärtige als einheimische Freunde, denen dieses eben so, wie uns am Herzen gelegen, und die deshalb in der That an unserm Institut ganz von neuem Antheil genommen, haben uns nach ihren Einsichten und Wohlwollen durch thätige Proben in eine recht belebende Bewegung versetzet. Rührende Beweise davon für

uns

uns enthalten sowohl die Bücher- als Naturaliensammlung der Gesellschaft, und die noch neuerlichst gütigst eingeschickten gelehrten Abhandlungen, als wichtige Beyträge zu diesem und folgendem Bande unserer Schriften erinnern uns beständig an Pflichten und Dankbegierde gegen die so großmüthigen und wohlthätigen Beförderer unseres Instituts, welchen wir wegen Beförderung und Wachsthum desselben die größte Verbindlichkeit schuldig zu seyn glauben.

Wegen der erstern werden wir nach einer geschehenen vollständigen Bearbeitung der gesellschaftlichen Bibliothek, als auch des Vorrathes unserer Naturaliensammlung und deren Verzeichnisse Gelegenheit nehmen, unser schon gethanes Versprechen zu erfüllen, und allen wohlgesinneten Freunden für ihre Beyträge öffentlichen Dank abzustatten; die zum Druck eingeschickten schätzbaren und wichtigen Abhandlungen haben wir die Ehre in den gesellschaftlichen Schriften dieses und der folgenden Bände von Zeit zu Zeit öffentlich vorzulegen.

Herr D. Bloch unser ordentliches Mitglied und ein sehr fleißiger Mitarbeiter, der sich überhaupt bey aller Gelegenheit die Aufnahme unsers Instituts angelegen seyn läßt, hat der Gesellschaft noch neulich hievon den überzeugendsten Beweis gegeben, da er den von der Königl. Dänischen Akademie der Wissenschaften in Kopenhagen für die Auflösung der Preisaufgabe über die Entstehung der Intestinalwürmer erhaltenen Preis von 40 Spec. Dukaten zur gesellschaftlichen Casse auf die edelmüthigste Art geschenkt.

Was den Zuwachs des Naturalienkabinets der Gesellschaft betrift, so ist er besonders durch die großmüthige Freygebigkeit des Herrn D. Brands, eines unserer würdigsten ordentlichen Mitglieder, ungemein ansehnlich gemacht worden. Dieser gütige Freund hat sich bey uns durch die Schenkung seines ganzen schätzbaren Naturalienkabinets, welches in fünf Spinden und fünf Kommoden besteht, und besonders im mineralischen Fache sehr beträchtlich und vollständig ist; außerdem aber auch schöne Conchylien, Fische, Vögel, Insekten, skeletirte Thiere, im Spiritus aufbewahrte Schlangen, Eidexen ꝛc. und verschiedene künstliche Sachen, enthält, ein

immer-

immerwährendes Denkmal der edelsten Gesinnungen gestiftet.

Diejenigen verehrungswürdigen Freunde, die unserm Institut als auswärtige Ehrenmitglieder bishero beygetreten sind, daß wir uns dieser Vermehrung halber Glück zu wünschen haben, sind folgende:

194. Herr Carl Ployer, Kayserl. Königl. Bergrichter über die Bleybergwerke in Kärnthen zu Pleiberg bey Villach.

195. Herr Doctor Johann Mayer in Prag.

196. Herr Johann Friedrich Ester, Superintendent der Stadt Wunsiedel.

197. Herr Ehrmann, der Rechte Licentiat und Lehrer der Physik in Strasburg.

198. Herr Abt *Angelo Gualandris* zu Padua.

190. Herr Sybel, Inspector und lutherischer Prediger zu Cleve, Mitglied der Harlemmer Gesellschaft der Wissenschaften.

200. Herr H. F. R. T. Aepinus, Rußisch-Kayserl. wirklicher Staatsrath beym Collegio der auswärtigen Affairen, Mitglied vieler Akademien.

201. Herr Herrmann in Wien, der Kayserl. Königl. patriotischen Societät in Niederösterreich Mitglied.

Was etwa der übrigen gesellschaftlichen Angelegenheiten halber in diesem Vorberichte noch beyzubringen seyn möchte, würde etwa darinnen bestehen: daß wie nach der, bey unserer Gesellschaft naturforschender Freunde ein vor allemal angenommenen Denkungsart und den daher entstehenden Verfassungen festgesetzet ist, wir die im gegenwärtigen zweyten Bande unserer Schriften enthaltenen gelehrte Abhandlungen ohne alle Empfehlungsweise vorhergemachte Bemerkungen öffentlich vorlegen; um der den Gelehrten selbst so angemessenen und als sachverständigen Lesern vorzüglich zukommenden Beurtheilungsfreyheit auch nicht unter dem allergeringsten Scheine oder auf einige Weise zu nahe zu treten. Da wir nun hierbey zu deren Gründlichkeit und Billigkeit das gröste Vertrauen haben, so werden wir damit auf gleiche Weise fortfahren. Dabey soll uns nichts befriedigerndes begegnen, als wenn wir uns überzeugen können, deren Gedanken wegen der Wahl und Ordnung einigermassen errathen zu haben, und dem Ziele unsrer freundschaftlichen Wünsche am allernächsten gekommen zu seyn.

Wegen

Wegen der zu gemeinnützlichen Absichten so oft verlangten und von auswärts her vorgeschlagenen Uebersetzung unserer Schriften in die französische Sprache, erkläret sich die Gesellschaft dahin, daß sie bey den Vorzügen, die denselben dadurch zuwachsen können, gegen so großmüthige Beförderer und Theilnehmer ihres Instituts niemals gleichgültig seyn und bleiben werde.

Bey der Correctur dieses Bandes hat man auf die Erinnerungen unserer auswärtigen Freunde alle mögliche Rücksicht genommen.

Die Druckfehler vom ersten Bande, die etwa den Sinn verstellen möchten, sind am Schluße dieses Bandes angehängt.

Inhalt
des zweyten Bandes
der Schriften
der
Gesellschaft naturforschender Freunde
in Berlin.

XV. Eben-

I.

Ueber den

Bau der Mondfläche,

und den vulcanischen

Ursprung ihrer Ungleichheiten

von

F. U. T. Aepinus,

würklichen Staats-Rath beym Collegio der auswärtigen Affairen zu St. Petersburg, Mitglied verschiedener Akademien.

Auf den Gedanken, den ich hier vortrage, bin ich bloß zufälliger weise, und ganz unvermuthet gerathen. Ein achromatisches Telescop mit einem dreyfachen Objectivglase, so ich am Ende des Jahrs 1778 aus Engelland erhalten hatte, gab mir Gelegenheit, es manchmal gegen den Mond zu richten. In eben dieser Zeit ward mir des Herrn **von Hamilton** Werk, Campi Phlegraei, bekannt, und da ich einige seiner Zeichnungen betrachtete, fiel mir die Aehnlichkeit der, von dem unterirdischem Feuer um Neapel ausgearbeiteten Gegenden, mit der Mondfläche, die durch den vorhin gedachten Zufall mir eben damals sehr bekannt war, mit einemmale in die Augen, und der Gedanke von ihrem vielleicht vulkanischem Ursprunge entstund gleichsam plötzlich bey mir. Meine Neugierde war nunmehr aufgeweckt. Ich untersuchte den Mond mit mehrerer Aufmerksamkeit, und las außer dem Werke des Herrn von Hamilton vieles, so mir von dem Aussehen der vom Feuer gebildeten Gegenden unserer Erdkugel klärere Begriffe geben konnte, und der Erfolg war, daß mir der vulcanische Bau der Mondfläche täglich mehr und mehr einleuchtete.

Zu anfangs suchte ich nichts, als die Befriedigung meiner eigenen Neugierde, und der Gedanke, etwas hievon der Welt mitzutheilen, kam mir erst einige Monathe später. Die Idee fieng mir an zu natürlich vorzukommen, als daß nicht schon längst jemand darauf sollte gefallen seyn. Ob ich mich gleich nicht erinnerte, bey irgend einem Schriftsteller etwas ihr ähnliches gefunden zu haben, so glaubte ich doch, dies könnte vielleicht aus meiner zu eingeschränkten Belesenheit, oder aus der Untreue meines schon seit 16 Jahren, mit Vorwürfen von ganz anderer Natur beschäftigten Gedächtnisses herrühren. Beym Nachsuchen fand ich aber mit Verwunderung nirgends eine Spur davon, und nun fieng ich an, es der Mühe werth zu glauben, diese Meynung bekannt zu machen. Ich fieng an, mich mit der Abfassung dieser kleinen Abhandlung zu beschäftigen; allein meine Arbeit gieng nur langsam von statten. Geschäfte von ganz anderer Art, denen ich den Vorzug zu geben schuldig war, und die wenigen Gelegenheiten, den

Mond,

Mond, dessen Bau umständlich zu kennen mir jetzt angelegen war, im vortheilhaftesten Lichte zu sehen, verursachten diese Zögerung, und machten daß ich dies Geschäfte nur erst vor kurzem geendigt habe.

Ich habe in der Anmerkung (I) gesagt, daß ich sicher vermuthe, es werde Niemand den so sehr natürlichen Gedanken, von dem vulcanischen Bau der Mondfläche, wenn auch nur flüchtig und vorübergehend, vor mir gehabt haben. Man hat mir zwey Stellen angezeigt, die einige Beziehung darauf haben. Die erste ist vom Herrn *de Sejour*, in seinem Essay sur les Cometes. In dem achten Abschnitt, wo er beweiset, daß der Mond kein von der Erde in seinem Lauf aufgehaltener Comet seyn kann, sagt er: Quelques Philosophes (hier ist vielleicht Herr **von Buffon** gemennt) frappés de l'aspect de la Lune, vue au telescope, ont cru y decouvrir les vestiges d'un corps brûlé par le Soleil, & dont toute l'humidité avoit été tellement dissipée, qu'il n'avoit point d'athmosphere. Man sieht leicht, daß hier von etwas ganz anderm, als demjenigen, was ich auf die Bahn gebracht, die Rede sey. Scheint mir der Mond ein verbrannter Körper, so ist es nicht von der Sonne, sondern von dem aus dem innern dieser Kugel hervorgebrochenem Feuer. Die zweyte ist vom Herrn **Bailly**, in dem 1779 gedrucktem zweytem Bande, seiner Histoire de l'Astronomie moderne. Ich hatte in diesem Buche das Chap. XV. Discours sur la nature des Corps lumineux, & des Corps obscurs de l'univers, sorgfältig nachgelesen, und daselbst nichts zur Sache gehöriges, als die in der Anmerkung (I) angegebene Stelle gefunden, hatte aber nicht vermuthet, daß in dem Chap. X. Travaux & decouvertes de même tems (kurz nach Errichtung der parisischen

Akademie der Wissenschaften) etwas dergleichen vorkommen würde. Hier hat man mir indeß eine Stelle angezeiget, wo Herr Bailly auf eine Art redet, woraus erhellet, daß ihm wenigstens die Aehnlichkeit einer Stelle im Monde, mit einer vulcanischen Hervorbringung unserer Erde in den Sinn gekommen. Plusieurs de ses taches, sagt er, presentent des apparences singulieres. Celle que l'on a nommé Tycho, est un centre de rayons, qui s'étendent au loin sur le disque de la Planete. La Lune à de très hautes montagnes. — — — — Il semble que Tycho, l'une de ces montagnes, ait été lé dépôt des vapeurs, le rendez - vous des nuages pour y deposer leurs eaux, & que ces eaux, déscendues de toutes parts en torrens, ayent sillonné tous ces rayons: ou plutôt, que la montagne ait renfermé un Volcan immense, d'où sont sortis des fleuves de Lave, dont les flots durcis forment l'assemblage & la régularité de ces rayons extraordinaires. Dieser Gedanke ist indeß nur sehr vorübergehend gewesen, und dem Herrn Bailly scheint es vielmehr nur um eine Vergleichung zu thun gewesen zu seyn, die den Begriff von dem sonderbaren Aussehen des Tycho den Lesern klärer machen könnte, als daß er an diesem Mondberge würklich einen Vulcan zu sehen gemuthmasset hätte. Dies erhellet zum theil aus dem XV. Chap. in welchem die eigentliche Stelle ist, wo er diese Idee hätte vortragen müßen, wo er aber nicht nur kein Wort hievon erwähnet, sondern vielmehr den vulcanischen Ursprung der Becken verkennet. Zum theil sieht man es ganz deutlich in eben diesem XV Chap. etliche Zeilen später. Er redet hier von der Meynung des Hevelius, daß der Aristarch wohl ein brennender Vulcan seyn möchte, und sagt bey dieser Veranlassung:

sung: Si la Lune a eu des Volcans, on peut croire qu'elle n'en a plus. Wenn er auf die, den meinigen ähnlichen Muthmassungen gerathen wäre, so würde er ohne Zweifel, nicht bedingt, sondern gerade zu gesagt haben: La Lune a eu, selon toute apparence, des Volcans, mais ils sont tous éteints.

Ich habe geglaubt, diese Anmerkungen seyn nicht ganz überflüßig, und habe, da mir die Veranlassung dazu etwas spät gekommen, ihnen hier Platz gegeben.

St. Petersburg 1780 im Monath May.

Unter den Entdeckungen, so **Galiläus** im Anfange des vorigen Jahrhunderts, durch Hülfe des nicht lange vorher erfundenen Sehrohrs machte, war die Aehnlichkeit, so er zwischen der Erde und dem Monde wahrgenommen zu haben glaubte, eine der merkwürdigsten, und in Betracht ihrer wenigen Uebereinstimmung mit den damals allgemein angenommenen Begriffen in der Naturkunde, eine der sonderbarsten und unerwartesten. Durch die Gemeinmachung des Telescops befindet sich heut zu Tage jedermann im Stande die Sache selbst zu prüfen, und die Wahrheit der von dem großen Mann gemachten Entdeckung ist jetzo völlig außer Zweifel gesetzt.

Die Mondfläche hat diesen telescopischen Observationen zufolge zweyerley Arten von Theilen. Einige ihrer Stellen sind von schwärzlicher und dunkler Farbe, die übrigen Gegenden aber werfen das Licht sehr stark und lebhaft zurück, und unterscheiden sich durch ihre Weiße und Helligkeit. Die Theile der erstern Art sind dadurch besonders merkwürdig, daß sie eine einförmig gebogene, ebene Kugelfläche, ohne merkliche

Ungleichheiten darstellen, da im Gegentheil die leuchtenden und hellen Theile des Mondes, ob sie gleich im Groben ebenfalls eine Kugelfläche ausmachen, durch eine Menge von Erhöhungen und Vertieffungen ganz rauh und uneben gemacht werden. Noch ist es merkwürdig, daß die schwarzen und ebenen Gegenden durchgängig etwas niedriger als die hellen und unebenen liegen, und gleichsam zu einer kleinern Kugel als die letztern gehören. Kurz, will man eine Vergleichung gelten lassen, die von einer gemeinen Sache hergenommen, aber sehr anpassend ist: so zeigt sich der Mond vollkommen als eine Nuß, die von einer sehr rauhen und unebenen Schaale umgeben ist, aus der hie und da einige Stücke ausgebrochen sind, so daß an diesen Stellen, der etwas kleinere, schwärzliche und sehr ebene Kern entblößet liegt. (A)

Es

(A) **Es ist mir mehr, als einmal wiederfahren, daß neugierige Liebhaber der Wissenschaften, die es versucht hatten, durch eigenen Augenschein sich von der Wahrheit dessen, was die Astronomen von dem Monde erzählen, zu versichern, mir alles dieses gerade zu abgeleugnet und versichert haben, daß es ihrer eigenen Erfahrung nach eine blosse Erdichtung sey. Sie hatten würklich darinn recht, daß sie der Vortreflichkeit der von ihnen gebrauchten Telescope ungeachtet, nichts von alle dem gesehen hatten, was ich angeführt habe, weil sie den Fehler begangen hatten, zur Anstellung ihrer Untersuchung die Zeit des Vollmonds zu wählen. Obgleich der ersten Vermuthung nach dieser Augenblick der vortheilhafteste von allen zu seyn scheinen möchte, so zeigt sich dennoch alsdenn in der That der Mond nur als eine ganz ebene Scheibe, auf der man nichts erhobenes, nichts vertieftes, sondern bloß eine sonderbare, unregelmäßige Vermischung von hell- und dunkelgefärbten Theilen gewahr wird. Für gewisse Leser scheint**

Es ist fast ohne Mühe begreiflich, daß unsre Erdkugel aus einer großen Entfernung eben denselben Anblick darstellen würde. Unsere Meere und Gewässer würden unstreitig ganz eben, aber von dunkler und schwärzlicher Farbe erscheinen müßen, weil das Wasser, seiner großen Durchsichtigkeit wegen, einen großen Theil der Lichtstrahlen frey durchläßt, und nur wenige, und auch diese, wie ein Spiegel, nur nach einer Seite zurückwirft. Das trockene Land im Gegentheil würde aus der entgegengesetzten Ursache weißer und heller, zugleich aber, der vielen Berge und Thäler wegen, sehr rauh und uneben erscheinen. Da endlich das Land durchgängig etwas über die Fläche der Gewässer erhaben ist: so würden unsere Meere, eben so wie die dunkeln Stellen im Monde, niedriger zu liegen, und einer etwas kleinern Kugel anzugehören scheinen.

scheint mir eine nähere Erläuterung dieser Sache nicht ganz überflüßig.

So lange ein Gegenstand dem Auge nahe ist, kann man aus der Größe des Winkels, den die beyden gegen ihn gerichteten Augenaxen mit einander machen, einigermassen über seine Entfernung urtheilen. Dies Hülfsmittel aber verliert seinen Werth, sobald die Entfernung der Gegenstände etwas beträchtlich wird, weil bey verändertem Abstande die Veränderungen des gedachten Winkels alsdann ganz unbeträchtlich und unbemerkbar werden. Daher rührt es unter andern, daß alle Gestirne uns gleich weit entfernt scheinen, und daß die Sonne und der Mond uns nicht wie halbe Kugeln, sondern als platte Scheiben vorkommen.

Das Mittel, durch dessen Hülfe unser Auge die Ungleichheiten, so sich auf einer etwas weit entfernten Fläche befinden, unterscheidet, sind die Schatten, so die auf derselben befindlichen Erhöhungen und Vertiefungen hervorbringen. Ein überzeugender Beweis

Diese Aehnlichkeit der Erd- und Mondenfläche findet indeß so zu sagen nur im Groben statt; denn sobald

hievon ist, daß man auf einer Ebene, nur allein mit schwarzer und weißer Farbe, wie z. E. in Kupferstichen oder mit Tusche gemahlten Stücken, Erhöhungen und Vertieffungen aller Art so natürlich vorstellen kann, daß das Auge sie nicht allein für das, was sie vorstellen sollen, erkennet; sondern sogar nicht selten dadurch würklich betrogen wird. Es kann daher auf zweyerley Art geschehen, daß eine rauhe Fläche dem Auge ganz gleich und eben vorkömmt. Man setze zuerst, das Licht falle gerade und senkrecht auf. In diesem Fall werfen die Ungleichheiten gemeiniglich gar keinen Schatten. Das Auge mag also auf einer Seite stehen, auf welcher es will; so muß ihm des gänzlichen Mangels der Schatten wegen, alles platt und eben vorkommen. Fällt aber das Licht zwar in schiefer Richtung auf die Fläche, welches der zweyte Fall ist, das Auge aber stehet auf eben der Seite, und ohngefehr in eben der Linie, als das Licht, so fallen die von den Erhöhungen und Vertieffungen hervorgebrachten Schatten gegen die von dem Auge abgewandte Seite, und werden ihm durch die Körper selbst, so sie hervorbringen, verdeckt. Sie sind also nicht sichtbar, und folglich fehlt das Mittel, die Ungleichheiten zu unterscheiden hier, eben sowohl, als in dem vorigen Fall.

Man kann sich von der Richtigkeit dieser Schlüße durch die Erfahrung überzeugen, wenn man ein Stück erhabener Arbeit, z. E. ein Bas relief aus weißen Marmor, der Sonne entweder gerade oder doch so entgegen stellet, daß das Auge in eben der Linie mit der Sonne befindlich ist. In beyden Fällen verschwinden alle Ungleichheiten, und man glaubt nichts als eine einförmige weiße Fläche zu sehen. Selbst wenn die Farbe der erhobenen und vertieften Stellen von der Farbe des Grundes verschieden ist, erfolgt hierinn keine Aenderung. Auf einem Cameo z. E. der einen weißen erhobenen Kopf auf einer schwärzlichen Fläche vorstellet, versobald man eine nähere Untersuchung anstellet, zeigt sich sogleich, daß die auf dem Nebenplaneten befind-

verschwindet zwar der Kopf bey einem solchen Versuche nicht, allein er erscheinet nur als eine auf der Ebene mit weißer Farbe gemachte platte Zeichnung.

Zur Zeit des Vollmonds befindet sich die Fläche dieses Körpers offenbar in den gedachten Umständen. Auf die um die Mitte der Mondscheibe befindliche Stellen, fällt das Sonnenlicht alsdenn senkrecht, und die dem Rande näher liegende Theile werden zwar durch schief einfallende Strahlen erleuchtet; allein das Auge stehet beynahe auf derselben Linie als die Sonne. Zu dieser Zeit kann uns also der Mond aus den angeführten Ursachen nicht anders, als durchgängig flach und eben vorkommen.

Die vortheilhafteste Zeit, die Ungleichheiten seiner Fläche zu untersuchen, ist also diejenige, wo er merklich von dem Zeitpunkt entfernt ist, da wir ihn voll zu nennen pflegen. Aber auch alsdenn zeigen sich dennoch nicht alle, sondern nur diejenigen Erhebungen und Vertiefungen recht deutlich, welche dem Zirkel nahe liegen, der auf der Fläche dieser Kugel die erleuchtete Hälfte von der dunkeln abschneidet. Zur Zeit des ersten Viertheils z. E. fällt das Sonnenlicht auf die zur rechten Hand am Rande des Monden liegende Theile senkrecht, und in diesen Gegenden unterscheidet man für diesen Augenblick, wegen Mangel des Schattens, die dort befindlichen Ungleichheiten nicht. Nach dem Maaße aber, daß man sich mit dem Auge der Mitte des Monden, und der, den dunklen und hellen Theil von einander scheidenden Linie nähert, kommt man zu Gegenden, auf welche die Strahlen der Sonne in schiefer Richtung fallen, und wo die von den Erhebungen und Aushöhlungen hervorgebrachte Schatten, groß, stark und deutlich sind. Zu gleicher Zeit stehet das Auge von der Richtung, in welcher sich die Sonne befindet, sehr weit ab; denn eine von ihm gegen den Mittelpunkt des Monden gezogene Linie macht mit dem lichen Ungleichheiten größtentheils von ganz anderer Natur und Beschaffenheit, und so zu sagen nach einem ganz andern Geschmack ausgearbeitet und gebildet sind, als die Ungleichheiten der Erdfläche. Unsere Berge sind gewöhnlich unordentlich über einander aufgethürmt. Sie liegen reihen- und kettenweise. Sie machen langgestreckte Gebirge aus, die ohne Regel, mit mancherley hin und herschwankenden Krümmungen und Wendungen fortlaufen. Die zwischen ihnen befindlichen Vertiefungen oder Thäler, sind ebenfalls von sehr unregelmäßiger Figur, strecken sich in die Länge und wenden und krümmen sich, wie das Gebirge, auf allerhand Art.

Zwar fehlt es im Mond nicht gänzlich an dergleichen Gebirgen. Am rechten Rande oder Ufer desjenigen Dunkeln und ebenen Fleckens, den man das mare imbrium nennet, zieht sich, z. E. eine mächtige Kette von Bergen herum, die vollkommen ein solches Ansehen hat, als die Alpen oder Pyrenäen aus einer großen Entfernung zeigen würden. Von solcher Art giebt es noch einige mehrere; überhaupt aber trift man im Monde diese Gattung von Gebirgen nur selten und sparsam an.

Bey weitem der größte Theil seiner Ungleichheiten sind von ganz anderer Beschaffenheit. Sie hängen nicht reihen- und kettenweise an einander, sondern stehen einzeln und abgesondert. Ihre Bildung ist ohne Vergleich regelmäßiger, denn sie haben fast alle eine circulrunde, oder ihr doch sehr nahe kommende Figur,

auf diese Gegenden fallenden Sonnenstrahl ohngefehr einen rechten Winkel. Die vorhin gedachten Schatten entziehen sich also dem Auge nicht, und alles vereinigt sich dazu, die Ungleichheiten vollkommen bemerkbar zu machen.

Figur, und zeigen sich bald als eine Art von Amphitheatern, oder runden mit einer Einfassung umgebenen Becken, bald als runde conische Berge, die größtentheils auf ihrem Gipfel eine circulförmige, mehr oder weniger tiefe Aushöhlung haben u. s. f.

Es ist bekannt, daß man gewöhnlich auf der Fläche der Erde nichts diesem ähnliches anzutreffen pfleget, und so viel ich weiß, ist es niemals jemand beygefallen, daß es bey uns Gegenden gebe, deren Bildung mit der Mondfläche in einige Vergleichung könnte gestellet werden. Des Herrn Hamiltons, Ministers Sr. Gr. Britt. Majestät zu Neapel prächtiges Werk, so den Titul: Campi Phlegraei führet, und die darinn befindlichen schönen Abbildungen der um diese Hauptstadt liegenden Gegenden, haben mir zuerst die Augen geöffnet. Ich habe nicht verfehlen können, denselben Bau, der die Mondungleichheiten so merkwürdig machet, beym ersten Blick daselbst wahrzunehmen, und weitere Untersuchungen, haben mich vollkommen überzeugt, daß die Mondfläche fast durchgängig eben so gebildet ist, als diejenigen Theile unserer Erdkugel, die nicht, wie der größte Theil, vom Wasser, sondern von dem unterirrdischen Feuer ausgearbeiter worden.

Wir werden uns zuerst mit der Würkungsart des unterirrdischen Feuers und dem Einfluß derselben auf die Bildung derjenigen Theile unserer Erdfläche, wo es arbeitet, sowohl, als mit dem Bau und der Figur der von ihm hervorgebrachten Ungleichheiten bekannt

machen. In der That fallen sie auch alsdenn so deutlich in die Augen, daß aller Zweifel darüber beym ersten Anblick gänzlich wegfällt. Es ist sehr leicht, dies alles auf andre Mondphasen gleichfalls anzuwenden.

kannt machen müßen. Eine Anwendung davon auf den Mond und die Beschaffenheit seiner Oberfläche, wird alsdenn über die Wahrheit oder Unwahrheit meiner Behauptung entscheiden können.

Die erste und unmittelbare Würkung eines Durchbruchs des unterirrdischen Feuers in einer Ebene wird nur diese seyn, daß es eine runde Oeffnung oder Schlund hervorbringt. Allein die Ausbrüche dieser Art sind allemal mit gewaltsamen Auswürfen von Sand und Asche, verbrannten und unverbrannten, großen und kleinen Steinen vergesellschaftet (B). Diese werden sehr hoch in die Luft empor geworfen, fallen

(B) Die Auswürfe der feuerspeyenden Berge, davon ich hier rede, geschehen, wie die Erfahrung zeuget, allemal ruck- und stoßweise, wie die nach einander folgenden Schüße aus einer Kanone oder einem Mörser, und sind allemal mit einem fürchterlichen, unterirdischen Knall und Gepolter vergesellschaftet. Es ist also kein Zweifel, daß sie durch mehrere auf einander folgende Explosionen hervorgebracht werden. Die Natur hat vielleicht viele verschiedene, uns größtentheils unbekannte Mittel, solche Explosionen zu bewürken. Mir scheint indeß sehr glaubwürdig, daß sie auf folgende Art entstehen. Neuere sehr merkwürdige Versuche des Herrn Volta beweisen, daß aus brennenden Körpern, sich mit dem Rauche zugleich, eine große Menge entzündbarer Luft absondert, und das die Flamme nicht sowohl in der Entzündung des Rauchs, wie man bisher geglaubt hatte, sondern vielmehr der mit ihm ververmischten brennbaren Luft bestehe. Man kannte diese Materie schon vorlängst. Man wußte sie aus dem mit der Vitriolsäure aufgelösten Eisen zu ziehen, und es war bekannt, daß sie sich oftmals in unterirdischen Höhlen und Bergwerken, besonders denen, so Schwefelkiese und Steinkohlen enthalten, antreffen lasse, und den Arbeitern gefährlich werde. Man versteht fallen aber natürlicherweise nicht alle in den Abgrund zurück, sondern ein Theil davon breitet sich nach allen Seiten aus, häuft sich um den Rand des Schlundes an, und bildet folglich um denselben in kurzer Zeit, eine mehr oder weniger hohe, circulförmige Einfassung. Endiget sich der Ausbruch des Feuers, so lange dieser Wall oder Einfassung noch keine besondere Höhe erreichet: so entstehet daraus eine Art eines runden Beckens, oder Amphiteaters, dergleichen sich in den Campis Phlegraeis verschiedene finden, die ich in der Folge namentlich anzeigen werde.

In

steht unter diesen Namen, eine völlig durchsichtige, sehr leichte, elastische, und dem Ansehen nach der gewöhnlichen Luft ganz ähnliche flüßige Materie, die aber diese unterscheidende Eigenschaft besitzet, daß sie eben so, wie Schießpulver, sehr leicht Feuer fasset, und mit einer gewaltigen Ausdehnung wegbrennet, und eine würkliche Explosion hervorbringt.

Bey dem langwierigen Brande, der in den Eingeweiden der Erde in gewissen Gegenden wüthet, muß also in einem fort entzündbare Luft erzeuget und frey gemacht werden. Natürlicherweise ist dieser unterirrdische Brand nicht beständig gleich stark und heftig, sondern großen Abwechselungen unterworfen. Sind der entzündeten Materien wenig: oder sind sie beynahe verzehret: so ist er schwach und gelinde. Ohnfehlbar aber werden von Zeit zu Zeit gleichsam von neuem plötzliche und heftige Feuersbrünste entstehen, wenn das Feuer, indem es um sich greifet, auf seinem Wege, große Vorräthe von leichtbrennender Materie antrifft. Alsdenn kann die Hervorbringung der entzündbaren Luft so stark seyn, daß sie nicht mit gleicher Geschwindigkeit, als sie hervorgebracht wird, durch den Schlund des Vulcans, oder andere Oeffnungen abfließen kann. Sie wird also in großer Menge in

den

In seinem Ursprung ist der Boden eines solchen Beckens etwas vertieft und conisch ausgehöhlt: denn die

den Höhlen und Klüften des Abgrundes zurück bleiben, und sich beträchtlich daselbst anhäufen. Diese ungeheuern Vorräthe brennbarer Luft werden unvermeidlich hie und da, und von Zeit zu Zeit Feuer fassen. Da aber jede Entzündung eines beträchtlichen Theils derselben, mit einer gewaltigen Explosion verknüpft ist: so wird die dadurch in den Höhlen des Abgrundes erzeugte elastische Materie, mit Gewalt einen Ausgang suchen, und wenn sie ihn durch eine schon vorhandene Oeffnung findet, oder selbst eine neue hervorbringt, nach Art des Schießpulvers, alles was sie auf ihrem Wege antrifft, mit einer die Einbildung übersteigenden Gewalt forttreiben.

Eine andere bey den Ausbrüchen der Vulcane gewöhnliche Erscheinung, beziehet sich vermuthlich ebenfalls hierauf. Dies sind die Blitze, so in dem zu dieser Zeit die ganze Gegend bedeckendem Rauch und Dampf herumfahren, Gebäude anzünden, und Menschen und Thiere zu tödten pflegen. Herr von **Hamilton** und Herr **Brydone** sind geneigt sie für electrisch zu halten. Könnte man sie nicht mit mehrerm Grunde, für bloße Entzündungen der mit dem Rauch vermischten brennbaren Luft ansehen? Ich bin um desto geneigter dies zu vermuthen, da bey großen Feuersbrünsten sehr gewöhnlich, oftmalen auch in einem Camin- oder Ofenfeuer, ja selbst in dem bekannten Versuche, da man ein eben ausgeblasenes Licht, durch den von ihm aufsteigenden Rauch an einem andern anzündet, sich etwas ganz ähnliches zuzutragen pfleget. Ueberdem sehe ich nicht gar zu wohl, auf welche Art in diesem Fall die Electricität erregt werden könnte, oder vielmehr bin ich von dem Gegentheil völlig überzeugt. Die kleine Flamme eines gewöhnlichen Wachslichtes raubt schon auf einige Fuß weit in die Ründe der sie umgebenden Luft die Electricität, und macht sie so ableitend, wie Wasser. Auf wie große Entfernungen wird sich also nicht die aus der Luft zurückstürzenden ausgeworfenen Materien, rollen über einander, und nehmen, wie ein Haufen

nicht die Vernichtung aller Electricität, um einen brennenden Vulcan herum erstrecken müßen.

Die Frage, was eigentlich diese sogenannte entzündbare Luft sey, steht freylich mit dem Vorwurfe, den ich hier abhandle, nur in einer entfernten Verbindung: man wird mir aber erlauben, von dieser Veranlassung Gebrauch zu machen, und meine Vermuthungen darüber mitzutheilen.

Unsere Luft gehört ohne allem Zweifel zu der Classe derjenigen Materien, die man in der Chymie Auflösungsmittel oder menstrua zu nennen pflegt, und um von vielen ihrer Würkungen richtig zu urtheilen, muß man die Grundsätze der gedachten Wissenschaft vorzüglich zu Hülfe nehmen. Es ist aus ihr bekannt, daß Mischung und Auflösung sehr von einander unterschieden sind. Zu der erstern ist es genug, daß beyde Materien so mit einander vermengt werden, daß jedes kleine Theilchen der einen ein kleines Theilchen der andern neben sich hat. Soll aber eine solche Vermischung den Namen einer würklichen Auflösung verdienen, so muß noch dies hinzukommen, daß die kleinsten Theile der einen Materie sich mit den Theilen der andern würklich vereinigen, so daß jeder Atome der gemischten Materie, eine würkliche Zusammensetzung aus den Atomen beyder Materien ist, die sich mit einander verbunden, oder so zu sagen einander einverleibet haben. In diesem Fall kommt fast gemeiniglich eine Materie heraus, die ganz neue ihr eigenthümliche Kennzeichen besitzet, die in den Materien, woraus sie entsprungen ist, gar nicht anzutreffen sind. So hat z. E. das Koch- und andere Mittelsalze, Eigenschaften, die sich weder bey dem sauren, noch dem alcalischen Salze, woraus es bestehet, einzeln finden. Der sublimirte Merkur würkt auf eine ganz andere Art als weder das Quecksilber, noch die Salzsäure, außer der Verbindung es zu thun im Stande sind u. s. f. Solche aus einer vollkomme-

Haufen trockener Sand oder Getreide, in- und auswendig eine gewisse Böschung oder Abhang an. Sammelt sich Wasser in einer solchen Aushöhlung, wie oftmals geschiehet, weil sich fast allenthalben in geringer Tieffe unter der Fläche der Erden Wasser befindet, so bekommt ein solches Becken einen ganz ebenen und platten Boden, der mit dem umliegenden Lande fast in gleicher Höhe liegt. Dergleichen sind in der neapolitischen Gegend, der See Agnano, und vielleicht noch einige andere, und der Porto Pavone auf der Insel Ischia.

Ist der Auswurf des unterirdischen Feuers sehr stark, dauert er lange, oder wird er zu öfternmalen wiederholt, so wird der um den Schlund gebildete Wall

kommenen Vereinigung und Verbindung der Elemente zweyer Körper entstandene Materien, scheinen daher auch beym ersten Anblick von einer ganz besondern und eigenen Gattung (sui generis) zu seyn, und bisweilen ist es schwer, und vielleicht in vielen Fällen unmöglich, ihren zusammengesetzten Ursprung zu entdecken. So ist z. E. eine nicht geringe Kenntniß der Chymie nöthig gewesen, ehe man hat festsetzen können, daß das Kochsalz nicht eine, von allen andern Salzarten ganz unterschiedene eigene Gattung, sondern nur eine Zusammensetzung zweyer einfacher Salze sey.

Nach diesen Grundsätzen scheint es sehr glaublich, daß die entzündbare Luft nichts anders sey, als eine vollständige Auflösung des brennbaren Elements (phlogisti) durch das menstruum der gewöhnlichen Luft. Ich weiß sehr wohl, daß Herr Priestley und andere heutige Naturforscher dieser Meynung nicht günstig sind, sondern das sie die entzündbare sowohl, als die fixe und andre viele von gedachtem Naturforscher entweder entdeckte oder näher untersuchte Luftarten, für Materien von ganz besonderer Gattung, die mit unserer gewöhnlichen Luft nichts gemein haben, ansehen wollen.

Wall immer höher und höher, zugleich aber, wegen des beständigen Herabrollens der ausgeworfenen Materien, sein Fuß immer breiter und breiter. Die Aehnlichkeit mit einem Becken verliert sich daher immer mehr und mehr, und dauern diese Würkungen lange genug fort, so artet endlich das ganze in einen kegelförmigen spitzigen Berg aus, auf dessen Gipfel sich eine, verhältnißmäßig gegen den Umfang seines Fusses weniger beträchtliche, runde Aushöhlung befindet, die alsdenn ein Crater, so wie ein solcher Berg ein Vulcan genannt wird. Außer dem Vesuv, gehören in der Gegend von Neapel, der Astruni, der Monte Gauro oder Barbaro, der Monte di cenere

wollen. Sollten aber nicht alle diese Luftarten mit mehrerer Wahrscheinlichkeit, bloß für so viel verschiedene, von der gewöhnlichen Luft, als einem menstruo gemachte Auflösungen angesehen werden können? Alles was mir bisher bekannt geworden, überzeugt mich von dem Gegentheil noch nicht, und es scheint mir z. E. der Versuch, daß das Alcali der fixen Luft ihre Eigenschaften zu benehmen nicht im Stande ist, sogleich entkräftet zu werden, wenn man, um mich chymischer Grundsätze und Redensarten zu bedienen, darauf antwortet, die Luft könne vielleicht mit der Vitriolsäure eine größere Affinität haben, als das Alcali.

Noch glaube ich hinzufügen zu können, daß man vermuthlich einiges Licht über die Entscheidung dieser Frage, soferne sie die brennbare Luft betrift, erlangen würde, wenn man sich Mühe gäbe, die Natur derjenigen Materie, so nach geschehener Explosion der entzündbaren Luft übrig bleibt, zu untersuchen. Nach aller Vermuthung würde sich finden, daß die würkliche Entzündung die brennbare Luft wieder in gemeine Luft verwandelt habe.

nere oder neue Berg bey Puzzolo und mehr andere zu dieser Classe.

Es giebt eine Menge Figuren, die zwischen einem bloßen vulcanischen Becken, so gleichsam nur der erste Anfang oder die Grundlage eines Vulcans ist, und einem vollständigem Vulcan, in der Mitte stehen, und man kann nicht zweifeln, daß die Auswürfe des unterirrdischen Feuers nach dem verschiedenen Grade ihrer Stärke oder Dauer alle solche verschiedene Figuren hervorbringen können. Ein solches unvollendetes vulcanisches Werk wird einem abgestutzten Kegel gleichen, der auf seinem Gipfel eine große kreisförmige Oeffnung hat. Die Solfaterra oder das forum Vulcani der Alten gehört zu dieser Classe. (B*)

Nebst den Auswürfen, ist eine aber nicht völlig so gewöhnliche Würkung des unterirrdischen Feuers die Ergießung der Lava, einer geschmolzenen, halb verglasten, nur breyartig flüßigen Masse. Blähen sich diese geschmolzenen Materien, durch die Gewalt des

(B*) Auch der Vesuv ist vor alters in diesem Fall gewesen. Dio Caßius redet von ihm auf eine Art, welche deutlich zeiget, daß er zu seiner Zeit mehr die Figur eines Beckens, als eines spitzen conischen Berges gehabt. Er bedient sich sogar des Ausdrucks: — — — — — ita ut totus mons (si licet magna cum parvis conferre) formam habeat amphitheatri. Vermuthlich hat sich dies Becken, so Dio gesehen, viele Jahrhunderte in seiner Form erhalten, und vermuthlich ist es eben dasselbe, von welchem der heut zu Tage sogenannte Somma ein Ueberbleibsel ist. (Man sehe unten die Anmerkung H). Ergänzt man in Gedanken diesen größtentheils eingestürzten Crater, so zeigt sich in der That, daß der Vesuv vor dem Einsturze desselben, ein mit der Beschreibung dieses Schriftstellers völlig übereinstimmende …

des Feuers so sehr auf, oder ist der innere Druck so stark, daß sie in den Höhlen des Abgrundes nicht mehr Raum haben, sondern gezwungen sind in den Schlund, den das Feuer ausgearbeitet hatte, einzutreten, und steigen sie bis zu seinem obersten Rande empor: so läuft der Vulcan, wie ein siedender Topf über. (C) Die Lava fließet alsdenn auswärts an dem Abhange des Walles des Berges herunter, so lange neue Materie nachquillt, oder bis bie ausgeflossene verhärtet ist. Ein solcher Strom nimmt daher eine solche Richtung, daß er von oben angesehen, nicht anders als ein von dem Crater ausfließender Strahl erscheinen kann, und giebt es solcher Lavenströme mehrere, die nach verschiedenen Seiten ihren Lauf genommen haben, so entstehet daraus nothwendig eine etwas grobe und verzerrte Zeichnung eines Sterns. So würden sich der Vesuv, und noch mehr der Aetna zeigen, wenn man sie und ihre Laven aus der Höhe betrachten könnte.

einkommendes ungeheures Amphitheater vorgestellet haben müße.

(C) Um zu begreifen, wie ein auch nur mäßiges Anschwellen und Aufblähen der Lava, dergleichen allen bekannten geschmolzenen Materien gewöhnlich ist, sie zwingen kann in den Schlund eines Vulcans einzutreten, und in ihm bisweilen sehr hoch empor zu steigen, darf man sich nur die unterirrdischen Höhlen, worinn sie enthalten ist, als die Kugel eines Thermometers, und den Schlund des Berges als die an ihr befestigte enge Röhre vorstellen. Ich läugne indeß nicht, daß der Druck, der in den Abgründen der Erde mit der geschmolzenen Lava zugleich enthaltenen elastischen Materien dazu vieles beytragen könne.

Ist der Vulcan sehr hoch, so kann zwar die geschmolzene Lava in den Schlund heraufsteigen, allein die Gewalt, wodurch sie emporgetrieben wird, kann unzureichend seyn, sie bis zu der öbersten Oeffnung des Crater hinauf zu treiben. Solche Vulcane geben alsdenn aus ihrer öbersten Mündung, entweder niemals oder nur selten Laven. Gemeiniglich geschehen in diesem Falle an den Seiten des Berges neue Durchbrüche, und es entstehen Oeffnungen, durch welche die Laven abfließen können. Sie folgen in diesem Fall natürlicherweise dem Abhange des Berges, und daher ist ihre Richtung auch noch alsdenn so, daß sie wie Strahlen so den Crater zum Mittelpunkt haben, fortlaufen, ob sie gleich nicht unmittelbar von ihm entspringen, sondern erst in einiger Entfernung von ihm anfangen.

Berge, aus welchen öfters, besonders durch Seitenöffnungen Laven ausgeflossen sind, leiden dadurch in ihrer äußern Form, eine merkliche Veränderung. Ihr unterer Theil bekömmt einen sanfteren Abhang, und ihr Fuß breitet sich durch die über ihn hergeflossenen und um ihn angehäuften Materien in einen größern Umfang aus. Ein solcher Berg ist daher unterwärts nicht besonders steil, gegen den Gipfel aber, wo sich die Laven nicht haben anhäufen können, steigt er mit einmal weit schneller, und in einer, der senkrechten weit nähern Richtung empor. Dieser Umstand ist an dem Aetna besonders bemerkbar.

Wenn die Gewalt des unterirrdischen Brandes nachläßt: so würde die in den Schlund eines Vulcans eingetretene Lava wegsinken, und ihn ganz leer zurücklassen müßen. Allein fast unvermeidlich wird es sich zutragen, daß während dem Herabsinken, (welches der geringen Flüßigkeit dieser Materie wegen nur sehr langsam geschiehet) die Oberfläche der Lava sich verhärten, und feste werden wird, denn die Erfahrung zeigt, daß sie bey einem sehr geringem Grade von Erkältung ihre Flüßigkeit verlieret. Diese erhärtete Rinde wird zwar der Lava, beym Wegsinken folgen, so weit sie kann, doch wird sie bald, der gemeiniglich etwas conischen, und allemal ungleichen und unregelmäßigen Figur des Schlundes wegen zurückgehalten werden, und höher oder niedriger stehen bleiben, unterdeß daß der flüßiggebliebene Theil der Lava wiederum in den Abgrund zurücksinkt, und unter der festgewordenen Rinde leere Räume und Höhlen zurückläßet. (D) Auf diese Art entstehet manchmal eine den

(D) Die Materie aus denen der Auswurf feuerspeyender Berge bestehet, die man in Neapel rapilli oder lapilli nennet, verhärtet sich mit der Zeit, und verwandelt sich gewöhnlich in eine zarte weiche braungelbe Steinart, die Tuffa genannt wird, aber von dem, was die Mineralogisten tophus nennen, so eine Hervorbringung des Wassers ist, gänzlich verschieden ist. Diese Verhärtung ist Ursache, daß die innere Böschung des Schlundes eines Vulcans in der Folge der Zeit gemeiniglich kleiner wird, und daß der Schlund selbst einer der cylindrischen sich mehr nähernde Figur annimmt. Man begreift ohne Mühe, daß ein nachfolgender Ausbruch den Schlund gleichsam ausräumen, und ihn in einen von oben bis unten gleich weiten Canal zu verwandeln, arbeiten müße. Da unterdeß die Materie woraus er bestehet, sich verhärtet hat, und folglich nicht mehr nachschießt und herunter rollet, sondern unter einer geringern Böschung stehen bleibt, so muß dieser Endzweck der Natur, wenigstens zum Theil erhalten werden.

Die

den Crater nicht weit unter seiner Mündung verschliessende Platteform, die eine Art von Becken auf seinem Gipfel hervorbringt. In diesem Fall hat sich der Vesuv oftmals befunden, und befindet sich, wie ich glaube, auch noch jetzt darinn. Die Solfaterra ist in demselben schon mehrere Jahrhunderte.

Eine solche Platteform schließt sich entweder in der Mitte gar nicht, oder ist doch daselbst am schwächsten und dünnesten, weil die Hitze der Lava dort langsamer abnimmt, als gegen den äußern Rand. (E) Bey einer geringern Gewalt also, die das unterirrdische Feuer in der Folge anwendet, muß es die Platteform vorzüglich in der Mitte zersprengen. Geschehen neue Auswürfe durch diese Oeffnung: so muß auf eben die Art, wie ganze Vulcane im Großen entstehen, ein kleiner conischer Hügel um dieselbe hervorgebracht werden. In Neapel nennet man einen solchen kleinen Berg die Molfetta, und in dem Vesuv befand sich noch vor wenig Jahren dergleichen. (F)

Eine

Die äußere Seite eines Vulcans leidet in der Folge der Zeit eine gerade entgegengesetzte Veränderung. Das an seinem Abhange herunterfließende Regen- und Schneewasser, führt die Materien, woraus er bestehet, beständig von oben nach unten, uud folglich wird die Böschung stärker und der Abhang sanfter.

(E) Ein frierender See oder Teich schließt sich aus eben dem Grunde allemal in der Mitte zuletzt, und die Eisrinde bleibt daselbst immer dünner, als am Rande.

(F) Durch zufällige Umstände kann es sich auch treffen, daß die festgewordene Rinde mehrere schwache Stellen hat. Es können sich also auch in mehreren Stellen der Platteform, und auch außer dem Mittelpunkt des Crater Oefnungen und Molfetten erzeugen. Im Vesuv hat sich dies verschiedene male zugetragen.

Was

Eine Platteform ist, wie man leicht begreifet, etwas ganz zufälliges. Der Schlund eines Vulcans ist nicht nothwendig dadurch verschlossen, sondern kann sehr wohl ganz offen und leer seyn. Manche Vulcane geben keine Laven, wenigstens nicht bey jeglichen Ausbruche. In diesem Fall kann also gar keine Platteform entstehen. Gesetzt aber, es sey eine dergleichen würklich vorhanden: so kann sie sich zerspalten und einstürzen oder ein nachfolgender Ausbruch kann sie zerstöhren, ohne eine neue hervorzubringen. Der Fall sey welcher er will, so kann sich der Crater alsdenn nicht anders als ein ungeheuer tiefer Abgrund zeigen. Schwache Auswürfe können auf dem Boden eines solchen Schlundes, eben so wie auf einer Platteform, manchmal eine mehr oder weniger hohe Molfetta erzeugen. **Kircher** sahe im vorigen Jahrhundert den Aetna, (G) und Herr **Uno von Troil** vor wenig Jahren den Hekla in Island, in einem solchen Zustande mit einer kleinen Molfetta in dem Abgrunde (H).

Was ich von würklichen Vulcanen und der Erzeugung von Platteformen und Molfetten in ihnen gesagt habe, gilt offenbar auch von den vulcanischen Becken. Diese können also auch Molfetten haben. Ich weiß nicht, ob dieser Fall auf unserer Erde vorkommt, und bemerkt worden ist, doch dünkt mich gelesen zu haben, daß in der Solfaterra vormals ein kleiner Berg vorhanden gewesen.

(G) In fundo, sagt er, semper ex continua eructatione materiae mineralis, nescio quid, in nova montis fabrica constituenda molitur.

(H) Die natürliche und ursprüngliche Figur eines Vulcans ist die kegelförmige, allein Zufälle können eine Abweichung davon verursachen. Der Vesuv hat z. E. zwo Spitzen, deren eine, die keinen Crater

Wer mit diesen Begriffen von dem Bau und der Form vulcanischer Hervorbringungen, den Mond untersuchet, wird mit Verwunderung seine ganze Fläche mit dergleichen bedeckt finden, und daselbst alle Arten derselben, vulcanische Becken (l) mit und ohne Mol-

ker hat, der Somma, und die andere mit einem Crater versehene, der Vesuv genannt wird. Der Augenschein zeigt, daß der Berg Somma nichts anders, als das Ueberbleibsel eines ungeheuren, um mehr als die Hälfte eingestürzten Craters ist, aus dessen Grunde sich eine bis zur Höhe eines großen Berges angewachsene Molfetta empor gehoben, die den jetzigen eigentlich sogenannten Vesuv ausmachet. Um sich hievon zu überzeugen, darf man nur einige von dem Herrn von Hamilton gegebene Zeichnungen dieses Berges betrachten. In des Herrn *Mecati* Raconto storico - filosofico del Vesuvio. In Napoli 1752. kommen zwey Abbildungen desselben, und noch eine in der Istoria dell' incendio del Vesuvio, accaduto nel mese di Maggio dell' anno 1730. scritta per l'Academia delle scienze. In Napoli 1740. (von welchem fürtreflichen Buche der Leibmedicus Herr Serrao der Verfasser ist) vor, so dies ungemein einleuchtend machen. Herr von Troil erzählt in seinen Briefen über eine Reise nach Island, daß der Hecla drey Spitzen hat, von denen nur die mittelste mit einem Crater versehen ist. Ich stelle mir vor, daß es hiemit eben die Beschaffenheit, als mit dem Vesuv habe, daß nemlich die beyden Spitzen ohne Oefnung, Ueberbleibsel eines zum Theil eingestürzten großen Crater sind, aus dessen Abgrund sich die dritte in der Mitte stehende, mit einem Schlund versehene Spitze als eine Molfetta empor gehoben hat.

(l) Diejenigen, so uns von den Würkungen des unterirrdischen Feuers Nachrichten und Beschreibungen gegeben, haben die vulcanischen Becken fast gänzlich außer Acht gelassen, vermuthlich weil die würklichen Vulcane durch ihre Größe und schreckliche Würkungen, sich ihrer Aufmerksamkeit ausschließend bemeistert hatten. Daß

Molfetten sowohl, als würkliche Vulcane, mit offenem und geschlossenem Schlunde, mit und ohne Laven, mit und ohne Molfetten u. s. f. in der größten Menge gewahr werden. Obgleich der Augenschein allein der beste und einzige Beweis ist, auf den ich

Daß es bey uns dergleichen gebe, ist gewiß, sie sind mir aber nur erst aus dem Werke des Herrn von Hamilton bekannt geworden, in welchem sich einige Zeichnungen befinden, auf die man das Auge nicht werfen kann, ohne sich auf der Stelle des Monden zu erinnern.

Ich suche hierin den vornehmsten Grund, warum niemand, so viel ich weiß, bisher auf die Muthmassung von dem vulcanischen Ursprung des Baues der Mondfläche gerathen ist. Die Becken sind dasjenige, was im Monde am vorzüglichsten in die Augen fällt, da man aber bey uns nichts ihnen ähnliches kannte, und nichts davon wußte, daß das unterirrdische Feuer dergleichen hervorbringen könne: so konnte man auf die hier vorgetragene Vermuthung unmöglich fallen.

Ich habe mir Mühe gegeben hier und da nachzusuchen, was andere von diesen Becken geurtheilt haben. **Galiläus** macht nur eine bloße Beschreibung davon, und nennt sie: Aggeres, qui formant varias figuras praecipue circulares, quorum multae habent in medio montem satis altum. **Kepler** glaubt, die Einwohner dieses Weltkörpers könnten sie wohl, um sich ihrer als Wohnplätze oder Festungen zu bedienen, erbauet haben. **Huygens** sagt, daß sie vermuthlich aus natürlichen, aber unbekannten Ursachen herrühren, allein keinesweges ein Werk der Kunst sind. Herr **Bailly** hält sie für gefrorne Seen, wie etwa die Gletscher in dem Schweitzerischen Gebirge. Ich habe aber niemand gefunden, der ihnen einen vulcanischen Ursprung beylegte. Dies nimmt mich in der That Wunder, denn die Idee von dem vulcanischen Bau der Mondfläche scheint mir zu natürlich, als daß sie nicht jemand, wenigstens als ein flüchtiger und vorbeygehenmich zu berufen nöthig finde: so werden doch einige Anmerkungen über die Topographie des Mondes und einiger seiner vornehmsten Flecken und Ungleichheiten noch mehreres Licht hierüber verbreiten (K).

In denjenigen Theilen des Mondes, die mit dem trockenem Lande unserer Erdkugel übereinkommen, findet sich eine weit größere Menge vulcanischer Hervorbringungen, als in denen dunkeln und ebenen Theilen, die man Ursach hat für flüßig zu halten. Die Ursache hievon fällt sehr leicht in die Augen. Wären die Ausbrüche des Feuers auf dem Grunde des Meeres, gleich eben so häufig geschehen, als auf dem festen und trockenem Theil, so müßten doch alle diejenigen Becken und Berge, so zu niedrig sind, über die Fläche des Wassers hervor zu ragen, von ihm bedeckt, und dem Gesicht entzogen werden. Man sieht also nur diejenigen von ihnen, die eine sehr ansehnli-

der Gedanke beygefallen seyn sollte. Des Herrn Bailly Meynung erklärt den Ursprung der cirkulförmigen Figur dieser Becken nicht; denn ohne ihr zu widersprechen, könnten sie, wie gemeiniglich unsre Seen, ja selbst die schweizerischen Gletscher, einen ganz unregelmäßigen Umriß haben. Sie ist aber meinen Ideen nicht entgegen, sondern könnte damit sehr wohl zusammen stehen. Die Crater feuerspeyender Berge und die vulcanischen Becken geben manchmal, wenn sich Wasser in ihrem Umfang sammelt, zur Entstehung cirkulirender Seen Gelegenheit.

(K) Der beste Weg, eine richtige und vollständige Topographie des Mondes zu Stande zu bringen, würde derjenige seyn, dessen sich Herr **Mayer** in Göttingen zu bedienen vorgesetzt hatte. Dieser verdienstvolle Astronom, der unsern Nebenplaneten mit so großem Erfolg zu seinem Hauptvorwurf gemacht hatte, arbeitete sehnliche Höhe haben, und deren Anzahl muß natürlicher Weise um ein merkliches kleiner seyn.

Die Vulcane und vulcanischen Becken, so sich in den trockenen und festen Theilen der Mondfläche in der größten Menge befinden, sind manchmal sehr unregelmäßig, doch nicht in dem Grade, daß ihre ursprüngliche Bildung unkenntbar wäre. Das Feuer hat hier alles aufgewühlet, und eine Art von Unordnung hervorgebracht. Verschiedene Becken, die sich nahe sind, greifen in einander, wie z. E. der Purbachius und Regiomontanus u. s. f. So wohl in dem innern Umfange, als selbst in der Einfassung der Becken, hat das Feuer manchmal Durchbrüche gemacht, und indem es hie und da einen Theil des Walls über den Haufen geworfen, seine kreisförmige Figur verderbt, oder den Boden des Beckens uneben gemacht. Die wenigern Ungleichheiten dieser Art im Gegen-

tete an einem würcklichen Modell des Mondes, welches alle Erhöhungen und Vertiefungen nach der Natur und ihrer wahren Gestalt vorstellen sollte. Ein solches Unternehmen würde nicht so leicht, als es scheinen möchte zu Stande gebracht werden können, sondern sehr viel Zeit und Arbeit kosten. Man würde sehr aufmerksam seyn müssen, sich jeden vortheilhaften Augenblick zu Nutzen zu machen, und selbst alsdenn würde die Arbeit dennoch sehr langweilig und mühsam seyn, weil man bey jeder Phase nur einen kleinen Theil der Mondfläche deutlich und in einem vortheilhaften Lichte erblicket. An einem Orte wie Petersburg, sind im Winter die strenge Kälte, im Frühling und Herbst die regnichte und mit Wolken angefüllte Luft, und in der Sommerszeit die gar zu hellen Nächte einer solchen Unternehmung sehr hinderlich. Es vergehen nicht selten ganze Monate, ohne daß man den geringsten Fortgang in seiner Arbeit machen könnte.

Gegentheil, die sich in den Meeren befinden, sind weit regelmäßiger und ordentlicher gestaltet: denn hier sieht man nur die obersten Spitzen derselben, die von den vielen Ausbrüchen des unterirrdischen Feuers wenig oder gar nicht gelitten haben (L).

Fast alle in dem trockenem Lande befindliche Becken, haben einen Boden, der aus eben der weißlichen und hellen Materie, als ihre Einfassung bestehet, und diese Boden sind durchgängig etwas ungleich, und niemalen recht platt und eben. Einige wenige Becken z. E. der Plato, Mersennus u. s. f. unterscheiden sich dennoch auf eine besondere Art von ihnen. Ihre Boden sind schwarz und dunkel von Farbe, zugleich aber so einförmig und platt, als ob sie mit der größten Sorgfalt wären geebnet worden. Es hat das Ansehen, als ob in den innern Umfang dieser Becken, das Wasser eingedrungen sey, und ihn angefüllet habe, so wie bey dem Porto Pavone, und dem See Agnano geschehen; denn dies erklärt sowohl den Ursprung

(L) Keill und andere Astronomen haben aus den Ungleichheiten, die sich in den dunkeln Theilen des Mondes befinden, den Schluß ziehen wollen, als ob diese Gegenden nicht flüßig, sondern eben so wohl als die hellen Theile feste wären. Aushöhlungen und Vertiefungen finden freylich in der Oberfläche einer flüßigen Materie nicht statt: Allein dergleichen giebt es auch in den dunkeln Stellen der Mondscheibe nicht, wenigstens sind alle Ungleichheiten, so ich daselbst bemerkt habe, Erhebungen, so ganz deutlich über die Fläche hervorragen. Keill muß indeß entschuldigt werden, denn in der That haben die Mündungen der Vulcane und vulcanischen Becken, wenn man sie nicht im gehörigen Lichte sieht, das Ansehen, als ob sie niedriger als die Fläche liegen.

Ursprung der schwarzen Farbe, als der scheinbaren großen Ebene ihres Bodens. Einige in den Meeren befindliche sehr regelmäßige Becken, z. E. der Archimedes im Mari Imbrium u. s. f. sind von gleicher Beschaffenheit. Ihre Einfassung besteht aus einer weissen Materie; allein der innere Boden ist wie das umliegende Meer dunkel von Farbe und ungemein eben. Vermuthlich hat das Wasser des Meers in den Crater dieses Berges einen Eingang gefunden und ihn angefüllet.

Von würklichen Vulcanen giebt es im Monde eine unglaubliche Menge, der merkwürdigste von ihnen, ist aber in aller Absicht der Ticho. Sein geschlossener Crater ist einer der größten, so daselbst anzutreffen sind. Seine Figur aber ist durch eine Menge, in und um ihn geschehener schwächerer Ausbrüche, ziemlich unregelmäßig geworden. In der Mitte dieses großen Crater, hat sich ein kleinerer, weit regelmäßiger, ebenfalls durch eine Platteform geschlossener gebildet, in dessen Mittelpunkt eine ansehnliche Molfetta stehet. Der größere Crater hat eine unglaubliche Menge Laven nach allen Seiten ausgegossen, die ihm das völlige Ansehn eines großen unregelmäßigen und verzerrt gezeichneten Sternes geben, und sein Fuß hat, wie die Länge der Lavenströme überzeugend zeiget, sich sehr weit ausgebreitet und einen sehr sanften Abhang bekommen (M). An den Seiten

(M) Die Laven im Mond sind nicht wie die unsrigen von schwarzer und dunkler, sondern von weißer und heller Farbe. Sie unterscheiden sich nicht durch ihre Erhebung über die umliegende Fläche, sondern blos durch ihre Farbe. Ein Beweis hievon ist, daß man sie kaum oder gar nicht gewahr wird, wenn das Licht auf

Seiten und am Fuße desselben, sind eine Menge von kleinern Vulcanen, so wie um den Vesuv und Aetna befindlich. Dieser letzte feuerspeyende Berg würde, wenn man ihn von oben sehen könnte, in Absicht auf die Anzahl und Länge der Laven, die beträchtliche Ausdehnung seines Fußes, den sanften Abhang seines untern Theils, und die Menge der um ihn her befindlichen kleinern Ausbrüche, eine besonders ähnliche Abbildung des Ticho, doch nur sehr im kleinen vorstellen.

Copernic ist ein andrer merkwürdiger Vulcan, der aus dem Mari Imbrium empor steiget. Nur sein oberster conischer Theil ragt aus dem Wasser hervor, und sein ausgebreiteter Fuß scheint mehrentheils unter der Wasserfläche oder ihr gleich zu liegen. Er ist von sehr ansehnlicher Höhe, und hat auf seinem Gipfel eine sehr große kreisförmige Oefnung, mit einem tiefen Schlund ohne Platteform, aus dessen Boden eine Molfetta empor steiget. Es laufen einige Lavenströme von ihm aus, aber bey weiten nicht so viele, noch so große, als von dem Ticho.

Kepler ein anderer nicht weit vom Copernic entfernter Vulcan, ist ihm in vielen Stücken sehr ähnlich, nur daß er kleiner ist, und weniger Laven von sich gegeben hat. Er zeigt sich nicht rund, sondern elliptisch, doch nur durch einen optischen Betrug, denn alle nahe am Rande des Monden befindliche Becken und Crater, scheinen ihrer schiefen Lage wegen, gegen das Auge eine solche längliche Figur zu haben.

Bey

auf die Gegenden, wo sie befindlich sind, schief auffällt, und daß sie nur erst beym Vollmond recht deutlich in die Augen fallen. Dies ist eine natürliche und nothwendige Folge ihrer Flüßigkeit zur Zeit ihrer Entstehung.

Bey allen übrigen Vulcanen im Monde zeigt sich kein recht deutliches Merkmal von einer Ergießung von Laven. Sie sind in großer Menge vorhanden, und haben zum Theil offene, zum Theil geschlossene Crater, mit und ohne Molfetten, ohne übrigens durch irgend einige Besonderheit vorzüglich merkwürdig zu seyn.

Es hat allem diesem zu Folge den völligen Anschein, daß es mit dem Monde eine vollkommen umgekehrte Beschaffenheit, als mit der Erdkugel habe. Meer- Regen- und Quellwasser sind ohne Zweifel die vornehmsten Werkzeuge, deren sich die Natur bedienet hat, der Oberfläche der letztern, und denen auf ihr befindlichen Bergen und Thälern ihre jetzige Gestalt zu geben. Diese haben fast allgemein gewürket, und nur einige wenige nicht sehr ausgedehnte Landstrecken, machen davon eine Ausnahme, diejenigen nemlich, welche wie die Campi phlegraei vom Feuer ausgearbeitet worden. Im Monde im Gegentheil scheint dies der herrschende Werkmeister gewesen zu seyn. Nur sehr wenige Stellen haben, wie das oben angezeigte Gebürge am Mari Imbrium einen Bau, der demjenigen gleichet, den bey uns das Wasser hervor zu bringen pfleget. Alles übrige ist mit Ungleichheiten, so eigentlichen Vulcanen oder vulcanischen Becken vollkommen ähnlich sind, bedeckt und angefüllet.

Nicht allein aber hat die Natur, wie es scheint, im Monde sich des Feuers, als eines Werkzeuges mehr allgemein, sondern auch weit mehr im großen bedienet. Es hat ihr gefallen, auf unserm Nebenplaneten, nach einem weit größeren Maaßstabe, als auf unserer 40 mal größeren Erdkugel zu arbeiten. Die Vulcane im Monden sind 3, 4 und mehrmal höher als unser höchstes Gebirge. Es giebt dort Crater

Crater und vulcanische Becken von 20 bis 30 deutschen Meilen im Durchmesser und Lavenströme, die sich auf eine Länge von 100 bis 150 Meilen ergossen haben (N). Ich hoffe, daß dies niemand als einen Einwurf gegen den vulcanischen Ursprung des Baues der Mondfläche ansehen wird. Es kostet der Natur nicht wie dem Menschen mehr Mühe, im Großen als im Kleinen zu arbeiten.

So sehr indeß der Augenschein und die vollkommenste Analogie der Meinung von dem vulcanischen Ursprung der Mondsungleichheiten günstig sind: so zeigen sich doch Schwürigkeiten, die einigen Zweifel erregen können. Es ist meine Pflicht, sie anzuzeigen, und die nöthigen Erläuterungen darüber zu geben.

Hat das Feuer jemals im Monde so gewaltig gewütet, wie es das Ansehen hat; so scheint es nicht glaublich, daß es so gänzlich verloschen seyn könne, daß es nun schon seit mehr als anderthalb Jahrhunderten nicht die geringste bemerkbare Würkung hervorgebracht (O). Mir scheint dieser Einwurf nicht von beson-

(N) Der Durchmesser von dem Crater des Aetna ist ohngefähr ein Viertel einer deutschen Meile, und seine Laven erstrecken sich etwa auf eine Länge von 6 oder 7 dergleichen ganzen Meilen. Ich führe dieses an, um zu zeigen, wie unbeträchtlich klein unsere Vulcane in Vergleich derjenigen sind, so sich im Monde befinden.

(O) **Hevel** und **Ricciolus** haben gesagt, daß einige Mondberge vielleicht würklich brennende Vulcane seyn mögen. Man muß sich dies nicht irre machen laßen und glauben, als ob es falsch sey, daß seit anderthalb Jahrhunderten nicht die geringste Würkung des Feuers im Monde bemerkt worden. Den gedachten Männern kam die Erleuchtung einiger Mondflecken zu lebhaft vor, besonderm Gewichte, wenn wir auch nur auf das zurück sehen, und nach demjenigen urtheilen wollen, was die Natur uns auf unsrer Erdkugel zeiget. Das unterirdische Feuer höret bey uns oftmals an Stellen, wo es viele Jahrhunderte gearbeitet, während langer Zeiträume gänzlich zu würken auf, und bekommt bisweilen wiederum unvermuthet ein ganz neues Leben. Vor dem bekannten Ausbruche des Vesuvs, durch welchen die Städte Herculanum und Pompeja zerstört wurden, giebt die Geschichte des Alterthums von keinem einzigen Brande dieses Berges die geringste Nachricht. Er mußte indeß doch schon vorher gebrannt haben, denn **Strabo**, **Dio Caßius** und **Vitruvius**, erkannten ihn aus dem ungeheurem Schlunde, und andern nicht zu verfehlenden

Merk-

vor, als daß es ein blos zurückgeworfenes Licht seyn könnte, und dies leitete sie zu der Muthmaßung, daß sie vielleicht würklich brennen, und ein eigenes Licht haben. Der besonders starke Glanz derselben, muß wohl nur von der Natur der Materie, woraus sie bestehen, die vielleicht wie cararischer Marmor, oder neu gefallener Schnee eine blendende Weiße hat, herrühren; denn daß diese Berge nicht würklich brennen, ist daraus erweislich, daß sie eben so wie die übrigen Flecken unsichtbar sind, wenn sie sich in dem von der Sonne nicht erleuchteten Theil der Mondfläche befinden, davon doch das Gegentheil erfolgen müßte, wenn sie ein eigenes Licht hätten. Eben so wenig kann man aus dem, was diese Männer gesagt haben, den Schluß ziehen, als ob sie mit den meinigen ähnliche Ideen gehabt hätten. Es ist offenbar, daß sie von der sonderbaren Uebereinstimmung des Baues und der Bildung der Mondungleichheiten mit den vulcanischen Hervorbringungen unserer Erdkugel, nicht den geringsten Gedanken gehabt haben.

Merkmalen, für einen würklichen, ob gleich schon längst verloschenen Vulcan. Die Zeit indeß, wo diese Begebenheit sich zugetragen, übersteigt das Alter der Geschichte, und fällt in die fabelhaften Zeiten, denn die Ueberlieferung von den Giganten, scheint eine deutliche Beziehung auf einen sehr gewaltsamen und fürchterlichen Ausbruch des unterirdischen Feuers in dieser Gegend zu haben, dadurch vermuthlich dieser Vulcan zuerst entstanden ist. Seit diesem Zeitpunkt brennt dieser Berg bis jetzt fast beständig fort, doch mit einer gänzlichen Unterbrechung von fast 200 Jahren vor dem großen Brande des Jahrs 1631. Bey dem Aetna haben sich eben solche langwierige Unterbrechungen seines Brandes gezeiget. Die älteste griechische und römische Geschichte redet beständig mit Schrecken und Erstaunen von seiner Wuth, und denen von ihm angerichteten abscheulichen Verheerungen. In der Folge hat er aber entweder eine lange Zeit gar nicht gebrannt, oder wenigstens sind seine Ausbrüche von so geringer Erheblichkeit gewesen, daß die Einwohner von Sicilien gegen das Ende des sechszehnten Jahrhunderts schon alle Furcht verlohren hatten, und was die Alten von seiner abscheulichen Wuth gesagt haben, für fabelhaft, erdichtet und übertrieben zu halten anfiengen, bis die nachfolgenden ungeheuren Verwüstungen, so er anrichtete, sie von dem Gegentheil überzeugten. Ich halte nicht nöthig, mehrere dergleichen Beyspiele anzuführen.

Warum sollte nicht im Monde eben das haben Statt finden können, was den angeführten Exempeln nach bey uns nichts ungewöhnliches ist? Vielleicht hat das Feuer daselbst, nach einer geendigten langen Periode einer außerordentlich starken Würksamkeit seine Kräfte erschöpft, und auf längere oder kürzere

Zeit sich völlig beruhigt. Vielleicht ist der Augenblick, wo es von neuem zu wüten anfangen wird, ganz nahe; vielleicht ist er aber noch um viele Jahrhunderte entfernt: ja vielleicht kommt ein solcher Zeitpunkt niemals wieder. Der Zwischenraum von ein oder zwey Jahrhunderten, ist wenigstens in der unbegränzten Laufbahn der Natur, der unendlichen Dauer, ein zu unmerklicher Punkt, als daß man aus Erfahrungen so man während seinem Ablauf aufgesammelt hat, sich berechtigt halten dürfte, etwas hierüber zu entscheiden. Ich vermuthe indeß einen neuen Ausbruch des Feuers in diesem Weltkörper nicht. Die Natur wiederholt, wie es scheinet, die großen Catastrophen, entweder gar nicht, oder wiederholt sie nur erst nach dem Ablauf ungeheurer Zwischenräume.

Ein anderer Umstand, der einigen Zweifel verursachen könnte, ist der folgende. Die Bildung, so das Feuer von Zeit zu Zeit gewissen Gegenden auf der Erdkugel mitzutheilen pflegt, ist nicht sehr dauerhaft, und leidet in ganz mäßigen Zwischenräumen sehr merkliche Veränderungen. Ich will nicht von dem Falle reden, wenn es sich zutragen sollte, daß ein vulcanisches Stück Landes auf eine Zeitlang vom Meere bedeckt würde. Es ist kein Zweifel, daß nicht unter diesen Umständen in weniger als ein oder etlichen Jahrhunderten, alle Ungleichheiten verwaschen, die Vertiefungen angefüllet, die Erhöhungen geebnet, und alles unter Sand, Schlamm und verschiedene Erd- und Steinlagen würde versteckt und vergraben werden (P). Ich will jetzt nur annehmen, auf die

(P) Dies scheint der Fall verschiedener Gegenden unserer Erdkugel z. E. des obern und mittlern Theils von Italien, und der Provinzen Auvergne und Velay in Frankdurchs Feuer gebildete Fläche würke eine bey weitem nicht so thätige Ursache, sondern sie sey nur bloß dem Einfluß unseres Dunstkreises ausgesetzt. In diesem Fall verwittern die von den Vulcanen ausgeworfenen, oder von ihnen ausgeflossenen Materien, durch den Einfluß der Luft, der Sonne und des Regens. Selbst die härtesten Laven überziehen sich mit einer tragbaren Erdrinde, und werden in ganz mäßiger Zeit dadurch bedeckt und unkenntlich gemacht. Die vulcanischen Erhöhungen und Vertiefungen haben ein gleiches Schicksal. Die Bestandtheile derselben verwittern, zerfallen und werden von dem auf sie fallenden Regen und Schnee verwaschen und weggeführet. Die erhobenen Theile werden von Tage zu Tage niedriger. Die Vertiefungen werden mehr und mehr angefüllet. Die ganze Fläche wird geebnet, und die Spur der Würkung des Feuers geht mit der Zeit gänzlich verlohren (Q).

So leicht zerstöhrbar sind die Ungleichheiten der Mondfläche in der That nicht, denn seit den anderthalb

halb

Frankreich, zu seyn, wo man aus dem Ansehen der Oberfläche nie errathen würde, daß diese Gegenden jemals gebrannt haben, wenn man es nicht an den vulcanischen Materien, so man in der Tiefe findet, erkennete.

(Q) Wie vor dem großen Ausbruch des Vesuvs im J. 1631. dieser Berg eine Zeit von etlichen Jahrhunderten geruhet hatte, war er schon so sehr mit fruchtbarer Erde bedeckt, daß er bis an die Spitze bewohnt und bearbeitet war, und selbst sein Crater war schon mit Wald und Büschen so überwachsen, daß er wilden Thieren zum Aufenthalt diente. Die ältern Laven dieses Berges sind alle unter einer bisweilen mehrere Fuß dicken Lage tragbarer Erde verborgen und auf der Fläche sieht man keine Spur vou ihnen.

halb Jahrhunderten, daß wir durch unsre Fernröhre mit diesem Weltkörper genauer bekannt geworden, hat sich an ihnen nicht die geringste Spur einer Veränderung gezeiget. In diesem Stücke also wenigstens sind sie, der gänzlichen Uebereinstimmung ihres Baues und ihrer Bildung ohngeachtet, von den vulcanischen Ungleichheiten unserer Erdkugel nicht wenig verschieden. Dies kann aber wohl schwerlich zu einem Zweifel über ihren Ursprung einige Veranlaßung geben. Es ist sehr wahrscheinlich, wenigstens sehr möglich, daß der Mond aus ganz andern Materien, als unsre Erdkugel bestehe. Ist aber dieses, so können sie sehr wohl von einer dauerhaftern und festern Natur, als die unsrigen seyn, und in diesem Fall werden die dortigen vulcanischen Auswürfe und Ausflüsse der Würkung äußerer Ursachen stärker, als bey uns widerstehen können. Doch auch dies bey Seite gesetzet, hat es überdem fast das Ansehen, als ob es im Monde diejenigen Ursachen der Zerstörung und Veränderung seiner Fläche, die bey uns so würksam sind, gar nicht gebe. Es ist höchst zweifelhaft, ob der Mond eine Atmosphäre oder eine Luft habe? und Wolken, folglich auch Regen und Schnee giebt es dort gewiß nicht, denn diese Wolken würden sich unserm Telescop nicht verbergen können, sondern ab und an, hie und da die Gegenden über denen sie stünden, verdunkeln müssen. Nichts verwittert also dort, nichts wird aufgelöst, nichts wird verwaschen, oder alles dieses geschiehet nur sehr langsam. Selbst in dem Fall also, wenn auch gleich die Materien, woraus die Fläche dieses Weltkörpers bestehet, nicht im geringsten dauerhafter wären als die unsrigen, so würde dennoch alles übrige gleich gesetzet, seine Fläche weit weniger und weit langsamer als unsre Erdfläche verändert werden.

Den wichtigsten Zweifel von allen habe ich bis zuletzt aufbehalten. Ich habe im Vorbeygehen gesagt, daß es sehr zweifelhaft sey, ob es im Mond Luft gebe. Hätte der Mond einen Dunstkreis, so würde er vermuthlich, wie der unsrige, das Licht brechen, und außer andern Erscheinungen würde eine nothwendige Folge davon seyn, daß bey den Bedeckungen der Fixsterne die Dauer einer solchen Begebenheit beträchtlich würde verlängert werden. Allein die sorgfältigsten Bemerkungen der Astronomen zeigen davon nicht die geringste Spur (R). Gesetzt nun aber, daß es im Monde keine Luft gebe, so kann es auch dort kein Feuer geben, denn es ist mehr als zu bekannt, daß Feuer ohne Luft nicht brennen kann.

Diesen Einwurf getraue ich mir nicht auf eine völlig Genügen leistende Art zu heben. Kann es etwa durchsichtige Materien geben, die das Licht nicht brechen, und ist die Luft im Mond vielleicht von dieser Art? Hat es etwan in ältern Zeiten in der Epoche der gewaltigen Entzündungen Luft im Mond gegeben, die aber sich nachgerade so sehr vermindert hat, daß jetzt keine Spur davon mehr übrig ist (S)? Sind etwa die

(R) Kann ich anders meinem Gedächtniß trauen: so hat Herr **Tob. Mayer** erwiesen, daß wenn die horizontale Brechung des Lichts im Monde nur 5″ betrüge, die Dauer der Bedeckungen der Fixsterne durch diesen Weltkörper, so sehr verlängert werden müßte, daß die Astronomen unmöglich verfehlen könnten, es wahr zu nehmen.

(S) An sich selbst ist dies nicht unmöglich. Ein großer Theil unserer atmosphärischen Luft befindet sich unstreitig in den organisirten so wohl, als unorganisirten Körpern unserer Erdkugel eingeschlossen, mit denen sie sich so die entzündbaren Materien im Monde von einer so sonderbaren Beschaffenheit, daß sie auch ohne Luft brennen können? Man hat es von dem so genannten griechischen Feuer behauptet. Giebt es vielleicht Arten von Feuer, die von unserm gewöhnlichen verschieden sind, und zum Brennen keine Luft nöthig haben? Einige Naturforscher vermuthen so etwas von der elektrischen Materie. Kann endlich die so unermeßlich reiche Natur nicht uns verborgene, und bey uns nicht befindliche Mittel kennen, das gemeine Feuer ohne Beyhülfe der Luft brennen zu machen? Das sind Möglichkeiten, über deren Grund oder Ungrund zu urtheilen, wir viel zu schwach sind.

Um Mißdeutungen zu vermeiden, ersuche ich meine Leser noch zuletzt, meinem Vortrage keine von meiner würklichen Meynung abweichende Wendung zu geben. Ich behaupte die vollkommene Aehnlichkeit der Ungleichheiten im Monde mit den vulcanischen Hervorbringungen auf unserer Erde, nach ihrer Form, Bildung und ganzen äußern Beschaffenheit, als einen durch den Augenschein unstreitig erwiesenen, und völlig

so genau vereiniget hat, daß sie einen Bestandtheil von ihnen ausmachet. Es ist also nicht widersprechend, daß durch beständig fortdauernde Erzeugungen neuer Körper, endlich der ganze Vorrath von Luft, so die Natur einem Weltkörper zugetheilt, verschluckt und erschöpft werden könnte; aber wahrscheinlich finde ich es nicht, wenigstens der Analogie anderer Würkungen der Natur nicht gemäß. Sie bemüht sich offenbar in den mehresten Fällen einen Zustand des Gleichgewichts, einen bleibenden Zustand, hervor zu bringen. Vermuthlich wird also beständig durch die Zerstöhrung natürlicher Körper ohngefähr so viel atmosphärische Luft freygemacht werden, als durch die neuen Zeugungen verschluckt wird.

außer Zweifel gesetzten Thatsatz, die hieraus fließende Vermuthung aber, als ob es würklich das Feuer sey, so die Fläche des Mondes ausgearbeitet und gebildet hat, verlange ich nicht für eine erwiesene Wahrheit auszugeben. Scheinen meine Ausdrücke bisweilen zu entscheidend, so habe ich mich ihrer nur der Kürze wegen bedient, und in der Absicht, deutlich zu zeigen, daß die Bildung der Mondfläche vollkommen so beschaffen sey, als ob sie würklich von dem Feuer hervorgebracht worden. Der Schluß von der Aehnlichkeit der Würkungen auf die Aehnlichkeit der Ursachen, ist in der Naturlehre von großem Gewicht, allein ohne den gehörigen Einschränkungen ist er unzuverläßig.

Vielleicht erzeigen mir einige Leser die Ehre, unzufrieden zu seyn, daß ich hiemit endige. Was liessen sich in der That nicht auf diesen Bemerkungen für wunderbare physikalische Romanen aufbauen, die noch so gar in gewisse neuere Systeme, die Kenner der Naturforscher schwerlich für etwas mehr, als bloß für sinnreich werden gelten laßen, sehr gut eingepasset werden könnten? Das so hochgerühmte, obgleich dem verflossenen siebzehnten, in der Geschichte des menschlichen Verstandes so sehr weit nachstehende achtzehnte Jahrhundert, nimmt dergleichen mit sehr großer Begierde auf; allein ich fühle kein Verlangen, mich ihm auf diese Art merkwürdig zu machen.

II.

II.

Muthmassungen
über die
Ursachen der Abweichungen
bey den Insekten.

von

J. F. W. Herbst.

Es ist einem jeden Insektensammler bekannt, daß viele Insekten, insonderheit unter den Schmetterlingen, auf mannigfaltige Weise von denen Kennzeichen abweichen, wodurch eine jede einzelne Art von der Natur selbst charakterisirt ist. So leicht hiebey die Frage aufgeworfen werden kann: Woher kommen diese häufigen Abweichungen? so schwer wird es dem Naturforscher, einen gewissen, ja selbst auch nur einen wahrscheinlichen Grund hievon anzugeben. Wir sind noch viel zu weit zurück in der Kenntniß der innern Haushaltung der Insekten, als daß wir hierüber so bald eine überzeugende und beruhigende Antwort erwarten könnten. Alle bisher hierüber gemachten Erfahrungen lehren uns nichts weiter, als daß vieles von dem nicht die Ursach solcher Abweichungen sey, was etwa mancher dafür halten könnte. So hat man oft geglaubt, daß vielleicht die Verschiedenheit des Futters einen Einfluß auf die Farbenmischung und

Zeichnung des Schmetterlings haben könnte. Allein alle Versuche, die man hierüber angestellt hat, beweisen das Gegentheil. Wiederum vermuthete man, daß etwa, je nachdem eine Raupe einerley Art sich früher oder später verwandle, dies vielleicht solche Abweichungen nach sich ziehen könnte; aber auch dies stimmt nicht mit der Erfahrung überein. Noch könnte mancher glauben, daß Schmetterlinge verschiedener Art sich vielleicht mit einander vermischten, wodurch solche Abweichungen verursacht würden, die man alsdenn wahre Bastarte nennen könnte; aber auch dies ist bis jetzt noch nicht wahrgenommen worden. Und so kann man, wenn man will, Vermuthungen auf Vermuthungen häufen, ohne der Wahrheit selbst einen Schritt näher zu kommen. Wer sich nicht bey solchen willkührlichen Muthmassungen aufhält, sondern sein Nachdenken gerade auf die Sache selbst richtet, der wird finden, daß die Frage: Woher kommen diese Abweichungen bey den Insekten? sich auf eine andere gründe, die erst beantwortet werden müßte, ehe sich die erste entscheidend bestimmen läßt; nemlich: Präexistirt eine solche Abweichung schon in dem Ey, oder in dem Embrio, oder wird sie erst in der Folge durch zufällige Ursachen hervorgebracht? Es wäre zu voreilig, wenn man hier etwa analogisch schließen, und darum sogleich eine Präexistenz behaupten wollte, weil sich dieselbe in ähnlichen Fällen wohl vermuthen läßt. So ist es zum Beyspiel mehr als wahrscheinlich, daß die Verschiedenheiten der Gesichtsbildung bey den Menschen schon im Embrio ihre Anlagen haben; aber wer weiß auch nicht, daß diese Verschiedenheiten der Menschengesichter in der veränderten Lage der Muskeln und Fibern, ja selbst in der etwas veränderten Struktur der Knochen ihren Grund

haben.

haben. Dies aber läßt sich von den variirenden Schmetterlingsflügeln nicht sogleich behaupten, indem ihre Abweichung bloß in der Farbe besteht. Man könnte also eben so leicht analogisch schließen, daß solche Abweichungen in dem Ey eben so wenig präexistiren, als die schwarze Farbe der Mohren in der Frucht der Mutter, indem die Erfahrung gezeigt hat, daß die Negerkinder im Mutterleibe eben so weiß sind, als die Kinder der Weißen. Allein, wie gesagt, durch die Analogie läßt sich wohl schwerlich die Präexistenz der Abweichungen beweisen, da wir sehr oft finden, daß in der Natur ähnliche Würkungen aus sehr verschiedenen Ursachen hervorgebracht werden. Ich darf nur zum Beweis der sich so ähnlich anziehenden Kraft des Magneten und der Electrität erwähnen, die doch in ganz verschiedenen Ursachen ihren Grund hat. Ich will jetzt einige Gründe anführen, aus welchen ich muthmasse, daß eine jede Abweichung eines Insekts würklich schon im Ey präexistire.

Ich muß hier aber erst genau bestimmen, was ich unter solchen Abweichungen verstehe. Nicht überhaupt die unzähligen und höchst bewundernswürdigen Abwechselungen der Zeichnung und der Farbe auf den Schmetterlingsflügeln, die das Auge des Kenners und des Nichtkenners auf sich ziehen. Es ist wohl keinem Zweifel unterworfen, daß diese Verschiedenheit und unzählige Mannigfaltigkeit schon im Ey ihren Grund haben müße. Dies läßt schon der so sehr verschiedene Bau der Raupen vermuthen. Denn wenn gleich manches, wodurch sich die eine Raupenart von der andern unterscheidet, darum von der Natur so geordnet ist, je nachdem etwa die Raupe in der Jahrszeit, in welcher sie lebt, oder auf der Pflanze, auf welcher sie wohnet, diesen oder jenen

Feind

Feind zu fürchten hat, daher einige mit Dornen, andere mit Haaren, und noch andere mit andern Waffen versehen sind, so findet man doch noch außerdem an jeder Raupenart so viel eigenthümliches und von andern Arten auszeichnendes, woraus man natürlicherweise schließen muß, daß dies zur Bildung des Schmetterlings wesentlich nothwendig sey, so daß derselbe nicht diese oder jene Struktur, Zeichnung und Farbe haben könnte, wenn nicht die Raupe gerade die Gestalt, die Farbe und den Bau hätte, den sie hat. Auch verstehe ich unter solchen Abweichungen nicht die Verschiedenheit der Größe, denn hievon ist es bekannt, daß sie größtentheils von äußerlichen und zufälligen Ursachen herrührt. Sondern ich nenne nur diejenigen kleinen Veränderungen in der Zeichnung und Farbe-Abweichungen, die sich bei ein und eben derselben Species befinden. Es hat nemlich der unendliche Schöpfer es so geordnet, daß eine jede Raupenart auch einen eigenen Schmetterling hervorbringen soll, der sich von allen übrigen Arten merklich unterscheidet. Man wird niemals finden, daß aus Raupen, die sich in allen Stücken völlig gleich sind, doch ganz verschiedene Schmetterlinge hervorkommen, oder umgekehrt, daß aus ganz verschiedenen Raupen doch sich in allen Stücken ähnliche Schmetterlinge entstehen sollten. Vielmehr hat die Natur zu einer jeden Raupenart auch ein gewisses und festgesetztes Modell für den Schmetterling bestimmt. Nach diesem Modell sind alle Vögel, die von eben derselben Raupenart kommen, so genau gebildet und gezeichnet, daß, wenn sie nicht etwa in der Größe verschieden sind, man auch durch die genauesten Abmessungen keine beträchtliche Veränderung bemerken kann. Nun kommt es aber manchmal, obgleich bey einigen Arten

mehr,

mehr, bey andern weniger, daß ein einzelner Schmetterling von diesem Modell etwas abweicht, daß etwa die Augen oder die Flecken auf den Flügeln größer oder kleiner sind, oder einige gänzlich fehlen, oder eine andere Lage haben, und dies nennet man Abweichungen oder Varietäten.

Alle diese Abweichungen nun betreffen doch im Grunde nur allein die Farbe. Denn alle Zeichnungen der Schmetterlingsflügel kommen doch zuletzt auf nichts weiter hinaus, als daß durch die Lage der Schuppen oder Federchen bald diese bald jene Farbe hervorgebracht wird. Oder, um mich nach der Eulerschen Theorie der Farben auszudrücken, die Theile der Federchen sind so eingerichtet, daß einige durch die Lichtstrahlen in eine stärkere, andere in eine schwächere Bewegung gesetzt werden. Man mag nun annehmen, welche Meynung man will, so ist doch so viel gewiß, daß die Farben und Zeichnungen der Schmetterlinge durch die Federchen verursacht werden, die dem blossen Auge wie gefärbter Staub vorkommen. Nun weiß aber ein jeder, der nur jemals durch ein Vergrößerungsglas gesehen hat, daß diese Federchen nicht bloß auf den Flügel hingestreuet sind, sondern, daß sie mit ihrem kleinem Stiel in der ausgespannten dünnen Haut des Flügels festsitzen. Sie sind also als würkliche und wesentliche Theile des Flügels anzusehen; sie sind nicht von außen in den Flügel eingesteckt, sondern sie haben ihre Wurzel in dem Flügel, sind aus demselben nach und nach herausgewachsen, wie die Haare aus der Haut der Thiere und Menschen. Folglich präexistirten sie auch eben so gut schon in dem grünen Brey, den man in der Raupe findet, wenn man sie öffnet, wie der Schmetterling selbst, nach den scharfsinnigen Bemerkungen eines Swammer-

mer-

merdams, Bonnets, und andrer erfahrner Physiologen, und die Grundursache ihrer Farben muß in den innern Säften und in der Materie gesucht werden, woraus die Federchen entstehen.

Wollte man nun annehmen, daß die Abweichungen mancher Insekten durch äußere und zufällige Ursachen gewürkt würden, so ließe sich dies nicht anders denken, als es müßten entweder diese in der Raupe präexistirende Schüpchen durch eine äußere Gewalt verrückt werden, oder die Säfte, durch welche diese Schüpchen ihren Wachsthum und ihre Nahrung bekommen, müßten so verändert werden, daß nun die kleinsten Theile der Federchen eine solche Lage oder Beschaffenheit bekämen, daß sie durch die Lichtstrahlen in eine geschwindere oder langsamere Bewegung und Schwingung gesetzt würden, als sonst geschehen wäre. Das Verrücken oder Verschieben der Federchen ist aber nicht möglich, weil ein jedes derselben bey den Variationen eben so gut mit seinem Stiel in den Flügel festsitzt, als bey den andern. Die Veränderung der Säfte aber, oder eine andere Leitung derselben, die durch eine äußere und gewaltthätige Ursach gewürkt würde, ist auch nicht glaublich, theils, weil alsdenn die Zeichnung der Flügel unmöglich allezeit auf beyden Seiten gleich seyn könnte, theils, weil, wie bekannt, eine jede Gewaltthätigkeit, die etwa die Raupe leiden muß, entweder ihren Tod, es sey nun als Raupe, oder als Puppe, nach sich ziehet, oder doch den herauskommenden Schmetterling unvollkommen macht. Es ist also meines Erachtens viel wahrscheinlicher, daß die Abweichung würklich schon in dem Ey präexistire.

Um indessen hiebei die Erfahrung zu Hülfe zu nehmen, ob nicht etwa äußere Zufälle, und insonderheit

heit die Witterung, die Wärme oder Kälte, etwas zu solchen Abweichungen beitragen könnten, so habe ich zu dem Ende folgenden Versuch angestellet. Ich wählte hiezu eine Raupenart, die sich leicht auffuttern läßt, weniger Krankheiten ausgesetzt ist, von mehrern Pflanzenarten lebt, uud deren Schmetterling doch, wie bekannt, zwar nicht in der Zeichnung, aber doch in der Größe und Lebhaftigkeit der schwarzen Flecken sehr abzuweichen pflegt, nemlich die Phalaena grossulariata Lin. Und da besonders auch diese Raupe überwintert, so war ich um so viel leichter im Stande, zu bemerken, ob etwa der Wind oder das Clima etwas zur Abweichung beitragen könnte. Ich sammlete also 60 dieser Eyer, und vertheilte sie in drey mit Gase überzogene Kasten, den einen setzte ich vor das Fenster gegen Norden, den zweiten gegen Süden, und den dritten behielt ich in der Stube. Als die Räupchen auskrochen, so gab ich einem jeden Theil verschiedenes Futter, nemlich Blätter des Johannisbeeren- Stachelbeeren- und Himbeerenstrauchs. Um zu wissen, ob die Luft vielleicht auf die Eyer einige Würkung gethan hätte, so vertheilte ich die Räupchen wieder auf folgende Art. Zehen, die als Eyer nach Norden gestanden hatten, setzte ich nun dem Südwind aus, und zehen, die nach Süden gestanden hatten, mußten nun nach Norden zu stehen, die übrigen zehen von jedem Theil blieben in der vorigen Lage. Als sie in den letzten kalten Tagen des Octobers nicht mehr fressen wollten, gab ich ich ihnen trockne Blätter, unter welchen sie sich nach und nach verkrochen. Von denen, die bisher in der Stube gestanden hatten, setzte ich die Hälfte in ein geheiztes, und die übrigen in ein ungeheiztes Zimmer. Die ersten kamen bald wieder unter ihren Blättern hervor, allein sie starben eine nach der andern. Sobald im folgenden Frühjahr obige Pflanzen wieder ihre Blätter austrieben, versorgte ich meine Raupen damit. Sie zeigten auch gar bald, daß sie noch lebten, und nach einer noch zweymaligen Häutung verpupten sie sich. Man kann leicht denken, daß ich auf ihre endliche Entwickelung sehr aufmerksam werde gewesen seyn. Allein, so wie eine nach der andern zum Vorschein kam, erkannte ich, daß ich durch diesen Versuch nichts weiter herausgebracht hatte, als daß die Verschiedenheit des Futters und der Luft nicht die Ursach ihrer Abweichung sey; denn es kamen von allen Theilen eben dieselben Varietäten heraus, nemlich bald mit größern bald mit kleinern schwarzen Flecken; ja, welches ich am wenigsten vermuthet hatte, von denen, die vom Anfang an beständig nach Süden gestanden hatten, bekam ich eine sehr seltene Varietät, welche ich Tab. I. Fig. I. abgebildet habe. Ich halte nicht für nöthig, sie zu beschreiben, da diese Phaläne zu bekannt ist, als daß nicht ein jeder gleich beym ersten Anblick wahrnehmen sollte, wie außerordentlich dieses Exemplar abweicht.

Dieser Versuch mit obigen Gründen zusammengenommen, bestärkt meine Muthmassung, daß die Abweichungen der Schmetterlinge schon im Ey präexistiren, und nicht durch unnatürliches Futter, durch Krankheit, oder durch ungewöhnliche Witterung oder andere Zufälle, wodurch sonst die Säfte, welche, wie bekannt, gewöhnlich nach den äußern Theilen zu getrieben werden, geschwächt und verdorben werden können, verursacht werden. Wenn nun aber dies als wahr angenommen wird, sollte nicht daraus folgen, daß solche Abweichungen nicht eigentlich wahre Varietäten sind, sondern vielmehr als würklich andere Species

cies

cies angesehen, und mit einem eignen Namen belegt werden müssen? Nein, ich glaube, daß dies zu voreilig wäre. Man muß dieserhalb erst mehrere Versuche anstellen. Man müßte insonderheit häufiger, als bisher geschehen ist, seine Schmetterlinge aus den Eyern, und zwar aus solchen Eyern ziehen, von denen man gewiß ist, daß sie von **einem** Weibchen gelegt sind. Und sollten denn, wie ich gewiß glaube, sich unter diesen Schmetterlingen von einer gemeinschaftlichen Mutter, gleichfalls solche Abweichungen finden, so wäre es ja unrecht, diese Abweichungen für neue Species zu halten. Ich bin sehr geneigt, zu glauben, daß der Grund solcher Variationen in der Zeugung liege. Denn, da nach der Meynung des Herrn **Bonnet**, die ich nicht als ein Verehrer dieses großen Mannes bloß nachbete, sondern durch eigenes Nachdenken von der Wahrheit derselben überzeugt zu seyn glaube, ein jeder Theil eines thierischen Körpers bey der Begattung sein Quantum mit zur Saamenfeuchtigkeit hergiebt, und eben durch seinen Beytrag eben derselbe Theil wieder in dem Embrio hervorgebracht wird, so gilt auch eben dieses von den Schmetterlingen. Ein jedes Schüpchen des Flügels liefert seinen Beytrag zur Saamenfeuchtigkeit, und wird der Grund, oder vielmehr der Stoff, daß eben ein solches Schüpchen, an eben derselben Stelle und mit eben derselben Beschaffenheit seiner Theile, die denn in der Folge eben dieselbe Farbe verursachen, in dem Embrio zur Präexistenz gebracht wird. Nun weiß man aber, daß die Schmetterlinge sich sehr oft und lange begatten, bis sie zuletzt gänzlich erschöpft sind. Es kann also zuweilen geschehen, daß der Beytrag dieses und jenes Schüpchens nicht so geschwind oder nicht in gehöriger Quantität erfolgt, wodurch denn

 also

also nothwendig eine Veränderung in dem Embrio verursacht wird. Gänzlich darf freylich nicht der Beytrag irgend eines Schüpchens ausbleiben, sonst würde alsdenn auf dem Flügel des künftigen Schmetterlings daselbst eine leere Stelle seyn, welches aber niemals gefunden wird. Es kann auch geschehen, daß, da bey der Begattung der männliche und weibliche Saame sich so mit einander vermischen, daß aus beyden nur eine einzige Feuchtigkeit wird, in welcher sich die ähnlichen Theilchen kraft ihrer gegenseitigen Beziehung einander zu nähern und sich zu vereinigen streben, daß, sage ich, diese Vereinigung in eine kleine Verwirrung geräth, wodurch denn diese organische Partikeln sich in eine etwas andere Lage verbinden, oder einige Gefäße des Embrio so verändern, daß nun die Säfte der Pflanze, welche die Raupe genießt, etwas anders destillirt worden; so daß, zum Beyspiel, wenn etwa die Gefäße einer Raupenart gewöhnlicherweise so eingerichtet sind, daß sie die Säfte auf eine Art zubereiten, wodurch die Theile dieses und jenen Schüpchens durch die Lichtstrahlen solche Schwingungen bekommen, die uns die rothe Farbe vorstellen, so können diese unendlich kleinen Gefäße sehr leicht bey der Paarung eine Veränderung leiden, daß sie nun die Säfte auf eine unmerklich verschiedene Art zubereiten, die aber doch in den Theilen dieses und jenen Schüpchens einen solchen Einfluß hat, daß sie nun durch die Lichtstrahlen in eine stärkere oder schwächere Bewegung gesetzt werden, und also in unsern Augen die Vorstellung einer andern Farbe hervorbringen. Auch kann es geschehen, daß bey der Begattung die organischen Partikeln, die das Männchen hergiebt, die weiblichen an Menge und Würksamkeit übertreffen, oder auch umgekehrt, wodurch denn sehr leicht eine Veränderung

auf

auf den präexistirenden Flügeln des Embrio verursacht werden kann.

Ich gebe dies für nichts weiter, als für eine Muthmassung aus; und so natürlich und leicht auch dadurch die Ursach der Abweichung bey den Insekten erkläret werden mag, so bleiben doch immer noch dabey manche Dunkelheiten und Bedenklichkeiten übrig. Der wichtigste Einwurf, der gegen diese Hypothese gemacht werden kann, ist wohl unstreitig folgender. Wann solche Abweichungen auf oben beschriebene Art durch besondere Zufälle während der Begattung verursacht würden, so müße eine solche Variation doch nur einmal gefunden werden. Denn was bloß durch einen Zufall gewürkt wird, daß kann nicht oft gerade auf eben dieselbe Art da seyn. Nun findet man aber ein und eben dieselbe Variation von einem Insekt oft, ja zum Theil eben so oft, als das eigentliche sogenannte Original selbst; und diese Variationen sind sich unter einander wieder so gleich, daß ihre Verursachung nicht zufällig zu seyn, sondern sich auf ein gewisses Gesetz zu gründen scheinet. Es ist nicht bey den Insekten, wie zum Exempel bey gewissen Arten von Hunden; dieser ihre Zeichnung ist nicht regelmäßig, und also auch eher ein Werk des Zufalls, daher man auch nicht leicht Hunde von einer Art finden wird, die in allen Stücken genau ganz gleich gezeichnet wären. Allein die Zeichnungen der Insekten sind nach einem gewissen festgesetzten Modell, und dieses Modell muß seinen Grund in der ganzen Organisation des Thiers haben. Die Abweichungen richten sich zum Theil auch wieder nach einem gewissen Modell, und scheinen also auch nicht durch zufällige Ursachen bey der Paarung zu entstehen. Ich gestehe es, daß dies eine wichtige Einwendung gegen meine Hypothese ist, allein sie wird dadurch noch nicht widerlegt. Es kann sich einerley Zufall sehr oft bey der Paarung zutragen, und also auch eben dieselbe Varietät öfter hervorbringen. Es kann zum Beyspiel nicht nur sehr oft geschehen, sondern es geschiehet auch in der That sehr oft, daß ein schon ziemlich durch seine Liebeswerke abgenutzter männlicher Schmetterling auf ein erst eben entwickeltes Weibchen geräth, welches noch alle Kräfte der mannbaren Jugend hat. Natürlicherweise müßen sich alsdenn die organischen Partikeln des weiblichen Saamens in weit größerer Menge und Kraft ergießen, als die schwachen Ueberbleibsel des abgezehrten Männchens, und dieses ganz ungleiche Verhältniß muß denn nothwendig eine große Veränderung in dem ganzen Organismus des künftigen Schmetterlings verursachen. Daraus entstünde also eine Varietät; durch den umgekehrten Fall würde eine zweite Varietät hervorgebracht. Und so viele Grade der gegenseitigen stärkern oder schwächern Zeugungskraft möglich sind, so viele Varietäten könnten daraus entstehen; nur daß ein kleiner Unterschied vielleicht nur eine etwas mattere Farbe verursacht, bey einer größern Verschiedenheit der Zeugungskraft aber ganze Flecke und Zeichnungen auf dem Flügel des gezeugten Schmetterlings wegfallen und fehlen. Wollte man aber auch annehmen, daß in dem Keim der Mutter schon würklich alle wesentlichen Theile und auch jedes Schüpchen des Flügels im Kleinen vorhanden wäre, so ändert dies in meiner Hypothese nichts, weil dabey doch immer noch sehr viel auf den Grad der Bewegung, der Wärme und der Wirksamkeit der männlichen Saamenfeuchtigkeit, und auf die Zahl der darinn enthaltenen Elementarpartikeln ankommt, ob der Embrio dem Männchen und Weibchen

chen völlig ähnlich wird, oder etwas von ihnen abweicht.

Und daß würklich solche Abweichungen durch die ungleiche Zeugungskraft verursacht werden können, bekommt dadurch noch eine größere Wahrscheinlichkeit, wenn man sich nur erinnert, daß bey vielen Schmetterlingsarten die Flügel des männlichen Geschlechts ganz anders gefärbt und gezeichnet sind, als die Flügel des Weibchens. Hier verdiente es in der That eine sorgfältige Beobachtung der Naturfreunde, ob nicht etwa bey diesen Schmetterlingsarten mehrere Varietäten gefunden werden, als bey denen, wo Männchen und Weibchen völlig gleich gezeichnet sind. Wenn dies wäre, so würde dadurch meine Muthmassung noch wahrscheinlicher gemacht. Meine Zeit hat es mir bisher noch nicht erlaubt, hinreichende Beyspiele zu sammlen. Gesetzt aber auch, daß auch bey solchen Schmetterlingen Varietäten gefunden werden, die keine Geschlechtskennzeichen auf den Flügeln tragen, so wird dadurch meine Muthmassung darum nicht unwahrscheinlicher.

Wollte man hiebey noch einige Schritte weiter gehen, so wäre es wohl der Untersuchung werth, ob nicht selbst bey den Menschen die Aehnlichkeit der Kinder mit dem Vater, oder mit der Mutter, oder mit beyden, von der entweder auf beyden Seiten gleichen, oder auf einer Seite stärkern oder schwächern Zeugungskraft abhange; ob nicht vielleicht in dem Fall, wenn der Vater von einer festen, gesunden, feurigen, und männlichen Leibesbeschaffenheit, die Mutter aber kränklich, oder doch von schwachen Nerven ist, die Kinder mehr dem Vater ähnlich sehen werden, da sie hingegen im umgekehrten Fall Ebenbilder der Mutter seyn, bey gleicher Leibesstärke und Lebenskraft aber

 eine

eine von beyden gemischte Gesichtsbildung haben werden? Dies scheint mir wenigstens eben so wahrscheinlich, als die Bonnetsche Meynung, daß der weibliche Saame, die einigen Theilen zugehörigen Elemente, der männliche aber die, für die übrigen Theile bestimmten in sich fasse. Ich wünschte sehr, daß man mehrere Erfahrungen hieüber sammlen möchte.

Noch eine Frage bleibt hauptsächlich für den Entomologen übrig: Nemlich, soll man nach dem Beyspiel einiger neuern Naturforscher aus allen Variationen und Spielarten neue Species machen, und unter neue Namen ins System bringen? Da alle Natursysteme und Eintheilungen in Classen, Geschlechter und Arten nur Hülfsmittel unsers Verstandes und Gedächtnisses sind, weil wir uns nicht alle Individua abgesondert vorstellen können, so muß auch diese Eintheilung nicht weiter getrieben werden, als es zur Erleichterung und doch zu einer genauen Naturkenntniß nöthig ist. Wollte man also eine jede kleine Abweichung der Farbe oder der Zeichnung eines Insekts schon für hinreichend halten, eine besondere Species daraus zu machen, ohne zugleich auf den ganzen übrigen Bau mit Rücksicht zu nehmen, so würde dies sowohl aus obigen Gründen nicht mit der Wahrheit übereinstimmen, als auch würde dadurch das Insektensystem so weitläuftig werden, daß es kaum mehr zu übersehen wäre. Wir pflegen ja auch bey andern Thieren nicht auf kleine unerhebliche Abweichungen zu sehen, sondern nur auf wesentliche Unterscheidungszeichen; warum wollten wir uns denn bey diesen kleinsten Geschöpfen in solche Subtilitäten einlassen? Wer da weiß, was es für Mühe macht, und wie viel Zeit es kostet, auch nur eine kleine Sammlung nach einem System zu ordnen, der wird auch gewiß nicht sich und andern diesen Zeitverlust vergrößern; denn dies würde sich zuletzt nach dem Grundsatz des nicht zu unterscheidenden, bis ins Unendliche treiben lassen. Doch soll hiemit nicht gesagt werden, daß sehr merkliche, zahlreiche und sich immer gleiche Abweichungen nicht mit einen besondern Namen benannt werden könnten; nur müßte man dabey im Sinne behalten, daß ein solches Insekt darum noch nicht eine eigene Species sey. Denn dazu gehört nothwendig, daß auch die Raupe verschieden, und in dem ganzen Bau so wie in dem Habitus und in der innern Oekonomie des Thiers etwas eigenes sey. Aber eben hier liegt die größte Schwierigkeit, weil uns von den meisten Schmetterlingen, denn von diesen ist hier eigentlich nur die Rede, die Raupe, so wie ihre ganze Lebensart, noch unbekannt ist. Wenn aber unsere Entomologen künftig mehr beobachten, als bloß sammlen, so kann es nicht fehlen, daß sich nicht über diese dunkle Materie mehr Licht verbreiten sollte.

III.

Versuch einer Beschreibung der Gegend um Sluppe in Mähren

von

Johann Mayer,

der Arzneykunst Doktor, Königl. Pohlnischer Hofrath, der Königl. Böhmischen Gesellschaft des Ackerbaues, der freyen Künste, und der Churfürstl. Pfälzischen Physisch-Oekonomischen Mitglied 2c.

In der bergichten Gegend der Gräfl. Salmischen Herrschaft Reiz in Mähren, liegt das Dorf Slupp; dieses ist wegen des Marienbildes, das seiner Wunder wegen in ganz Mähren bekannt ist, und sehr häufige Besuche der Wallfarther veranlasset, sehr berühmt. Die ganze Gegend biethet dem forschenden Naturkündiger eine unendliche Menge Gegenstände dar, die ihn auf das angenehmste beschäftigen. Die Berge dieser Gegend, die kein ordentliches Streichen beobachten, bestehen theils aus Kalch, theils aus erhärteten meist schiefrichten Thonarten; jene der ersteren Gattung, die in großen und mächtigen Lagen vorkommen, befinden sich in ihrer Art in unendlichen Abänderungen. Sie enthalten einige wenige aber seltene Versteinerungen. Einige Austern, und andere min-

der

der beträchtliche Schaalthiere kommen öfters vor. Auch trift man Merkmaale von der Madrepora labyrinthiformis, und der Serpula planorbis Lin. an. In einigen Orten kommen auch in dem sehr mürben an der Luft verwitternden blättrichten Thone einige Merkmaale von vegetabilischen Abdrücken vor, die sich aber nicht erhalten laßen. Diese Gegenstände allein aber würden diese Gegend nicht so merkwürdig machen, wenn nicht auch die sonderbare Beschaffenheit der Berge hinzu käme. Diese sind an den meisten Orten durch eine unzählige Menge von Höhlen und Klüften durchhöhlt, die sich nebst ihrer besonderen Bildung, durch eine Menge sonderbarer Gegenstände von andern dieser Art auszeichnen. Einige der tiefsten und unzugänglichsten, beherbergen Ueberbleibsel von Knochen und thierischen Theilen, andere eine unendliche Menge von Tropfsteinen, die in allen möglichen Abänderungen und Gestalten, dem von der Einbildung eingenommenen Auge gleich wie in der Baumannshöhle die wunderlichsten Gegenstände darstellen; da, wo diese Höhlungen durch die Last ihrer Wände eingestürzt sind, erblickt man die schrecklichsten Abgründe, in welchen oft unterirdische Wasser rauschen. An sehr vielen Orten in den ebenen Gegenden und Thälern, nimmt man an dem Laut, den die darauf Gehenden verursachen, wahr, daß sie unterhöhlt sind.

Das Dorf Slupp liegt in einem sehr engen Thale, das von den aufsteigenden Bergen eingeschränkt wird. Geht man in diesem Thale außerhalb dem Dorfe fort, so führt der Weg gerade auf die Kirche zu, die kaum 300 Schritte davon entfernt ist; nahe an dieser erblickt man die Oefnung einer Höhle. Der Berg, in welchem man sie wahrnimmt, ist ganz mit Sträuchen und häufigen Pflanzen bewachsen, und ist ziemlich steil. Man findet allda Schoenus nigricans, Cynosurus durus, Sisymbrium Sophia, und aus den Cryptogamien das eben bey uns seltne acrostychum Septemtrionale. Der erste Gegenstand, so sich darstellt, ist eine Oefnung, die die Größe eines großen Wagenrades hat, und in eine Grotte führt, die man wegen ihrer Bildung, für ein Werk der Kunst halten könnte; sie ist ziemlich geräumig, und dienet gleichsam zum Eingang zu einer grösseren und weitläuftigen Höhle, dieser Eingang ist ein ziemlich breiter Riß am Ende dieser Grotte; diese Grotte nennt man die **Einsiedeley** oder *Eremitage*; die zweyte Höhle die sich sodenn hinein ausdehnt, ist äußerst beschwerlich; eine unendliche Menge von abgerissenen großen Steinen, die auf allen Seiten den Einsturz drohen, machen ein so wildes Ansehen, daß man diese Höhle nur mit Furcht durchwandern kann. Die Länge erstreckt sich durch unzählbare Krümmungen sehr weit, und niemand ist in jener Gegend, der das Ende derselben entdeckt hätte. Sie scheinet ein Canal eines unterirdischen Flusses gewesen zu seyn, der die kalkartigen Steine nach und nach getrennt, und sie mit den übrigen leicht beweglichen und auflösbaren Erd- und Steinarten zu Tage ausgeführt hat.

Ein großer Theil der Höhlen und Grotten, in dieser sowohl, als auch in andern Gegenden mag auf solche Art entstanden seyn. Nur an wenigen Orten entdeckt man Tropfsteine und Spathe; auch die Wärme ist meist gemäßigt, doch nimmt man wahr, daß sie sich im Verhältnisse ihrer Tiefe sehr vermehre. In verschiedenen Weiten stehet das reaumurische Thermometer, theils 10°, 12°, bis 13°, auch etwas weniges darüber. Diese verschiedene Grade der Wärme

in

in den besagten Höhlen, verdienen allerdings einige Aufmerksamkeit. Bey der Vorgrotte der Eremitage kann man den Grund darinn suchen; daß sie durch ihre Zuglöcher mit der äußeren kälteren Luft in Verbindung stehet, dahero muß sie nothwendig auch die Temperatur von dieser haben. In der andern grossen Höhle kann man den Grund ihrer Wärme in der Entfernung von der Oefnung suchen; denn wie bekannt, ist es in dem Innern der Erde allezeit warm. Diese Höhle ganz zu untersuchen und zu beschreiben, würde viele Zeit und noch größere Geduld erfordern.

In der Ebene nicht weit von diesem Orte, nimmt man einen freystehenden nicht zusammenhängenden Felsen wahr, den die Natur gleich einem Bollwerke gebildet hat. Seine Wände sind sehr steil und senkrecht. Die Höhe mag mehr als 60 Ellen betragen, und bis 100 Schritte sein Umfang. Der obere Theil ist ganz flach, und man erblickt allda die Bildsäule des heil. **Simon Stilites**, eines Anachoreten des fünften Jahrhunderts, der nach dem Zeugniß des **Theodoretus** auf einer frey stehenden Säule 40 Jahre lang, die letztern davon, noch auf einen Fuß stehend zugebracht, und wie man leicht vermuthen kann, sehr viele Wunder gethan hat. Einem fremden Auge muß es sehr ungewöhnlich vorkommen, wenn man einen Haufen Kirchfahrer diesen Felsen, ohngeachtet seiner steilen Wände, gleich den Gänsen, auf und ab klettern siehet. Einige Schritte weiter, bemerkt man zur rechten Seite eine Oefnung des Berges die halb zirkelrund ist, und von einer Größe, daß auch 10 Personen zugleich im Stande wären hinein zu gehen; dieses ist der Eingang zu einer großen und weitläuftigen Höhle, die vor allen andern

den

den Besuch eines Naturforschers verdienet. Gleich bey dem Eingange entspringt ein Bach, welcher aber eben so schnell sich wieder in den Felsen verbirgt, durch eine tiefe Oefnung, die die Natur selbst gemacht, und mit einem großen Stein bedeckt hat. Man behauptet, daß dieser Bach in einem Abgrunde, den man **Matzocha** (Stiefmutter) nennt, und nur eine halbe Meile weit davon entfernt ist, von welchem in der Folge die Rede seyn wird, wieder hervorkomme, welches aber sehr unwahrscheinlich ist. In dem Fortgange dieser Höhle hört man einigemal das Geräusch der Gewässer, welches aber nicht zu verwundern ist, da die Menge von Höhlen, Klüften und Spalten zu Wassersammlungen und Behältnissen sehr geschickt sind, und daher eine Menge unterirdischer Bäche unterhalten, wo so denn leicht einer mit dem andern verwechselt werden kann. Der Boden der Höhle ist eine gute Strecke lang eben, sie ist an verschiedenen Orten sehr breit, wird aber bald wieder sehr enge. Wenn man sich ohngefähr 500 Schritt von der Oefnung entfernt, so wird der Zugang zu derselben immer beschwerlicher und sehr enge, und die Höhle theilt sich in eine Menge kleinerer, die als eben so viele Gänge ein Labirint vorstellen, in die man sich, ohne sie genau zu kennen, nicht wagen muß. Das Ende dieser Höhlen, da selbige unzugänglich sind, hat niemand erreicht, und die Einwohner bestimmen die Länge derselben, vermuthlich nach unrichtigen Muthmaßungen, auf einige Meilen.

Diese Höhlen sind äußerst schwer zu untersuchen, denn da man an verschiedenen Orten sehr tiefe, beynahe unergründliche Abgründe und Vertiefungen antrift, auch die Fackeln, wegen der sehr schwer zu erneuernden Luft, entweder gar nicht brennen, oder gar verlöschen, überdies auch der Dampf derselben die

Finster-

Finsterniß vermehrt und das Athemholen beschwerlich macht, so ist man alle Augenblicke der Gefahr ausgesetzt, in diese Abgründe zu fallen, oder mit dem Boden einzustürzen, der an manchen Orten nur mit losen Steinen bedeckt, oder aber sehr dünne ist. Zwey dieser Abgründe in einer Seitenhöhle sind wegen ihrer großen Tiefe besonders merkwürdig. Wenn man große Steine hineinrollt, so ist ihr Fall mit einem so großen und außerordentlichen Getöse begleitet, das sehr oft und in sehr langen Zwischenräumen, erneuert wird, daher man sich den erstaunlichsten Begriff der Tiefe davon machen muß; ja das Ende davon ist auch bey der größten Aufmerksamkeit nicht zu vernehmen. Herr von **Sandberg**, der sich dereinst um die Mährische Naturgeschichte sehr verdient machen wird, hat den Fall eines Steines mit einem Pendul gemessen, und nach den genauen physischen Gesetzen, des Schalls und der Fall der Körper berechnet, daß die Tiefe des einen Abgrundes, wenigstens 1200 Klaftern betragen müsse. In der Nachbarschaft dieser Höhle entdeckte eben dieser Naturforscher auch Zoolithe. Alle diese Höhlen sind mit einer unaussprechlichen Menge von Tropfsteinen bekleidet, deren Dicke an den meisten Stellen einige Schuhe beträgt, dergestalt, daß man das darunter befindliche wahre Gestein nicht erkennen kann. Alle mögliche Arten und Gestalten von Kalkspathen und Tropfsteinen findet man hier an ihrem Geburtsort, und diese erzeugen sich an manchen Orten so häufig, daß man behauptet, daß dadurch schon einige kleinere Orte unzugänglich gemachet worden. Oft aber entstehen neue Höhlungen durch Einsturz verschiedener Orte, wovon die Ursache in den unterirdischen Gewässern zu suchen ist.

Einige kleine Seitenhöhlen sind besonders geschickt, dem Naturforscher die Werkstätte zu zeigen, wo die Natur alltäglich durch den nassen Weg krystallinische Körper erzeugt, und woran nun niemand mehr zweifelt, daß noch itzt im nassen Wege Krystallen erzeugt werden: auf allen Seiten siehet man das Wasser durch die kleinsten und fast unmerklichsten Oeffnungen des Steines durchdringen und den Tropfstein erzeugen. Das Wasser hat ebenfalls die schon von verschiedenen Naturforschern in diesen Fällen bemerkte Reinigkeit und Klarheit, und doch giebt es den Stoff zu allen diesen Erzeugungen. An einem Orte, wo der Zufluß dieser Wasser sehr große Tropfsteine erzeugt, dergestalt, daß gewissermaßen kleine Wände am Boden gebildet werden, hatte Herr von **Sandberg** in 6 Stunden 5 Pfund Wasser gesammlet, das so rein war, daß es kaum einige Gran Kalkerde bey der Abdämpfung zurückließ.

Diese wenigen absetzenden Theile können ohnmöglich der Stoff von den so häufig gebildeten Massen von Tropfsteinen seyn, wenn man bedenkt, wie ich in der Folge erzählen werde, daß an diesem Ort diese Art von Steinen in kurzer Zeit gebildet werde. Man muß dahero annehmen, was die Beobachtungen so vieler Naturforscher schon lange wahrscheinlich gemacht haben, daß auch das Wasser selbst, von der Natur in feste Körper unter gewissen Umständen könne verändert werden. Ich beziehe mich dahero auf dasjenige, was Herr **Monnet** in seiner *Nouvelle Hydrologie* hievon erzählt.

Herr von **Sandberg**, der diese Höhle oft besuchet, fand einen großen zapfenförmigen Tropfstein, dessen innere Höhlung mit Kalkspathkrystallen ganz ausge-

ausgefüllt zu seyn schien. Nachdem er denselben zerschlagen hatte, fand er in dessen verschiedenen Höhlungen klares unschmackhaftes Wasser. Dieses, nachdem er es auf einer Glasscheibe abdunsten lassen, hinterließ nichts als einen gemeinen feinen kalkigten Staub, der unter dem Vergrösserungsglase eine Menge feiner schuppigter Körnchen zeigte, die sich wieder sehr leicht im Wasser auflösten, und die er vor Anfänge der Spathkrystallen hielte. Es ist aber wahrscheinlich, daß es selenitische Krystallen waren, denn in den meisten Gegenden ist dieser Selenit in dem Wasser zu finden. Herr von Sandberg beobachtete auch bey seinen Besuchen in diesen Höhlen, „daß verschiedene abgebrochene Stücke von Tropf„stein mit neuem Sinter nach einigen Monaten über„zogen waren. Die in den innern Orten sitzenden Kry„stallen, wenn sie nicht überdeckt waren, fand er mit „einer unzähligen Menge neuer kleinen Krystallen in „Gestalt der feinsten Körner übersäet, dergestalt, daß ver„schiedene schon vormahls gebildete Krystallen, von „der gewöhnlichen sechsseitigen Figur, itzt mit dem „gemeinen Spath vermengt, eine gemeinschaftliche „Masse ausmachten. Die an den verschiedenen Or„ten eingehauenen Zeichen und Namen waren bey„nahe unkenntlich und übersintert. Man kann da„hero leicht muthmaßen, daß diese Höhlen seit eini„gen hundert Jahren sehr viele Veränderungen erlitten „haben.„

In der Entfernung von etwa 30 Schritten von diesen itzt beschriebenen merkwürdigen Höhlen, liegt zur rechten Seite eine andere Höhle, die das Ansehen einer sehr weiten und schönen Grotte hat; da sie nicht sehr tief ist, und einen geräumigen Eingang hat, so ist sie durchaus helle. Ihre Länge be-

trägt

trägt etwas über 100, die Weite aber 30 Schritte, die Höhe über 20 Ellen. Da der Zugang sehr bequem ist, und man mit einem Wagen sehr leicht ein- und ausfahren kann, so nennt man es die Schoppe. Die Betrachtung dieser Grotte könnte einen leicht auf die Vermuthung führen, daß selbige ein Werk der Kunst sey, wenn man sie nicht in einer Gegend anträfe, wo die Höhlen nicht selten sind. Ich übergehe eine Menge kleinerer und meist noch nicht untersuchter Höhlen, deren Eingang aber theils mit Sträuchen, theils mit herabgerollten Steinen versteckt, oder die ganz unzugänglich sind, und werde nur mit ein paar Worten den Abgrund Matzocha berühren. Dieser liegt beynahe eine halbe Meile von Slupp in einem sehr dicken Walde. Es ist die Oefnung einer eingestürzten Höhle, die beynahe viereckigt ist, und deren Länge 150, ihre Breite aber 80 Schritte beträgt. Dieser Abgrund hat so steile Wände, daß man von oben, auf einem etwas überhängenden Stein den Boden sehen kann, der sehr helle ist, da das Tageslicht ungehindert hineinfällt. Verschiedene fremde Reisende, besonders Engländer, haben sich vermittelst eines Strickes in diesen Abgrund herabgelassen, den man gemessen haben will, und ihn auf 500 Ellen rechnet; unter diese Neugierige gehöret auch der Herr Graf von Salm, Besitzer dieses Orts, nnd mein Freund Sandberg. Der Grund dieser entsetzlichen Vertiefung ist mit verschiedenen Pflanzen und Stauden, die zwischen den Steinen hervorwachsen, bedeckt. Zwischen diesen entspringt auch ein Fluß, welcher sich aber eben so schnell, als er sich zeigt, wieder in ein anderes Loch verliert. Die feuchte und schattigte Gegend dienet dahero einer Menge von Molchen und Sumpfeideren zum Aufenthalt. Verschiedene große Löcher nimmt man in die-

ser

ser Gegend ebenfalls wahr, die eben so viel Eingänge, weitläuftiger und nicht untersuchter Höhlen sind. Den Namen **Matzocha** aber, der in der slavischen Sprache **Stiefmutter** heißt, kommt von einer Erzählung her, vermöge welcher eine Stiefmutter ein Kind der ersten Ehe in diesen Abgrund gestürzet, hernach aber bey Entdeckung dieser Uebelthat, zur Strafe ebenfalls soll hineingeworfen worden seyn.

Dieses ist nur eine kurze und sehr unvollkommene Beschreibung einer Gegend, die in aller Absicht merkwürdig ist, und die die Bemerkung eines jeden Naturforschers verdienet; ich werde mich glücklich schätzen, wenn sie der naturforschenden Gesellschaft nicht ganz gleichgültig seyn wird.

IV.

Crania oder Todtenkopfs-Muschel

beschrieben von

A. J. Retzius.

Tab. I. Fig. 2 – 7.

Kaum wäre es mir eingefallen, etwas von den Brattensburgischen Pfennigen zu schreiben, nachdem sie von dem zu seiner Zeit würklich großen Mann KILIAN STOBAEUS, Med. D. Archiat. Reg. und Historiarum Professor in seiner Dissert. Epistolaris ad Th. W. Grothaus de Numulo Brattensburgensi erstlich zu Lund im Jahr 1731. nachhero aber mit Vermehrungen in seinen Opusculis zu Danzig 1752. gedruckt, wie auch noch später von unserm unsterblichen Linne' in seiner Fauna Svecica beschrieben und gezeichnet worden sind, hätte mich nicht ein unerwarteter Vorfall dazu veranlasset.

Warum man diesen Muschelschalen den Namen Brattensburgische Pfennige beygelegt hat, kann aus der eben genannten Dissertation, wie auch aus den Actis Liter. et scient. Svecicis 1731. p. 19. ersehen werden.

Weil die untere Schale, welche einen Todtenkopf einigermaßen vorstellet, ziemlich häufig bey

Jfwö

Ifwö ausgegraben, und auch bey Balsberg und Egnaberga, wiewohl weit sparsamer, gefunden wird; so ist sie auch in Schonen so seltsam nicht gewesen, sie wird aber in auswärtigen Sammlungen desto seltener angetroffen. Bey den wenigen auswärtigen Schriftstellern, die ich zu sehen Gelegenheit gehabt, ist Herr Gmelin in der, von ihm fortgesetzten Uebersetzung des Ritters Carl von Linne' Natursystem der einzige, der dieses Petrefact nennet. Er sagt dabey, daß es in der Abtey Steinfeld in der Eifel gefunden wird. Der Ritter selbst führt auch in seinem Systeme die Brückmannischen Epistolae itinerariae an; da mir aber dieses curiöse Werk niemals zu Gesichte gekommen, so kann ich auch nicht wissen, woher er seine Marlekgard gehabt, aus Schonen oder anderwärts her. Der Name lautet wenigstens Schwedisch, denn Malrekor, oder Marlekar wird bey uns die Marga indurata amorpha des Cronstedts genannt, wiewohl es demohngeachtet anderen Ursprungs seyn kann. Der Ritter Wallerius führt eben in seinem Systemate Mineralogico T. 2. p. 500. 501. die Schriften der Herren Baumer und Walch (*) an; weil ich aber auch diese Schriftsteller hier vermisse, so bin ich ebenfalls ungewiß, ob sie unser Petrefact selbst beschrieben, oder nur aus dem Stobäus, Linne', oder Wallerius genommen haben.

So viel mir bekannt ist, hat man bey Ifwö nur zwo Dupletten oder zweyseitige Exemplare gefunden. Des einen wird in Opusc. Stobaei p. 20. gedacht, und das andere hat der berühmte Aboische Professor, Herr Joh. Leche gefunden, und nach seinem Exemplar ist die, in der Fauna Svecica des Ritters

E 2 befind-

(*) s. Joh. Ernst Immanuel Walchs Steinreich, 1r Theil, Halle 1769. Taf. 16. Fig. 2. a. (Anmerk. der Herausgeb.)

befindliche Beschreibung und Zeichnung genommen. Diese Duplette muß sich auch noch in Abo befinden, entweder im akademischen Musäo, oder in den Sammlungen des Herrn Prof. Hellenius. Das erstgedachte Exemplar wurde vom Herrn Carlström, ehe noch ein Naturkundiger es gesehen hatte, verloren, und der kurze Unterricht, den er davon aus seinem Gedächtniß gegeben, scheint ganz falsch zu seyn.

Hätte man sich wohl vorstellen sollen, daß man das Original dieses seltenen Petrefacts einmal, und in welchem Welttheil entdecken würde? Der beständig aufmerksame Chemnitz hat einige Conchylien Indiens in Dännemark aufgesucht, die bey Faxöe vielleicht über ein paar tausend Jahre begraben gewesen. Ich will etwas ähnliches versuchen. Zwar habe ich kein großes prächtiges Schiffsboot, keine Porcellanschnecke vorzulegen, sondern ich gedenke mit ein paar kleinen unansehnlichen Muscheln aufzuwarten. Ich kann auch kein seltneres Petrefact von einem schon bekannten Original aufsuchen; denn die Balsbergischen, und überhaupt die Schonischen Versteinerungen, wovon ich eine kleine auserlesene Sammlung gemacht habe, sind größtentheils so besonders, und von andern, die ich gesehen habe, so verschieden, daß sie wohl umständlich beschrieben und abgemahlt zu werden verdienten; denn sie sind den bekannten Schnecken und Muscheln, wenige ausgenommen, gar nicht ähnlich: aber ich will versuchen, ein Original eines schon lange bekannten Petrefacts bekannt zu machen.

Vor ohngefähr zehn Jahren, da ich in Stockholm war, kam der jetzt verstorbene Herr Lind, Oberchirurgus bey der ostindischen Compagnie, von China zurück. Das Schiff, auf welchem er gereiset war, hatte einen kurzen Umweg nach Manilla gemacht, und daselbst

hatte

hatte Herr **Lind** einige Schnecken, Korallen und Versteinerungen gesammelt, die in die schöne Naturaliensammlung unseres werthen Freundes, des Herrn Hofapothekers **Ziervogel** gekommen sind. Unter diesen war eine Korallzinke, die so übel von Seewürmern zugerichtet, und dabey so abgenutzt war, daß Herr **Ziervogel** sie sogleich als ein unnützes Stück bey Seite legte. Durch einen bloßen Zufall fiel mir selbige in die Augen, und ich bemerkte sogleich einige darauf befindliche Muscheln; diese wollte ich mit der Spitze eines Messers ablösen, in dem Gedanken, daß ich vielleicht das Thier von einer Anomie, die sonst bekannt war, erhalten würde. Allein wie froh wurde ich nicht, an der festsitzenden Schale, meinen Landsmann, die Anomia Craniolaris Linnei, die ich jemals in ihrem natürlichen Zustande zu sehen, nie geträumt hätte, gleich wieder zu kennen. Wäre ich bey dieser Gelegenheit kaltblütig genug gewesen, oder hätte ich meine Entdeckung geheim gehalten, so wäre ich auch der Eigenthümer dieses Schatzes geblieben; allein, von Freude eingenommen, rief ich Herrn **Ziervogel** herbey, und zeigte ihm diese Neuigkeit. Er war darüber eben so erfreut wie ich, und ich mußte mich begnügen, diese Muschel bloß abzeichnen zu lassen und zu beschreiben.

Als ich nach meiner Zurückkunft von Stockholm im Jahr 1772. eine Reise durch **Egnaberga***) that, woselbst eine große Menge Kalksteine an der Landstraße aus

*) Nicht Eckereberg, wie Herr Gmelin schreibt. Es ist sonderbar, daß immer, auch von den sonst aufmerksamsten Schriftstellern, die Schwedischen Namen dergestalt verunstaltet werden; daß oft ein Schwede nicht einmal errathen kann, was es seyn soll. Z. B. Sokaatra anstatt Eqwatram.

der Kalkgrube bey Tykarp lagen, besahe ich diesen Kalkstein, und traf sogleich den vom Strobäus l. c. unvollkommen beschriebenen und sehr schlecht abgebildeten Numulum minorem rarissimum darinn, ganz vollständig mit beyden Schalen an. Ich brauchte nur die Augen ein wenig aufzuthun, um dessen Verwandtschaft mit der Anomia Craniolaris, aber auch zugleich dessen Verschiedenheit davon, und daß beyde Arten nicht eigentlich zu der Anomia Linnei gehören, sondern ein eigenes Geschlecht ausmachen, zu bemerken. Ich erinnerte mich ganz genau des Ausspruchs des Ritters in seinen Amoen. Acad. T. VII. p. 155. wo er sagt: Quotidiana experientia docet, nullos ad nova genera constituenda esse propensiores, quam qui ad hoc negotium sunt ineptissimi. Ich habe aber Gründe genug, um dieses bey dieser Gelegenheit nicht auf mich anzuwenden. Und diese Gründe will ich dem Urtheil der würdigen Gesellschaft Naturforschender Freunde überlassen.

Ich setze aber als ausgemacht voraus:

1. Daß die beyden hier beschriebenen Arten, nicht zu einerley Geschlecht gehören können; und

2. Daß die Einwohner der Conchylien, so angenehm und nützlich auch die Kenntniß davon seyn mag, in einem System in keine Betrachtung kommen. Die Gründe hiervon sind so handgreiflich, daß ich sie denen, die ohne Vorurtheile, und ohne allzugroße Eigenliebe denken können, anzuführen gar nicht nöthig habe. Vielleicht werde ich auch bey Gelegenheit leicht beweisen können, daß durch die so viel gerühmten natürlichen Systeme, die Naturkenntniß den Anfängern nur erschweret

werde,

werde, ohne daß man dadurch die bey diesen Hülfsmitteln gehabte Absichten erreiche. Wäre die Kenntniß der Einwohner der Conchylien zur Bestimmung des Geschlechts nothwendig, wie viele Conchylien könnte man wohl anjetzo unter ihr Geschlecht bringen? Dies hat nicht nur seinen völligen Grund, sondern ich wage es auch, ohne Ausnahme zu behaupten, daß diejenigen, die nach dieser Methode die Conchylien geordnet, die wenigsten lebendigen Thiere davon gesehen, sondern nur ex analogia domiciliorum geschlossen haben, aber mit wie vielem Rechte? wird die Zeit lehren.

Der Ritter von **Linne'** hat als charakteristische Geschlechtszeichen der Anomia angegeben.

1. Daß die eine Schale flächer seyn soll, als die andere.

   Dieses ist an und für sich selbst kein Geschlechtszeichen, wie die **Austern**, **Lazarusklappen**, einige **Dünnmuscheln** u. m. beweisen.

2. Daß die eine Schale an der Basis durchgebohrt seyn soll.

Dies Zeichen gehört würklich und ohne Ausnahme zu allen mir bekannten Anomien; denn die **Gryphiten** hat man schon längst von den Anomien ausgeschlossen und zum Geschlecht der **Austern** versetzt. Der Ritter giebt zwar unserer **Anomie** drey Löcher — — planiore basi foraminibus tribus, und hat sie auch so in der Fauna Svecica gezeichnet; aber das ist ein Versehen, und kommt daher, daß er kein vollständiges Exemplar gesehen hat. Alle flache oder Unterschalen dieser Art sind wol mit drey schief gegen die Schloßseite zu

 gehenden

gehenden Vertiefungen versehen, aber diese gehen nur an solchen Schalen durch, die bis zur Hälfte, oder noch daruner; an andere Körper festgesessen, weil diese eben da viel dünner als sonst sind; solche Schalen aber, die mit ihrer ganzen Unterfläche festgesessen, also auch durchgehends gleich dick sind, sind gar nicht durchgebohrt.

3. Durch das Loch, welches man an der einen oder andern Schale der Anomia findet, gehet eine Sehne, die das Thier nach Gefallen ausdehnen oder zusammenziehen kann.

Ein solches Loch findet man an keiner von unsern beyden Muscheln, sondern die Vertiefungen sind mit einem harten und festen Callus verstopft.

4. Gehöret auch zu den Anomien eine cicatricula linearis mit einem Seitenzahn.

Dieses fehlt hier ganz und gar, wie auch

5. Die beyden radii ossei.

6. Ist die Crania Egnabergensis kaum inaequilatera, gar nicht inaequivalvis, nicht parasitisch, und niemals durchgebohrt.

Ich werde also wohl vollkommen berechtiget seyn, die Anomia Craniolaris vom genere Anomiae zu trennen, und aus dieser und dem Numulo minore rarissimo Stobaei ein besonderes Geschlecht zu machen, das ich *Crania* nenne, und dessen Kennzeichen sind:

CRANIA.

Testa bivalvis, subinaequilatera, subinaequivalvis, orbiculata.

Cardo edentulus.

Valvula

Valvula inferior callis tribus valvula intrusis deciduis, quorum duo hemisphaerici propre basin vel intra marginem cardinalem: tertius major subtriqueter in medio fere testae margine elevato circumcinctus.

— — *superior* eminentiis duabus fixis infra cardinis marginem, quibus respondent calli in valvula inferiore. Tertio autem callo opponitur tantum inaequalis et profundior testae convexitas inferne binis colliculis elevatis obliquis septa.

Ich kenne bis anjetzo nur zwey Arten, wiewohl ich die dritte vermuthe; denn aus **Balsberg** besitze ich die obere gewölbte Schale von einer **Anomie**, die mit der Brattensburgischen nahe verwandt ist, und zwar doppelt, so daß die eine ihre inn: die andere aber die auswendige Seite zeigt, beyde sehr klein von 4½ Linien im Durchmesser, und beyde in dem gewöhnlichen, aus zerbröckelten Schalthieren bestehenden mürben Kalkstein. Im Anfang hielt ich diese für die obere Schale des Brattensburger Pfennigs, anjetzo aber glaube ich, daß es eine dritte Mittelart zwischen den beyden hierunter beschriebenen Arten ist, da diese Schale die Wölbung der Craniae Brattensburgensis, der punktirte Rand aber die von der Crania Egnabergensis hat.

Nach dem vorgenannten Exemplar aus dem **Ziervogelschen** Cabinet habe ich die erste beschrieben.

1. CRANIA *Brattensburgensis* parasitica, testa inaequivalvi, inaequilatera, superiore rugoso-inaequali, margine striato. Tab. I. f. 2. 3.

Anomia Craniolaris, Linn. Syst. Nat. 12. T. I. P. II. p. 1150. *ejusd.* Faun. Svec. 2. n. 2150. tab. 2. f. α — ε.

Ostracites minimus parasiticus calvariam hominis utcunque referens, *Numulus Brattensburgensis* dictus K. STOBAEUS Act. Litt. et Scient. Svec. 1731. p. 14. et 21.

Numulus Brattensburgensis et *Ostracites Numismaticus* etc. STOB. Diss. Epist. f. 1. 2. Opusc. p. 31. T. 1. f. 1. 2.

Habitat in Oceano circa Insulas Philippinas; *fossilis* vero ejicitur in Littus arenosum Insulae Ifwö Scaniae, rarius in calcifodinis Balsberg et Egnaberga ejusdem Provinciae invenitur. In arena volatili circa Hwitsköfle repertam quoque vidit STOBAEUS.

Testa inferior affixa, crassior, plana. *Calli* ut in descriptione Generis, nitidi, quem nitorem etiam in petrefactis servant. *Margo* incrassatus praecipue superior, declivis, striatus. *Discus* etiam oblique et profunde versus medium callum sulcatus.

— — *superior* tenuis admodum, convexa, patenti-conica, inaequaliter rugosa, extus rudis, vertice sublaterali mucronato instar *Patellae*, intus vero et prope cardinem *Calli* duo paralleli eminentiusculi, orbiculati, circumscriptionibus depressis notati, cum *puncto elevato* infra utrumque callum aderant. Infra callos et inter puncta nominata cavitas vertici respondens. *Margo* hujus testae leviter striatus inferiorem recipit testam, unde inaequivalvem dixi.

Die

Die drey vom Ritter Linne' angeführten foramina sind hier übergangen, und das aus gutem Grunde. Sie sind auch weiter nichts als tief und schief eindringende Vertiefungen. In dem Original sind sie mit den oftgenannten Callis verstopft, in gegrabenen aber, oder vom Wasser ausgeworfenen Exemplarien sind diese Calli öfters ausgefallen, da denn die Löcher offen sind. Ich habe diese kleine Knopfähnliche Theile Callos genannt, weil sie die Farbe, den Glanz und völlig das Ansehen des Knorpels haben, und weil sie aus einer andern Materie als die Schalen bestehen, und habe daraus geschlossen, daß sie auch bey den gegrabenen und den bey Ifwö gefundenen Muscheln ihren Glanz beybehalten, da doch die Muscheln selbst ganz verändert sind, und matt, rauh und halb calcinirt aussehen.

2. CRANIA *Egnabergensis* testa libera, lentiformi, aequivalvi, radiato-sulcata, margine punctato. Tab. I. f. 4 — 7.

Numulus minor rarissimus oculis et naso prominentibus e Lapicidina Egnabergensi in Gothungia. K. STOBAEI opusc. p. 31. T. 1. f. 3. 4. Diss. Epist. fig. 3. 4. pessima.

Habitat — — — *fossilis* in calcifodina Egnabergensi et quidem proprie Tykarpiensi, nec, quantum scio, alibi reperta.

Stobäus hat also auch diese gehabt, aber sie nur als eine Abart der vorigen angesehen. Dieses befremdet mich gar nicht, da die Kenntniß der Conchylien vor funfzig Jahren sehr geringe war, und ich ohnedem gewiß bin, daß Stobäus bloß die untere Schale und noch ein einziges freyes Exemplar davon gesehen hat.

Fig. 6.

Fig. 6. zeiget die kleinste, Fig. 7. die größte und Fig. 5. die gewöhnlichste Größe von dieser Muschel.

Concha suborbicularis, lentiformis, hinc tamen nonnihil convexior, prope cardinem quasi truncata, aequivalvis, utrinque elevato-striata vel sulcata: striis e vertice ad marginem decurrentibus, unde margo spinulosus.

Testa superior convexa, vertice sublaterali a margine cardinali remoto, acuminato. *Margo* planus, rugoso-punctatus. Reliqua vide charact. gener.

— — *inferior* paullo minus convexa, ceterum similis superiori quoad externa & marginem internum. Interna ejus structura a *Crania Brattensburgensi* parum differt, nisi qûod *Callus* intermedius magis elevatus, compressus et acuminatus, unde nasi figuram melius exprimit.

V.

V.

Vorläufige Bemerkungen über den Sabatillen-Saamen und dessen Gemische

von

J. G. Gleditsch.

Unsere Apotheken führen unter den fremden, wenig gebräuchlichen Arzeneywaaren seit geraumer Zeit, den sogenannten Sabadillen-Saamen, die Sabadille, Sabatille, oder, wie sie den Namen von ihrem Vaterlande und einem sehr bekannten Gebrauche erhalten, den mexicanischen Läusesaamen. [1]) Der dem erstern etwas gleichlautende Namen Sabadille könnte die Unwissenden zu einem andern Baumgewächse, die Sapotille bringen, welche im südlichen Amerika und einigen vorliegenden Insuln eine sehr gute Frucht bringet. [2]) Die

[1]) Semen Sabatilli vel Sabatillae et Sabadillae.

[2]) Diese ist Achras Zapota Linn. Löfling in Itin. 180. Zapota, Sapotilla et Zapotilla. Brown. Jamaic. 2. 280. Die Früchte dieses Baumes, welchen die Franzosen in Amerika Sapotiller nennen, sind mit ihren Kernen von anderer Gestalt, Eigenschaften und Gebrauch.

Die eigentliche Sabadille, welche ohngefehr seit dem Jahre 1572. bekannt zu werden angefangen, bestehet in einem reif und zugleich unreif eingesammleten Gemische von Früchten, Saamen und leeren, ganzen und zerriebenen Hülsen. Dieses ist seiner brennenden Schärfe halber nach dieser Zeit, bey dem ohnehin aus allen Welttheilen fast übermäßig angewachsenen Vorrathe von rohen und zubereiteten Arzeneymitteln so weit in Abgang gekommen, daß man sich kaum weiter bemühet, dessen wahre Naturgeschichte aufzuklären. In diesem Zustande befindet sich dieselbe größtentheils noch gegenwärtig, daß man Ursache hat, den Naturforschern und Aerzten durch einzelne Bemerkungen zu weitern Untersuchungen Gelegenheit zu geben. Eine solche Bemühung muß nützlicher seyn, als die Wiederholung, der gewöhnlichen Anzeige und Beschwerde über den längst bekannten Mangel der Anwendung der eigentlichen Pflanzenkunde in vorigen Zeiten, als eines wesentlichen Theiles der Naturgeschichte, oder auch eine sehr gewöhnliche kaufmännische Gewinnsucht, welche die nöthigen Entdeckungen der wahren Beschaffenheit der fremden Arzenenmittel und Gewürze in Ost- und Westindien aus mehr als einer Absicht, auch wohl durch Hülfe einiger ganz unerlaubten, zum Theil dem Anscheine nach fast grausamen Mittel sehr lange zurückgehalten, und wo möglich noch immer vereitelt.

Man lies es also größtentheils bey solchen Nachrichten beruhen, welche Nicol. Monardes, [3]) Carl Clußius, [4]) Cast. Durantes [5]), Casp. Bau-

[3]) In den Jahren von 1574.
[4]) 1576. [5]) 1584.

Bauhin, [6]) Fragosius [7]) auch Francisc. Hernandez [8]) mit den nachfolgenden gelehrten Ausschreibern aus jenen, ohne weitere richtig wiederholte Erfahrungen und Krankheitsgeschichten, öfters aber von einem bloßen Hörensagen, in wenigen abgebrochenen Zusätzen bekannt gemacht haben. Dahero es auch geschahe, daß entferntere Nachkommen dabey nicht nur stehen bleiben mußten, sondern noch überdem sehr merklich verführet wurden.

Denn aus den ersten undeutlichen, verstümmelten und überhaupt genommen, sehr fehlerhaften Beschreibungen der **Sabadille und ihrer Pflanze**, war es gar nicht schwer, dieselbe unvermerkt in eine ganz andere Gewächsordnung überzubringen, als ihre natürliche seyn konnte. Es entstanden falsche davon abhangende Namen, und zu deren Begünstigung sogar eine ganz **falsche Abbildung der Sabadillenpflanze**, als eines in Europa noch gar nicht gesehenen Gewächses. Dergleichen falsche und nach Einfällen erdichtete Pflanzenabbildungen, waren in einem gewissen Zeitalter sehr im Gebrauche, und man gab dergleichen Pflanzenabrisse aus blossen Beschreibungen, ohne sie selbst gesehen zu haben, und schilderte sie ganz gegen die Natur; dergleichen die großen Pflanzengeschichten aus dem sechszehenden auch siebenzehenden Jahrhunderte genug aufzuweisen haben. Was Wunder also, wenn die **Sabadillenpflanze** sogar bis unter die **Grasarten vom Geschlechte der Gerste** gerathen, worunter sie heute zu Tage, kein Anfänger in der Kräuterkunde, bey einer nur ganz obenhin

6) 1595.
7) 1601.
8) 1647.

obenhin angestellten Untersuchung, **der Gersten und der Ueberbleibsel des Sabadillengemisches**, zu geschweigen, denn ein Sachverständiger überhaupt suchen würde! **Casp. Bauhin** hat die **Sabadille** und deren vermeintliche Pflanze, gegen alle Wahrscheinlichkeit, unter dem Namen der **beizende Gerste** beschrieben, [9]) und die Beschreibung mit einer erdichteten Figur erläutert.

Monardes, der die Geschichte der westindischen Arzenehmittel in spanischer Sprache, wie sie nach und nach zu Antwerpen herauskam, und vom **Clußius** besorget und übersetzet wurde; [10]) nannte den unter dem gleich Einganges erwähnten Hülsengemische befindlichen Saamen, die **Gerste von Neuspanien**, [11]) weil er mit andern seiner Zeit, zwischen diesen und den **Gerstenkörnern** einige Aehnlichkeit gefunden zu haben glaubte. Sonst bedeuten die spanischen Wörter *Cavada* oder *Cevada* **die Gerste**, [12]) welche auch von den sogenannten **Steffenskörnern** oder **Stephanskörnern**, [13]) die man *Yerva Piolheyra* nennet, wohl zu unterscheiden sind. Aus dem **Monardes** giebt **Casp. Bauhin** im bereits angezeigten Buche von seinen *Hordeo exotico caustico* eine kurze Nachricht, in welchen die **Sabadillensaamen** *Cebadilla*, *Cevadilla*, oder auch *Hordeolum*, des **Monardes, Fragosus, Durantes** und anderer Schriftsteller genennet werden.

9) In Theatr. Botan. sub nomine *Hordeum causticum*, cap. XXVI. pag. 467.
10) 1574. 1582 1597.
11) *Orzadam* Hispaniae novae.
12) *Hordeum.*
13) *Semine Staphisagriae.*

den. Vergleichet man indessen die unter dem Sabadillengemische noch befindlichen **Fruchtähren**, und nebst dem **Saamen**, die Ueberbleibsel von **leeren und zerstückten Hülsen**, mit der davon gegebenen Beschreibung auch der beygefügten **Abbildung** einer Pflanze, die eine **Gerste** vorstellen soll, so muß der Gedanke einer **Gerste** von selbst wegfallen.

Ob man nun schon längst gewohnt ist, ein dergleichen ziemlich groſses Versehen der damaligen Zeiten, bey einer in ihrer ersten Kindheit liegenden Naturgeschichte, wegen Mangel der nach und nach erfundenen und besser angewendeten Hülfsmittel schlechterdings zu übersehen, so darf sich doch niemand einkommen lassen, aus dieser Begünstigung noch heute zu Tage Vortheile ziehen zu wollen. Denn unsere heutige Naturgeschichte als ein wesentlicher Theil und eine Stütze der Naturlehre, rächet sich in allen Fällen, zumal an ihren stolzen und unwissenden Verächtern öffentlich auf das nachdrücklichste, welche bey der nunmehro zu stark einleuchtenden Wahrheit, weder Stand, noch Ansehen, noch Witz und Arglist dagegen zu schützen im Stande sind. Eben diese Naturgeschichte führet die Aerzte durch vernunftmäßige Erfahrungen und Gründe numehro auf richtigere Spuren und zu dem Hauptwerke, nemlich der Erkenntniß gewisser Naturkörper, die sie als Arzeneyen zu betrachten haben, am allernächsten.

Das unter den Arzeneyvorräthen schon längst befindlich gewesene Mittel, welches die Apotheker unter dem Namen der **Sabadille** oder **Sabatille** führen, dienet zur Bestätigung vorerwähnter Umstände. Dieses gewissermassen nicht völlig bestimmte **Gemische**, wird von einer abwechselnden Verschiedenheit zu seyn befunden. Es kömmt bey Untersuchung derselben auf eine größere oder geringere Menge an, welche man davon zu untersuchen Gelegenheit haben kann. Denn so, wie man im Kleinen nicht allemal alles in demjenigen Zustande beysammen findet, was man insbesondere genauer zu erforschen und zu bestimmen nöthig hat, so fehlet dergleichen bey einem größern Vorrathe schon weit seltener, daß man darunter gar keine übriggebliebenen Spuren entdecken sollte, um seiner Sache dadurch gewisser zu werden.

Der größte Theil der **Sabadille** bestehet aus Spreu von ganzen, einzelnen oder auch zerstückten und zerriebenen Fruchthülsen, die eine hellbräunliche Farbe haben. Wenn nun solche Hülsen noch ganz sind, so enthält jede davon ihre **zwey eigene schwarze** und **lang zugespitzte Saamen**, bald stehen von eben diesen, drey und drey zu einem Blumenbüschel gehörige, in derjenigen natürlichen Lage und Verbindung auf ihrem gemeinschaftlichen Blumenstuhl beysammen, [14]) wie sie vorher in den frischen Blumen haben angetroffen werden können. Wie sie sich denn auch bey ihrer natürlichen Gestalt verhältnißmäßig erhalten haben, die sie nach dem Verblühen und der Reife des Saamens hatten und haben konnten. An ihrem untern Ende, wo sonst die Blumenkelche [15]) stehen, befinden sich statt derselben die ganz zusammengerollten und getrockneten Ueberbleibsel einer rothbraun gewesenen sechsblätterichen Blumendecke, [16]) welche keiner fast so ähnlich seyn kann, als einer solchen, die man an einer verblü-

heten

14) *Thalamo* ſ. *Receptaculo* florum communi.
15) *Perianthia.*
16) *Corollae hexapetalae.*

heten Blume der weißen Nießwurzelpflanze zu sehen gewohnt ist. [17]) Bloß aus dieser Bemerkung muß es deutlich genug seyn, warum die Sabadillenpflanze keine Gerstenart seyn kann.

Dergleichen glatte Fruchthülsen, die sich auch mit denen beym *Veratro* [18]) am besten vergleichen lassen, würden, außerdem aber in andern Umständen mit den Saamenkapseln der Wolfswurzeln [19]) und etlicher Gattungen von Rittersporn [20]) mehr oder weniger übereinkommen, sitzen ährenweise, [21]) wie davon vorher gesagt, auf kurzen Stielen, welche in lange und dichte Blumenspitzen [22]) vertheilet sind. Die Hauptstengel der Blumenspitzen sind gleichfalls glatt aber rissig, daß also die Sabatillenpflanze gar wohl von einer fremden Art des Veratri, oder einer amerikanischen Abweichung von unserer deutschen oder europäischen Gattung. [23]) Von ganzen, mit einem vollkommenen Saamen gefüllten Fruchthülsen, bemerket man in dem Sabadillengemische sehr viele, deren Länge einen halben, ganzen auch anderthalb Zolle beträgt, und die, wenn sie sich in Verbindung an den Hauptstengeln beysammen befinden, denselben sehr oft ein traubiges Ansehen geben müßen.

Nun würde es bey Untersuchung dieses Sabatillengemisches wegen seiner Bestandtheile und

 deren

17) *Veratri nigri* Linn. et *albi* eiusdem, quae planta vulgo *Helleborus albus* officin. audit.

18) Die weiße Nießwurz.

19) *Aconitum Napellus.*

20) *Delphini* Species.

21) Spicatim.

22) *Spicae florales.*

23) Der aufmerksame Kalm thut von einer weißen Nießwurzel in Nordamerika Meldung.

deren Bestimmung unter andern darauf ankommen, ob man alles vorbeschriebene unter einanderstossen, oder nur die kurz vorher beschriebenen Saamen zur Untersuchung besonders auslesen lassen wollte: und obschon das Letztere beym Arzeneygebrauche selbst kaum üblich ist, so würde sich doch allemal ein sicherer Unterschied zeigen. Der Pöbel, dessen größter Theil sich der gestossenen **Sabadille** gegen das überhand nehmende Ungeziefer äußerlich zu bedienen pfleget, erhält **Spreu**, **Saamen**, **Stiele** und **Stengel**, mit drey oder viermal so vielen, auch wohl mehrern **Petersiliensaamen** im Pulver vermischt, statt des erstern aber sehr oft **weißen Pfeffer** oder **weiße Nießwurzel** selbst.

Was nun die **Saamenhülsen** bey der **Sabadille** insbesondere betrift, von deren Aehnlichkeit mit denen am *Veratro* befindlichen schon gedacht worden ist, so haben sie eine längliche und am untersten Ende stumpf=runde Gestalt, dabey sie nach aufwärts hin gerundet und aufgetrieben erscheinen. Auf beyden Seiten haben sie in der Mitte und nach der Länge hin eine grobe Nath, aus welcher lauter feine ästige schräge Ribben seitwärts auslaufen; obschon dabey ihre übrige Fläche glatt genug ist. Diese **Fruchthülsen** öffnen sich auf der innern Seite, von der Spitze an, nach der Länge hin, daß man deren beyde schwarze Saamen von außen her bequem sehen kann. Diese **Saamen** bestehen in sehr langen, schwarzen, glänzenden und lang zugespitzten etwas höckrigen, aber scharf zusammengetrockneten **Körnern**, welche auf der einen Seite rund, auf der entgegengesetzten aber platter sind. Der Kern derselben ist weiß und etwas mehlig.

Daß

Daß aber die Sabadillenpflanze, wie schon etlichemal gesagt worden, und aus der vorhergehenden Beschreibung gewiß genug seyn kann, weder zu der **Wolfswurz**, noch zu den **Rittersporenarten** gerechnet werden könne, sondern vielmehr **zu einer fremden und glatten Art des** *Veratri* in Amerika, haben schon andere gemuthmasset, welches nach dem Zeugniß eines Alberti, [24]) **Röders und Hallers** [25]) Erinnerung noch größere Wahrscheinlichkeit erhält. Die berühmten Herren Verfasser des **würtenbergischen Apothekerbuches** [26]) und der *Pharmacopoeae Rossicae* werfen darüber eine Frage auf. [27])

Was den **Geruch der rohen Sabadille** betrift, so äußert sie in ihrem trocknen Zustande bey uns gar keinen. Ihr **Geschmack** hingegen ist **desto widriger, bitter,** und dabey **recht brennend scharf,** Zunge und Gaumen fällt er nicht nur stark genug an, sondern dessen Schärfe nimmt noch dabey zu: wie etwa von der **Aronwurzel,** [28]) der **weißen Nießwurzel,** dem **Euphorbiensafte,** [29]) den frischen **Wolfswurzeln,** [30]) dem geriebenen **Meerrettig,** [31]) den **Beeren** und **Rinden** vom

[24]) vid. Obſerv. Roedder. Alberti Med. Legal. Lib. VI. Obſ 23.

[25]) Haller. Hiſt. Helvet.

[26]) an ad *Aconitum* an *Veratrum?*

[27]) *Sabadillae* ſemen an *Veratri?*

[28]) *Arum maculatum.* Linn.

[29]) *Euphorbium* officin.

[30]) *Aconitum Napellus.* **Eisenhüthlein.**

[31]) *Cochlearia Armoracia.* Linn. ſ. Raphanus ruſticanus. offic.

vom Kellerhalsstrauche, [32]) dem Staphisagria-saamen [33]) und mehreren.

Bey der Schärfe der Sabadille kann man den verschiedenen, frischen und trockenen Zustand, die Reife, nebst der Einsammlung und Vorbereitung zu einer längern Dauer, nebst andern Ursachen mehr, welche bald zur Verstärkung, bald zur Verminderung derselben Gelegenheit geben, nicht aus der Acht lassen. Denn wie bald oder stark vermindert sich nicht eine recht beizende Pflanzenschärfe, oder sie verliert sich im Geruche und Geschmacke, selbst während der Entwickelung ein und eben der Pflanze, auch gegen die Zeit des neuen Wachsthumes und bey einem zunehmenden Alter derselben ganz, daß man alsdenn von solchen Gewächsen einen, den erstern gerade entgegengesetzten Gebrauch machen muß. Und wer kann alle Veränderungsursachen in den Grundmischungen, und die dazu gehörigen Zeitpunkte nach der Wahrheit und Genauigkeit richtig angeben? Wer kennet die Abwechselungen der Verbindungsarten der Schärfen mit andern flüchtigen oder fixen Bestandtheilen, nebst der dabey vorgehenden Scheidungsart, durch welche die natürlichen Grundmischen geschwinder oder langsamer umgekehret werden?

Die Schärfe bey solcher Art von Gewächsen und deren Theilen bestehet aus einem salzigen sauern Wesen, welches in gewissen Verhältnissen mit einem sehr feinen, flüchtigen brennbaren Wesen innigst verbunden ist, und mit diesen zu einer innern beständigen Bewegung vorzüglich aufgelegten Antheilen, gehet sie bald, auch wohl größtentheils davon. Wo aber eine dergleichen

32) *Daphne Mezereum* Linn.
33) *Delphinium Staphisagria.* Linn.

gleichen Schärfe durch eine große Menge von gröbern, fixen, erdig- harzig- schleimigen Antheilen vester verbunden, oder noch überdem zugleich in einer dicken, fetten, öligen Vermischung eingewickelt, sehr tief versteckt ist, so erhält sie sich größtentheils weit länger. Von beyderley scharfen Pflanzen und Produkten sind in der Ordnung der eigentlich deshalben sogenannten scharfen Arzeneyen öftere Beyspiele vorhanden! Die frische Wurzel des Meerrettigs kann wegen des erstern Zustandes statt aller zum Exempel dienen, als welcher nach dem völligen Austrocknen dermassen gelinde und süße befunden wird, daß er in der Speise statt einer welken Rübe dienen könnte. Aus gleichem Grunde werden die meisten rettig- und kressenartige Gewächse mit Verlust der Schärfe, als ihrer würksamsten Bestandtheile, in den Apotheken getrocknet, ohne Nutzen aufbehalten. Ihre Saamen dauern wegen der ölig-harzig- schleimigen Grundmischung länger, wenn sie nach dem gelinden Trocknen bey der Verwahrung, wie der Senfsaamen, nur nicht allzuwarm gehalten werden.

Vorerwähnte Umstände als richtig erwiesen, vorausgesetzet, so wird uns sowohl die natürliche Verwandtschaft der Sabadillenpflanze, selbst als eine leicht zu vermuthende Grundmischung derselben gar bald dahin führen, wo sie ihren Platz unter den Arzeneyen einnehmen soll. Monardes war der erste, der ohne weitere Bestimmung, von ihren Eigenschaften, und dem zu seiner Zeit in Westindien eingeführten Gebrauche, eine vorläufige Anzeige that; andere entlehnten die Nachrichten zu ihren Absichten von ihm. Nach Maaßgabe derselben ist die Sabatille, eben so, wie sie noch jetzo davor gehalten wird, und zuweilen noch im Gebrauche ist, schon damals vor hitzig brennend und beizend gehalten worden.

Da nun dieses fremde Gemische nach Anzeige der, bey der vormaligen Saamenreife noch übrig gebliebenen vertrockneten **Blumen = und Fruchttheile**, die ohnehin sehr verdächtige Verwandtschaft mit denen *Aconito Napello* und *Veratro* besonders dem *Nigro* äußert, so verbinden wir diese sinnlichen, außer Zweifel gesetzten Kennzeichen mit dem **brennend = scharfen Geschmacke** desselben, und den Nachrichten, welchen zufolge die **Sabadille** zuweilen als eine innerliche, oder doch wenigstens als eine äußerliche Arzeney in einigen amerikanischen Provinzen schon in den Jahren 1574, und vorher im Gebrauche gewesen seyn soll. Dergleichen nach richtig erwiesenen Grundsätzen aus der Naturlehre, Naturgeschichte, der Chymie, und der besondern Wissenschaft, des innern Gehaltes und der Kräfte der Arzeneymittel, vorausgesetzte Umstände erklären uns offenbar, was wir uns von der Anwendung der **Sabadille** unter verschiedenen Bedingungen versprechen können.

Besage der alten Geschichte, hat man sich der **Sabadille** hin und wieder, wegen der ihr mit Recht zugeschriebenen erweißlichen sehr hitzigen, brennend = beizenden Eigenschaft als ein äußerliches Mittel im Pulver, beym kalten Brande, unreinen, faulen, um sich fressenden Wunden und Fistelschäden, wo sich keine Vereiterung finden wollte, statt eines *Cauterii actualis* und des *Mercurii sublimati* mit Nutzen bedienet. Denn man wollte bemerket haben, daß dergleichen Pulver nach Verschiedenheit der Fistelschäden, und der Größe der Geschwüre, in geringerer oder größerer Menge angewendet, dieselben von Fäulniß, Zufluß und Würmern gereiniget und zur Heilung gebracht.

Um

Um aber, wie man sich zugleich vorstellte, die Schärfe des Pulvers in etwas zu mildern, und seinen Zweck desto bequemer zu erhalten, brachte man dieses mit Rosenwasser etwas verdünnte Pulver auf Umschläge von feiner Leinwand, die man sowohl auf verborgene, als offene Schäden legte. Nach diesem Gebrauche wurden unter genauer Beurtheilung der Umstände, durch die Wundärzte, endlich die sogenannten *Sarcotica* zu Hülfe genommen. Fast auf ähnliche Weise hat man sich damals des vorgedachten Pulvers gar oft mit guten Folgen, bey der Heilung bösartiger Geschwüre unter den Thieren zu bedienen gewußt.

Was konnte demnach überzeugender seyn, um die Haupteigenschaften der **Sabadille** vorläufig zu bestimmen, nur daß ihr bey einer so ausnehmend beizenden, und durchdringenden Schärfe, der Geruch noch mangelte? Der scharfe Geschmack indessen war gar nicht einfach, sondern dabey vielmehr ungemein widrig, und mit Bitterkeit vermischet. Die **Classe der scharfen und beizenden Arzeneymittel** 34) hat von beyderley Arten derselben noch sehr beträchtliche aufzuweisen, welche ohne den geringsten Zusatz aus dem Mineralreiche, blosse Pflanzenmittel sind. Ein Theil derselben, welcher nicht wenig zahlreich befunden wird, hat eine solche Grundmischung, die, so lange die Gewächse, oder deren Produkte sich in einem grünen oder recht frischen Zustande befinden, oder doch bey einer sichern Einsammlung nicht zu lange aufbehalten worden sind, aus ihren **fixen, schleimig-, harzig-** oder auch dabey **fettig-** öligen

34) Medicamenta *acria*, *irritantia*, *adurentia*, *exedentia*, *caustica*, und wie sie weiter von den Aerzten genennt werden.

Grundwesen, eine große Menge der allerfeinsten flüchtigen und scharfbeißenden Dämpfe von sich lässet, die sich bey einem nur etwas vermehrten oder auch gar merklich verstärkten Grade der Luftwärme, beständig entwickeln.

Bey andern bemerket man viel wenigere auch schwächere Dämpfe, und etliche, sie mögen frisch oder trocken seyn, haben gar keinen Geruch, oder nur einen schwachen, ohne vorerwähnte sehr flüchtige Schärfe. Diese letztere ist vielmehr entweder sehr einfach, oder in einer größeren Menge eines harzig-schleimig- oder öligen zähen, zugleich erdhaften Wesens so tief verstecket, daß es gewissermassen darinnen so lange ziemlich unmerklich bleibet, bis es bald durch ein starkes Stossen und heftiges Zerreiben derselben Masse, oder aber durch eine andere Zubereitungsart dermassen in Bewegung gebracht wird, daß die Schärfe mit den feinsten Pulverstäubchen als ein Duft in die Nase, Mund und Augen flieget, und daselbst nach verschiedenen Graden der Heftigkeit zuweilen ein schmerzhaftes Jucken, Beißen und Niesen mit einem Thränen- und Speichelflusse, auch Abgang von gröbern schleimigen Feuchtigkeiten erreget; wie diese Würkung gleichfalls von andern flüchtigen, scharfen, balsamisch, gewürzhaften, wohlriechenden Mitteln bemerket wird.

Ob nun indessen die Saamen, Fruchthülsen und Blumenstengel der Sabadille in ihrem ganz frischen Zustande, nicht etwa gleich andern, einen feinen, scharfen, flüchtigen Geruch haben, und einen empfindlich reizenden Geruch von sich geben, lässet sich in ihren jetzigen trocknen Zustande, nach ihrem, vielleicht schon lange Zeit vor sich gegangenen Einsammlen, nicht mit Gewißheit ausmachen.

machen. Desto gewisser aber ist es, daß die noch kräftige Sabadille beym Kauen, Zunge und Hals bis zur Entzündung reize, und einen Speichelfluß errege. Auch wissen Soldaten, Schiffsleute und Mönche davon ganz zuverläßig, daß das Pulver so, wie das von den Stephanskörnern äußerlich gebraucht, die Läuse sehr bald und sicher vertreibe, zu welchem Ende sie sich des mit gestossenem Petersiliensaamen vermischten Pulvers bedienen, dasselbe in die Haare streuen, oder mit Schweineschmalz zu einer Salbe machen. Oft nehmen sie ganze Sabadillenstiele, die mit Hülsen und Saamen besetzet sind, die sie sich überall in die Kleider nähen.

So sicher und gewiß aber der äußerliche und erlaubte Gebrauch gedachten Pulvers von jeher immer gewesen seyn mag, so sehr haben doch schon die alten erfahrnen Aerzte die neuangehenden und überhaupt jedermann, der heftig brennenden Schärfe halber von Zeit zu Zeit mit Recht dafür gewarnet. Ihre darüber geäußerte Bedenken kann man der Kürze wegen in praktischen Schriften selbst nachsehen. Daß aber diejenigen allen Dank verdienen, welche den unerfahrnen, verwegenen, von sich selbst eingenommenen oder auch gewissermassen nachläßigen Anfängern bey dem innerlichen Gebrauche der Sabadille die nöthigen Erinnerungen geben, wird niemand in Abrede seyn, welcher die Pflichten eines Arztes beherziget. Wie denn einem alten Arzte niemals ganz gleichgültig seyn kann, wenn er *Aconitum*, Biesam, *Mercurium sublimatum*, Bleymittel, Eisen, Campfer, Fieberrinde, Mohnsaft, Jalappenharz, und mehrere dergleichen recht würksame Mittel in den Händen solcher Leute sehen muß, welche bey ihren Umständen treue Leiter und Führer vor andern nöthig haben.

Nicht

Nicht zu gedenken, daß es von jeher dergleichen nicht wenige sehr geschwätzige Anfänger gegeben, welche ohne Kenntnisse, Rath und Ueberlegung längst gewohnt sind, wenn es auch bloß aus einem sehr starken Hange zur Neuigkeit und auf jedes Geschrey in öffentlichen Blättern geschehen sollte, andern alles nachmachen wollen. Seneca hat meines Bedünkens vollkommen recht, wenn er *) sagt:

Non quaerit aeger medicum eloquentem, sed sanantem.

So wie es dagegen einem Meister in der Arzeneykunde allezeit frey stehet, alle Arten der Gifte und giftigscheinenden Mittel, als die allerwürksamsten Naturprodukte durch Fleiß und mit Einsicht in die besten Arzeneyen zu verwandeln, von welchen sie öfters nur durch höhere Grade von Würksamkeit bey einer außerordentlichen Feinigkeit gewisser würksamen Bestandtheile verschieden sind. Eine vernünftige Zubereitung und Anwendung in den kleinsten Gewichten nach richtigen Anzeigen vermag dabey sehr viel! Dergleichen Meistern sind freylich noch weit mehrere und zweckmäßige Hülfsmittel bekannt, die andern noch immer fremd seyn müßen, da sie die Natur und Würkungsart, nach ihren möglichsten Abweichungen, die durch den verschiedenen Widerstand der Kräfte des menschlichen Körpers entstehen, auch den abwechselnden Krankheitszustand nach der verschiedenen Heftigkeit der Krankheitsmaterien, mit allen von außen noch dazukommenden Ursachen gründlicher erwegen. Diesen bleibet also die Wahl der so außerordentlich würksamen Arzeneymittel zur innerlichen und äußerlichen Anwendung mit mehrerer Sicherheit überlassen,

*) Epist. Lib. I. 75.

lassen; sie behalten dabey freye Hand, weil ihre schon lange vorher vernunftmäßig gesammleten Erfahrungen, allen solchen Heilungsarten die eigentliche Vorschrift mit einem ganz besondern Gewichte geben.

Man bemühete sich seit einiger Zeit, den ohnedem fast überflüßig angewachsenen Arzeneyschatz von manchen sehr verdächtigen Mitteln wieder zu reinigen, von welchen ohne gegründeten Versuchen, etliche gefürchtet, andere aber gar verworfen wurden. Noch bey unserm Leben zeigen sich wieder neue, und den ersten ganz entgegenstehende Erscheinungen. Man vermehret nemlich den Arzeneyschatz, und ist dabey bemühet, einen Theil von **würklich giftigen** oder **unsichern Arzeneyen**, oder doch und sogar bey öffentlichen Anstalten und Gerichtshöfen **vor giftig gehaltenen**, bloß deßhalben in Vergessenheit gerathenen Mitteln, nützlich zu machen, und von neuem im Gebrauch zu bringen.

Sabadille gehöret unter die letztern, und zwar **natürlich** sogenannten **scharfen** erweißlichen **Pflanzengifte**, das sind solche, deren **beizend brennender Geschmack** vor sich allein, ihren innerlichen Gebrauch dermassen verdächtig gemacht, daß sie bloß durch eine sehr vorsichtige und geschickte Anwendung, nach den allerwichtigsten Anzeigen wohl zubereitet und gemischet in sehr gemäßigter Dosis, einen besondern Gebrauch haben können. Der Zufall, nebst der verschiedenen körperlichen Beschaffenheit, macht sie in ihrem rohen Zustande zuweilen viel weniger schädlich, als sie sonst natürlicherweise seyn könnten.

Die bekanntesten und fast gemeinschaftlichen Kennzeichen ihrer Schädlichkeit sind vor andern folgende, welche sie, wenn sie noch gut und frisch genug sind, nach verschiedenen Graden der Heftigkeit unter den vorher schon festgesetzten Bedingungen, an dem menschlichen Körpern äußern, wenn sie äußerlich oder innerlich in demselben würken können. Sie mögen nun in denselben durch den Mund und Schlund, nach den nüchtern oder leeren, oder auch mit Speise und mancherley Unrath erfüllten Magen gebracht werden, auch wenn sie von außen durch die Wunden zu unsern Säften gelangen, erregen sie abwechselnd bald leichtere doch beschwerliche, sonst aber auch schwerere bedenkliche oder gar tödtliche Zufälle, die zuweilen die heftigsten Entzündungen bewürken, und heißen und kalten Brand und den Todt nach sich ziehen. Die Schriftsteller einer gereinigten praktischen Arzeneygelahrheit sowohl, als diejenigen Besichtigungen der dadurch verunglückten Personen, nebst den darüber gutachtlich erstatteten Berichten bey den Gerichtshöfen, legen uns die traurigen Vorfälle von den Würkungen dergleichen beizend scharfen Mitteln so deutlich vor Augen, daß wir an ihrer Gültigkeit nicht zweifeln können.

Niemand wird es also rechtschaffenen und wohlgesinneten Aerzten verdenken, wenn sie von manchen noch allzuwenig versuchten Mitteln dieser Art, als zweifelhaften, nur mit vieler Behutsamkeit und vielen Einschränkungen urtheilen. Um aber überhaupt zwischen Beyfall und Zweifel einen Mittelweg zu wählen, muß es weder ungewöhnlich noch überflüßig seyn, selbigen zu weitern physikalisch-chymischen Versuchen und richtigen medicinisch-praktischen Bemerkungen ordentlich zu bahnen: von welchen erstern, nachfolgende vor den Anfang den Grund zu unsern Absichten legen.

Wenn man acht Unzen von dem zu Pulver gestossenen Sabadillengemische etliche Tage lang in einen destillirten oder andern recht reinen Wasser beizet,

zet, und nach deren Verlauf den, am Geschmack sehr scharf und beizend gewordenen **Aufguß** durch ein sehr gelindes Retortenfeuer wieder davon abziehet, so bleibet ein gewisser Theil desselben, welchen man als ein recht wohl gesättigtes **Decokt** darinnen verdickter zurücke gelassen. Wenn man dieses letztere wohl durchseihen und ausdrücken lässet, und hernach bey einem gleichfalls gelinden Abdampfen bis zu einer gemäßigten Dicke eines Honigs oder guten **Extraktes** bringet, so wird dasselbe am Gewichte etwa zwey Loth betragen. Aus diesem Gewichte kann man wahrscheinlich wissen, daß aus **jeder Unze Sabadille** ohngefähr **ein Quentchen** des besagten **Extractes** habe geschieden werden können, welcher ein *Extractum primum aquosum s. mucilagineum* ist.

Der nur erwähnte recht wohl gesättige Sabadillenaufguß, wird **ohne Geruch** und **ölige Spuren** befunden, sonst aber ist er einigermassen **säumig oder ungvinös**, er brauset auch noch mit keiner fixen alcalischen Solution aus dem Grunde vornemlich auf, weil die darinnen viel zu tief versteckte Säure nach dem Verhältnisse des schleimig-erdigen Antheiles, damit allzusehr übersetzet ist, daß sie zu ihrer völligen Entwickelung eine besondere bekannte Zubereitung erfordert.

Lässet man ferner **vier Unzen** vom **Sabatillenpulver** mit **Acohol** hinreichend übergießen, und darinnen acht Tage lang beizen, so erhält man daraus eine recht starke **Tinktur**, die man abgießen und durchseihen muß. **Der erste spirituöse harzige Extrakt** davon beträgt fast zwey Loth, daß also **in jeder Unze der Sabatille** beynahe **zwey Quentchen** befindlich seyn müßen. Das Gewicht beyder Extrakte würde indessen, wenn man nur gemeldete

Unter-

Untersuchungsart abwechselnd verändern sollte, noch etwas Abgang haben.

Von der angegebenen und mit starkem Weingeist gemachten Tinktur ist als etwas besonderes anzumerken, daß sie, ohngeachtet die Sabadille selbst keinen Geruch hat, beym Abziehen einen starken und vortreflichen überaus gewürzhaften Geruch von sich gebe; obschon dergleichen oder von einem wesentlich flüchtigen Oele in trocknen Saamen keine Spuren vorhanden sind, es müßte denn davon eine große Menge zusammen bearbeitet werden, daß man doch geringe Spuren bemerken könnte; sollte es auch nur in so wenigen und einzelnen Oeltropfen geschehen, die von den übrigen Theilen nicht zu scheiden stünden.

Doch bin ich, nach Anleitung der beyden, mit Wasser und Weingeist davon gemachten Tinkturen und weiter daraus verfertigten Extrakte, mehr geneigt zu glauben, daß die offenbare durchdringende Schärfe der Sabadille sowohl in dem Harzigen als Schleimigen Grundwesen, doch in dem erstern in weit größerer Menge enthalten sey, als bey dem letztern. Die Classe der scharfen Arzeneyen enthält mehrere dergleichen Beyspiele, und unter solchen auch manche, wo die Schärfe bald in einem höchstflüchtigen, feinen, einfachen, salzig-brennbaren Wesen, bald in einem andern bestehet, welches in seiner würksamen Hauptmasse zugleich ölig-flüchtige Antheile hat.

Was nun die ofterwähnte große Schärfe der Sabadille betrift, welche allen Arzeneyen ihrer Classe wie schon gesagt, wegen der Würkungsart und der unangenehmen Empfindungen, die eigentlichen Merkmale giebt, so zeiget unter andern der Geschmack einer

noch

noch kräftigen Sabadille, daß sie sowohl in Pulver, als in beyden Extrakten, aus Tinktur und Decocte, recht durchdringend nur lebhaft brennend sey. Dieses empfindet man bald, wenn man nur ein wenig davon auf die Zunge bringet, indem nebst einem recht schmerzhaften Brennen ein starker Speichelfluß erfolget.

Diese heftige und unangenehme Würkung verbreitet sich bald weiter durch den Hals, bis in die Nase, und der stechende Schmerz vermindert sich kaum unter einer Stunde in etwas. Wer die Wurzeln des *Aconiti Napelli* und *Hellebori albi officin.* welche beyde ohne Geruch, sonst aber eben so scharf sind, untersuchet hat, wird unter ihnen manche Aehnlichkeit finden. Der scharfe, ekle, und unangenehm bitterliche Geschmack ist wie bey der Sabadille fast der nemliche, nur daß der etwas anziehende Nebengeschmack bey der letztern nicht bemerket wird.

Wir überlassen bey unsern vorläufigen Betrachtungen die fernere Beurtheilung und Anwendung der gelinden, scharfen und heftigern fressenden Mittel, dem vernünftigsten und erfahrensten Theile naturforschender und praktischer Aerzte, welche nach sichern Anzeigen am gründlichsten zu unterscheiden verstehen, wenn, wo, oder wie dergleichen Arzeneyen am sichersten anzuwenden sind, wie deren Heftigkeit verwindert werden müsse und könne, die folglich auch diejenigen Krankheiten und besondern Zufälle richtiger zu bestimmen wissen, bey denen bald der innerliche bald der äußerliche Gebrauch der Sabadille Statt findet.

VI.

Betrachtung

über die

Systeme der Entomologie

von

Joh. Christ. Fabricius.

Die systematische Kenntniß ist in der Naturhistorie unumgänglich nothwendig, um die unendliche Menge der vorkommenden Arten mit Gewißheit und Deutlichkeit zu bestimmen. Es würde völlig unmöglich seyn, die Namen aller im Gedächtniß zu erhalten, oder auch einen, den wir verloren, wieder zu finden, wenn wir nicht solchem durch Ordnung und Abtheilung zu Hülfe kämen. Es ist daher das System der Grund, das Alphabet der ganzen Wissenschaft, ohne welchem keine Gewißheit, keine Festigkeit zu hoffen.

Es ist aber auch nicht zu leugnen, daß die systematische Kenntniß, oder die Vertheilung und Klassifikation der natürlichen Körper sehr beträchtliche Schwierigkeiten habe. Die Menge und Aehnlichkeit der Arten, wozu noch die vielen Abänderungen derselben kommen, die allmählige Annäherung der Klassen und Geschlechter unter sich, die vielen Ausnahmen, die wir nothwendig machen müßen, da wir den Reichthum der Natur nicht in die engen Gränzen unserer Systeme zwingen können, verhindern die Gewißheit

wißheit und Festigkeit des Systems. In der Entomologie kömmt noch eine andere Schwierigkeit hinzu, nemlich die geringe Größe der Theile, von welchen wir die Kennzeichen hernehmen müßen. Wir haben hier mit Thieren zu thun, von denen manche unserem bloßen Auge kaum sichtbar sind, oder von denen wir doch nicht die Struktur der verschiedenen Theile mit bloßen Augen erkennen können. Wir müßen daher nothwendig zu den Vergrößerungsgläsern unsere Zuflucht nehmen, mit denen wir aber allemal mit weniger Gewißheit, mit weniger Sicherheit uns nicht zu irren, die Gegenstände betrachten. Sie erfordern eine größere Anstrengung des Auges, wodurch die Gegenstände, insonderheit bey dem lange anhaltenden Gebrauche derselben, uns oft undeutlich werden; sie erfordern eine größere Aufmerksamkeit, wodurch wir uns so viel leichter verwirren.

Diese verschiedenen Schwierigkeiten der Systeme überhaupt, und der Insektenlehre insbesondere, haben verschiedene dahin gebracht, sie gänzlich zu verwerfen, und ihre Kenntnisse einzig und allein ohne Ordnung aus den Kupfern zu schöpfen. Letztere haben sich auch in den neuern Zeiten ungemein gehäuft. Wir haben viele, prächtige und genaue Abbildungen in der Naturhistorie, und besonders in der Entomologie erhalten, ohne ordentliche Benennung oder Beschreibung. Sie vergrößern die Kostbarkeit und machen zugleich eine der angenehmsten Wissenschaften zu einem unabsehlichen Namenregister und bloßen Gedächtnißwerke. Aus Kupfern können wir niemalen die Wissenschaft erlernen. Sie können uns die äussere Struktur dieser oder jener Art vorstellen, allein sie können uns niemalen einen ordentlichen Begriff von dem System oder generischen Charakteren geben, die in jeder Art etwas abweichen, und nothwendig aus der Natur selbst hergenommen seyn müßen. Es bleibt daher eine Kenntniß bloß weniger Arten ohne Ordnung, und ohne, daß wir im Stande sind andere Arten, die wir in der Natur finden, darunter zu bringen.

Dieser Nothwendigkeit der Systeme in der Entomologie ohngeachtet, haben wir doch erst neulich angefangen sie zu bearbeiten. Wir haben auch noch nur wenige an der Zahl, nemlich zwey. Vor dem Ritter von Linne' finden wir keines, welches den Namen eines Systems verdienet. Er führte zuerst ordentliche Klassen, und insonderheit bestimmte Geschlechter und deutliche Unterscheidungszeichen der Arten ein. Er bildete erst die Entomologie zu einer Wissenschaft, da sie vorhin ein bloßes Chaos gewesen. Sein Name wird daher auch in der Entomologie, wie in allen Theilen der Naturhistorie unsterblich seyn.

Es hat auch würklich dieses System verschiedene und beträchtliche Vorzüge, wodurch es sich beliebt macht, als nämlich:

1) Die Leichtigkeit und Deutlichkeit der Klassen. Er nimmt, wie bekannt, die Kennzeichen seiner Klassen von den Flügeln her, die gleich beym ersten Anblick deutlich in die Augen fallen. Es wird nicht leicht eine Eintheilung gefunden werden können, die in diesem Falle wenigere Schwierigkeiten hätte.

2) Die Klassen scheinen sich einigermassen den natürlichen zu nähern, wenigstens einige derselben. Die natürlichen Klassen haben beständig die Aufmerksamkeit der Naturalisten auf sich gezogen, ehe wir noch im Stande sind, sie würklich auszuarbeiten, und deswegen mußte ein System Beyfall finden, dessen

Klassen

Klassen ziemlich natürlich schienen. Die Coleoptera z. E. machen eine völlig natürliche Klasse aus; bloß die Forficula gehört nicht hieher. Die Gestalt sowohl der Theile, als auch die ganze Verwandelung, da sie nicht, wie alle Käfer, zuerst Larven und Puppen sind, verbinden sie völlig mit den Grillen und Heuschrecken. Die Hemiptera machten gleichfalls eine völlig natürliche Klasse, ehe er in der letzten Ausgabe des Systems die Heuschrecken mit den übrigen vereinigte. Er sonderte sie von den Coleopteris wegen der Verwandelung, der Gestalt, der Larve und Puppe ab, und verband sie mit den Hemipteris, mit welchen sie in dieser Absicht übereinkamen. Sie unterscheiden sich aber doch auch von diesen deutlich, durch das äussere Ansehen, welches gänzlich abweicht; durch die Struktur des Mundes und der darauf sich gründenden Art die Nahrung zu sich zu nehmen, und fast in allen übrigen Stücken. Die Lepidoptera enthalten eine sehr deutliche und natürliche Klasse. Sie ist so natürlich, daß wir mit vieler Mühe nur kaum im Stande sind, bestimmte Kennzeichen der Geschlechter dieser Klasse zu finden. Die Neuroptera gehören in der natürlichen Ordnung gar nicht zusammen. Libellula und Ephemera unterscheiden sich von den übrigen nicht allein durch die Struktur der Theile, durch die Nahrung, sondern auch völlig durch die Verwandelung, durch die Larven und Puppen. Die Hymenoptera sind von der Natur vereinigt. Hier ist kein Geschlecht, welches nicht zu den übrigen gehört. Die Diptera machen gleichfalls eine natürliche Klasse aus, wie die Struktur sowol der Theile, als auch die Verwandlung gnugsam beweisen. Die Aptera im Gegentheil gehören auf keine Art und Weise zusammen. Hier sind Thiere fast von allen Klassen mit eingemischt.

gemischt. Lepisma und Podura, und die kleinere Arten Vermes kommen dem Neuropteris sehr nahe, Acarus und Pediculus denen Dipteris. Cancer, Aranea, Julus und Oniscus sind gleichfalls sehr von einander abgesondert, und ich weiß in der That nicht, wo sie eigentlich in der natürlichen Ordnung hin zu rechnen. Auf eben die Art geht es mit dem Pulex. In Ansehung der Nahrung, der Theile des Mundes kömmt er der Wanze am nächsten. In Ansehung der Verwandelung aber, denen Hymenopteris. Es sind unter denen Apteris kaum zwey oder drey Geschlechter, welche bey einer natürlichen Klaßification zusammen kommen würden.

3) Die Charaktere der Geschlechter sind gleichfalls ziemlich deutlich. Er nimmt sie theils von den Fühlhörnern, theils von andern Theilen her, die kenntlich sind, und da er zugleich nur wenige Geschlechter macht, so werden diese um so viel leichter. Es waren damals noch wenigere Arten bekannt, und es wurden daher auch nur wenigere Geschlechter erfordert.

4) Seine Differentiae specificae sind insonderheit vortreflich. Es sind Meisterstücke, um die Arten deutlich und bestimmt zu unterscheiden, und in dieser Absicht werden wir nicht leicht seines Gleichen aufzuweisen haben.

Dieses sind die verschiedenen Vorzüge des Linneischen Systems der Entomologie. Sie sind freylich ansehnlich, allein es hat dagegen auch verschiedene Unvollkommenheiten, die nicht weniger beträchtlich sind. Er hat verschiedene Regeln übertreten, die er selbst in der Botanik festgesetzt, und so standhaft vertheidiget hat. Es ist dieses auch nicht zu verwundern, da er völlig ohne Vorgänger die ganze Naturhistorie zu ordnen unternahm. Durch die Unterstützung seiner Arbeiten können wir schon die Theile des Ganzen vollkommener ausarbeiten, und die Höhe zu erreichen suchen, welche er der Botanik gegeben. Hieher gehört.

1) Daß er oft, um die natürlichen Ordnungen oder Klassen zu erhalten, die Charaktere seiner Klassen verließ, und Insekten in einer Klasse einmischte, die den eigentlichen Charaktern widersprachen. Er vergaß, daß sein System nicht das natürliche, sondern ein künstliches sey, und daß es noch weniger in der Entomologie als in der Botanik Zeit sey, die natürlichen Klassen auszuarbeiten. Die Gewißheit seiner Klassen litte darunter, und die natürliche Ordnung gewann wenig, die er lange nicht bey dem Anfange der Wissenschaft zu erreichen im Stande war. Auf die Art rechnete er die Heuschrecken zu den Hemipteris, bloß weil sie mit ihnen in der Verwandelung überein kamen, ob gleich der Charakter völlig widersprach. So rechnete er die zweyflügelichten Coccus zu eben dieser Klasse, wie auch die Aphides mit vier völlig durchsichtigen Flügeln. Er sahe wohl, daß die Natur diese vereinigt hatte, allein die Charaktere seiner Klassen trennten sie. Eben so geht es mit der ungeflügelten Mutilla, welche die Natur, nicht das System, mit den Bienen und Ameisen vereinigt. Ja wir finden nicht allein, daß ganze Geschlechter, sondern noch häufiger, daß verschiedene Arten dem Charakter der Klasse, unter welcher sie sich befinden, widersprechen. Wir finden ungeflügelte Wanzen, zweyflügelichte Ephemerae, ungeflügelte Phalaenae, und so ferner. Sie mußten nothwendig unter diese Geschlechter kommen. Die Natur hatte sie mit den übrigen vereinigt, und da die natürlichen Geschlechter

 (aber

(aber nicht Klassen) immer die Grundsäulen der Naturhistorie sind, so durfte er sie nicht trennen. Es beweist aber, daß der Grund des Systems weniger fest ist, da es so häufig die natürlichen Geschlechter zerreißt.

2) In den Charakteren der Geschlechter hat er gleichfalls den wichtigen Grundsatz, den er in der Botanik so standhaft vertheidigt hat, gänzlich verlassen, nehmlich: daß die Charaktere aller Geschlechter von denselben Theilen herzunehmen. Es ist der wichtigste Satz des ganzen Systems. Er konnte ihn aber nicht beobachten, da es ihm an Theile fehlte, die ihm eine hinlängliche Menge Charaktere geben konnten. Er nahm zwar richtig genug die Fühlhörner zu seinen Geschlechtscharakteren an, allein er fand bald, wie wenig diese hinreichend waren. Gezwungen nahm er die übrigen Theile mit zu Hülfe, ob er gleich wohl einsahe, daß das System darunter litte. Er schränkte sich indessen weit mehr ein, als verschiedene seiner Nachfolger, und er war auch in der Anlage und Bestimmung seiner neuen Geschlechter sehr sparsam und zurückhaltend. Er fühlte selbst das Unrichtige seiner Geschlechtscharaktere, und wollte die Verwirrung durch Häufung derselben nicht noch mehr vergrössern. Wir können auch die verschiedenen Theile der Insekten nicht mit einander vergleichen. Ein Fühlhorn kann auf keine Art mit den Füssen verglichen werden, noch der Thorax mit dem Abdomine; folglich ist auch zwischen den Charakteren, die wir von verschiedenen Theilen hernehmen, kein ordentlicher Gegensatz, worauf doch alle Deutlichkeit und Bestimmung beruht. Ueberdem weicht eine jede Art von den übrigen in der Struktur eines oder des andern Theils ab, und wir würden, wenn es uns erlaubt wäre, von allen Theilen

len die Geschlechtscharaktere herzunehmen, beynahe so viele Geschlechter erhalten, als wir Arten haben, und die Beschreibungen der Arten würden die characteres naturales der Geschlechter werden. Oft und viel habe ich mit dem würdigen Alten, dem Lehrer und Freunde meiner Jugend, über diese Materie geredet, und oft hat er mir angerathen, ein neues System anzufangen, welches er selbst, wegen der Menge der Dinge, womit er in der Naturhistorie überhäuft gewesen, nicht hatte erreichen können.

3) Seine Geschlechtscharaktere sind zu unbestimmt. Er bemerkte das Unzulängliche seiner Charaktere selbst und machte dahero nur selten und sparsam neue Geschlechter, sondern brachte die neuen Arten unter die alten Geschlechter, ob sie gleich nicht allemal mit den Charakteren des Geschlechts übereinstimmeten. Er richtete sich mehr nach dem äußerlichen Ansehen, der Verwandelung, und andern Nebenumständen, als nach dem eigentlichen Charakter. Er verlor aber dadurch die Gewißheit und Festigkeit des Systems, und brachte oft Insekten unter ein Geschlecht, die weder in Ansehung ihres Charakters, noch selbst oft in Ansehung des äußerlichen Ansehens, das geringste ähnliche haben. Attelabus z. E. enthält Insekten von sehr verschiedener Gattung. Der Charakter ist einzig und allein von den drey ersten Arten genommen, alle die übrigen haben ihn gar nicht, und welche Aehnlichkeit des äußerlichen Ansehens zwischen dem Attelabo Coryli, dem A. apiario oder dem Buprestoides. Es verursachte aber diese Unbequemlichkeit der Charaktere und die daraus entstehende geringe Menge der Geschlechter, noch eine Unbequemlichkeit, nehmlich: daß seine Geschlechter zu weitläuftig wurden, und zuweilen ganze Ordnungen enthalten. Z. E. Scarabaeus

antennis lamellatis. Es ist dieses ein deutlicher Charakter, alle Scarabaei haben ihn; allein es ist vielmehr der Charakter der Ordnung, als bloß eines Geschlechts. Unter den Linneischen Scarabaeis finden sich daher auch Insekten, die in aller Absicht des Ansehens, der Struktur der Theile, der Lebensart, der Nahrung völlig unterschieden sind, und daher nothwendig auch mehrere Geschlechter ausmachen müssen. Eben so gut hätte er alle antennis perfoliatis, setaceis u. s. w. unter ein Geschlecht bringen können. Die Charaktere wären freylich denn bestimmt, und deutlich gewesen; allein die Geschlechter würden Ordnungen geworden seyn.

Dies sind die verschiedenen Vorzüge, die verschieschiedenen Fehler des Linneischen Systems. Alle neuere Entomologen sind diesem nur mit einigen Abänderungen gefolgt. Sie haben alle die Klassen beybehalten, nur **Geoffroy** hat die Neuroptera und Hymenoptera mit einander vereinigt, und zwar mit Recht. **Linne'** hatte sie durch den Aculeum unterschieden, da er in allen übrigen Klassen die Charaktere von den Flügeln hergenommen. Es war ein wirklich falsches Kennzeichen der Klasse, und **Geoffroy** hatte, meiner Meinung nach, Recht es zu verwerfen. **Scopoli** im Gegentheil hat diese von verschiedenen Theilen hergenommene fehlerhafte Charaktere vermehrt, und sie überdem durch Veränderung der Namen noch bestätiget. Proboscidea, Pedestria. Es sind indessen im Ganzen immer die Linneischen Klassen und die Linneische Abtheilung nach den Flügeln; haben auch dieselbigen Vortheile und Fehler. Die Linneischen Geschlechter im Gegentheil haben sie häufig verändert, vermehrt. Sie sahen ein, daß **Linne'** in der Errichtung neuer generum äußerst vorsichtig, und

viel-

vielleicht gar zu behutsam war, da er niemahlen ein neues Geschlecht ansetzte, ohne daß er durch das äußerliche Ansehen, und durch die Verwandelung beweisen konnte, daß es von den übrigen getrennet zu werden verdiente, und selbst unter diesen Umständen bedachte er sich oft noch lange. Seine Nachfolger sahen diese gar zu große Furchtsamkeit wohl ein, allein sie bedachten nicht, daß sie sich auf wirkliches Nachdenken, und auf eine Kenntniß seiner wankenden unbestimmten Charaktere gründete. Sie lieferten uns zugleich insgesammt nur die speciellere Entomologie dieses oder jenes Landes; die Menge ihrer Insekten war folglich kleiner und die Bestimmung leichter. Die Menge der neu eingeführten Geschlechter der Entomologie war ansehnlich, die wankenden Charaktere häuften sich, und die Verwirrung ward allgemein. Jeder wollte sich durch neue Geschlechter, durch Veränderung der alten verdient machen; und dadurch entstanden die vielen neuen Geschlechter gegen die Natur, die fast alle gleich unbestimmt sind. Jede Abänderung irgend eines Theiles war schon hinreichend, ein neues Geschlecht zu bilden. Geoffroy z. E. trennt Copris von Scarabaeo, und unterscheidet es durch den Mangel des Scutelli. Das ganze äußerliche Ansehen, die Verwandelung, die Lebensart, das Graben, die Nahrung beweisen demohngeachtet, daß beyde nur ein natürliches Geschlecht ausmachen. Mit eben so vielem Rechte könnte er die Melolonthae von den Cetoniis nach der Figur des Scutelli abgesondert haben. Jene haben es allemahl stumpf, abgerundet; diese im Gegentheil dreyeckt, zugespitzt. Hier zeigt zugleich die Natur durch das äußerliche Ansehen, durch die Nahrung, durch den Aufenthalt eine Verschiedenheit des Geschlechts, die wir bey dem andern nicht antreffen.

Andere giengen hierinnen noch weiter, und suchten so gar Charaktere von verschiedenen Nebenumständen zur Bestimmung der Geschlechter einzuführen. Sie blieben nicht mehr bey den Theilen des Körpers, nicht bey der Zahl, Lage, Figur und Proportion derselben stehen, sondern der Geruch, der Ort des Aufenthalts, die Art der Bewegung, alles nahmen sie zu der Unterstützung ihrer wankenden Charaktere mit zu Hülfe. Die Charaktere wurden dadurch noch unbestimmter, und die Geschlechter noch wankender und ungewisser.

In der Bestimmung der Arten erreichen die mehresten neuen Entomologen die Verdienste unsers Linne' bey weiten nicht. Ihre differentiae specificae sind größtentheils schwankender, unzuverläßiger, und mehrere Abänderungen haben sie deswegen mit unter die Arten aufgenommen. Viele haben sich so gar mehr auf die von den Arten gegebene Kupfer, als auf die Beschrelbung verlassen. Sie haben uns prächtige, genaue Kupfer geliefert, aber ohne Namen und ohne Beschreibung, wodurch die Gewißheit und Festigkeit der Wissenschaft nothwendig wankend werden mußte.

Das zweyte wirkliche und unterschiedene System der Entomologie, ist das meinige. Schon im Jahr 1763 und 64 bey meinen damahligen Aufenthalt in Upsal, legte ich dazu den ersten, zwar noch sehr unvollkommenen Grund, den ich aber nachher zu verbessern und zu erweitern Gelegenheit hatte, da ich auf meinen verschiedenen nachmahligen Reisen eine sehr beträchtliche Menge Insekten kennen lernte. Es hat bey vielen Beyfall gefunden, bey andern im Gegentheil weniger, und beyde haben es vielleicht nicht aus dem gehörigen Gesichtspunkte betrachtet; beyde haben sich vielleicht bey Nebendingen aufgehalten, die

auf

auf das System selbst keinen Einfluß, mit demselben keine Verbindung haben. Ich will mich deswegen bemühen, die Vorzüge, aber auch die Fehler dieses Systems zu zeigen. Es hat gewiß beyde, und es ist gewiß niemand, der sie besser kennt und aufrichtiger beurtheilt, als ich selbst. Ich sehe freylich wohl, daß es einige Vortheile hat, allein ich fühle gleichfalls die Unvollkommenheiten und Schwierigkeiten desselben, und bin oft mißvergnügt, daß ich sie nicht zu heben im Stande bin. Es sollte mir angenehm seyn, wenn ich andere ermuntern könnte, auf dem angefangenen Wege fortzugehen. Wir sind in der systematischen Eintheilung der Insekten noch weit zurück, wir haben noch lange nicht die Höhe der Botanik erreichet. Wir müßen noch mehrere, aber wirkliche, gut gearbeitete und auf wahren Grundsätzen ruhende Systeme haben, um die Insekten so viel mehr von allen Seiten zu betrachten, und genauer kennen zu lernen. Denn auch denn erst wird es Zeit seyn, die natürlichen Ordnungen zu bearbeiten. Die Vorzüge meines Systems bestehen:

1) In der Festigkeit der Klassen. Ich habe sie alle von den Theilen des Mundes, und insonderheit von der untern Kinnlade hergenommen. Es ist auch kein Geschlecht, es ist keine Art, welche nicht völlig mit dem Kennzeichen der Klasse, unter welche es gehört, übereinkömmt. Auf diese Festigkeit der Klassen beruht die eigentliche Gewißheit und Sicherheit des ganzen Systems.

2) In der Festigkeit der Geschlechtscharaktere. Ich habe sie von eben den Theilen des Mundes hergenommen, und sie geben, da ihrer mehrere sind, auch eine hinreichende Menge, wenigstens in den mehresten

Klas-

Klassen. Die characteres artificiales unterscheiden sie, und die naturales sind die beständigen Wächter, daß sich nichts fremdes einmische. Sie sind zugleich sicher, beständig, und man wird nicht leicht ein Geschlecht aufweisen können, wo irgend eine Art dem Geschlechtscharaktere widerstritte. Diese Festigkeit der Charaktere der Geschlechter ist der Hauptvorzug des Systems.

3) In der Menge der Charaktere, wodurch mehrere Geschlechter entstanden, die die Entomologie erleichtern. Je mehrere Geschlechter wir mit deutlichen und festen Charakteren unterscheiden können, je desto leichter wird nachher die Unterscheidung der Arten, und so viel sicherer die Benennung. Das Linneische Geschlecht Scarabaeus z. E. ist viel zu weitläuftig. Es enthält mehrere Arten, insonderheit wenn alle neue nur bekannte aufgenommen würden, als wir leicht und deutlich zu unterscheiden im Stande sind. Es hat daher seine Vortheile, Charaktere zu finden, um ein so weitläuftiges Geschlecht in mehrere zu vertheilen.

4) In der Erhaltung der natürlichen Geschlechter. Selbst die Kennzeichen von den Theilen des Mundes müssen nothwendig hiezu beytragen. Von der Struktur des Mundes können wir mit Zuverlässigkeit auf ihre Nahrung schließen, und von dieser hängt hauptsächlich ihre ganze Einrichtung, ihre ganze Haushaltung ab. Es müssen daher auch die Geschlechter, die auf diese Charaktere beruhen, natürlicher werden, als bey einer jeden andern Eintheilung. Es wäre zu wünschen, daß wir diese instrumenta cibaria bey allen Klassen des Thierreichs als Geschlechtszeichen einführen könnten. Es würde gewiß

wiß vieles zur Festigkeit der Charaktere und zur natürlichen Ordnung der Geschlechter mit beytragen.

5) Endlich kommt noch ein zufälliger Vorzug meines Systems, der aber nicht auf die eigentliche Eintheilung Einfluß hat; nehmlich die grössere Menge der Arten. Ich habe verschiedentlich Gelegenheit gehabt, fremde Länder, und die Sammlungen meiner dortigen Freunde zu besuchen, und ihre Güte hat mir nicht allein erlaubt, sie für mein System zu beschreiben, sondern hat mich auch reichlich von ihren Schätzen mitgetheilt. Durch diesen Umstand enthält mein System eine weit grössere Menge von Arten, die ich selbst gesehen, selbst untersucht habe, als der übrigen Entomologen. Ein Vorzug indessen, der mit dem eigentlichen System in keiner Verbindung steht.

Diese Vorzüge meines Systems sehe, fühle ich, und ich wünschte, ich könnte mehrere derselben zählen. Dieser Vorzüge aber ohngeachtet, hat es auch seine beträchtlichen Schwierigkeiten, denen ich nicht abzuhelfen im Stande bin.

1) Sind die Theile, von welchen ich die Kennzeichen der Klassen und der Geschlechter hernehme, sehr klein, und oft schwer zu erkennen. Die Insekten sind selbst oft in sehr geringer Grösse, und die Theile des Mundes sind daher schwer zu untersuchen, zu beschreiben. Die Linneischen Kennzeichen der Klasse von den Flügeln, haben hierinnen einen großen Vorzug. Sie sind weit deutlicher, weit leichter. Es läßt sich dieses aber nicht wohl ändern. Wenn wir kleine Thiere wollen kennen lernen, so müssen wir nothwendig die Charaktere von kleinen Theilen hernehmen. Es geht in der Botanik nicht besser. Die

Blüthe

Blüthe eines großen Eichbaums ist nicht viel größer, als die Theile des Mundes einer ihrer Insekten.

2) Mit verschiedenen Klassen bin ich auch lange nicht zufrieden. Ich sehe gar wohl ein, daß in manchen Dinge zusammen kommen, die nicht zusammen gehören, Geschlechter darunter sind, die mit Recht eine eigene Klasse ausmachen könnten, allein ich finde, bis jetzo noch keine Charaktere, die sie unter sich verbindet und von den andern absondert.

Eleuterata und Vlonata sind zwey natürliche richtige Klassen, welche so wohl im Ansehen, Charakter als Verwandelung völlig übereinkommen. Es ist kein Geschlecht hier eingemischt, welches nicht völlig dahin gehört.

Die Synistata sind schon weniger richtig. Die ersteren Geschlechter, nemlich Ephemera, Phryganea, Semblis, Monoculus, Oniscus, Lepisma, Podura, Hemerobius, Panorpa, Raphidia scheinen nicht zu den übrigen zu gehören. Ihr Ansehen ist verschieden, und die Verwandelung ist ganz anders. Ich hätte sie auch gerne abgesondert, allein ich finde keinen Charakter, der sie von den andern trennet. Die übrigen Geschlechter, oder die Hymenoptera des Linne' im Gegentheil, folgen in einer völlig richtigen, natürlichen Ordnung.

Die Agonata sind itzt, da ich die Scorpionen davon getrennt, eine völlig deutliche und bestimmte Klasse.

Die folgende Klasse Vnogata scheint drey verschiedene natürliche Klassen zu enthalten. Libellula, Aeshna, Agrion gehören zusammen. Julus und Scolopendra gleichfalls, und endlich Trombidium,

Ara-

Aranea, Phalangium, Scorpio. Ich bin aber nicht im Stande Charaktere zu finden, die sie von einander trenneten und unter sich verbänden.

Die übrigen drey Klassen, nehmlich Glossata, Ryngota und Antliata sind vollkommen natürlich. Die Charaktere sind deutlich, und das Ansehen und die Verwandelung stimmen mit den Charakteren überein. Das einzige Geschlecht Pulex ist hiervon ausgenommen. Es kommt in Ansehung der Verwandelung, denen letzten Synistatis am nächsten, von welchen es sich aber doch völlig durch das äussere Ansehen, durch die Nahrung, und durch die Charaktere entfernet.

3) Die Geschlechtscharaktere sind größtentheils zwar deutlich und gut bestimmt; doch sind zwey Klassen, mit welchen ich in diesem Fall selbst weniger zufrieden bin. Es sind dieses die Glossata und Ryngota. Die Theile des Mundes sind in diesen Klassen überhaupt weniger, und kommen so sehr mit einander überein, daß es außerordentlich schwer ist, deutliche und wahre Charaktere für die Geschlechter zu finden. Ich habe sie zwar unterschieden, allein es sind verschiedene Kennzeichen darunter, die ich bey den Geschlechtern der übrigen Klassen gewiß nicht anwenden würde. Ich zweifele aber sehr, ob wir so leicht im Stande seyn werden, bessere zu finden. Sie sind überaus nahe mit einander verwandt. Die Geschlechter der Eleuteratorum, Ulonatorum, Synistatorum und Antliatorum sind am besten und zuverläßigsten bestimmt.

4) Ich kenne verschiedene Insekten, von denen ich deutlich sehe, daß sie unterschiedene Arten sind, ich bin aber nicht im Stande, den Unterschied derselben mit Worten auszudrücken. Die Struktur der Theile ist so ähnlich, die Farben so gemischt und un-

deutlich, daß sie keine ordentliche Charaktere geben. Hieher gehören verschiedene der kleinen inländischen Rüsselkäfer, verschiedene Nachtvögel, die Linne' unter dem Namen Noctuae rusticae begriffen hat, und andere mehr. Es scheint mir auch fast, als wenn sich unter den Schlupfwespen, ordentlichen Wespen und Bienen einige Abänderungen, als Arten eingeschlichen hätten. Die verschiedenen Geschlechter sind bey diesen häufig von sehr verschiedenem Ansehen, und es könnten sich daher leicht diese, als verschiedene Arten eingeschlichen haben. Wir kennen ihre eigentliche Haushaltung zu wenig, und es wäre zu wünschen, daß Jemand, der Lust und Gelegenheit des Landlebens hätte, es übernähme, diese Geschlechter genauer zu beobachten. Sie verdienten näher bestimmt, besser ausgearbeitet zu werden. In dem Geschlechte der Spinnen ist es noch ärger. Wir wissen hier kaum, was Art, was Abänderung ist, und die Bemühungen eines Clerks, Albins und Listers sind nicht hinreichend, dieses Geschlecht ordentlich und deutlich zu bestimmen. Es fehlt uns bey diesen die Leichtigkeit der Cultur, welche wir in der Botanik haben, und daher sind auch die Arten so viel unbestimmter.

5) Die bey den Arten angeführte Synonymie ist freylich nicht allemal die richtigste. Die angeführten Synonymien aus dem Linne' und dem Geoffroy werden nicht leichte unrichtig seyn. Von beyden habe ich sie allemahl selbst untersucht, selbst bestimmt. Von den übrigen kann ich dieses nicht allemahl sagen. Den größten Theil der Insekten habe ich auf meinen verschiedenen Reisen beschrieben, bestimmt und benannt, wo ich nicht allemal die Menge der Bücher mitfüh-

mitführen konnte, die die Synonymie erfordert. Ich war dahero genöthigt, mich auf andere zu verlassen, und habe vielleicht in diesem Fall meinem Linne' zu viel getraut. Eine richtige Synonymie ist in der That eine sehr beschwerliche Sache, und erfordert viele Kenntniß der Arten, und eine außerordentliche Genauigkeit der Vergleichung. Die wenigsten wenden so viel Zeit und Geduld darauf, als es die Natur der Sache erfordert.

Dieses sind die Vorzüge, die Unvollkommenheiten der beyden eigentlichen Systeme der Entomologie. Ich wollte wünschen, daß ich mehrere derselben anführen könnte, alsdenn würden sie gewiß vollständiger seyn, da ein jeder folgende Entomolog weiter gehen kann, als sein Vorgänger.

VII.

Anmerkungen
und
Erläuterungen

beym Durchlesen einiger Abhandlungen in den Beschäftigungen der Berlinischen Gesellschaft naturforschender Freunde.

Beym Aufsatze der Walchischen Abhandlung vom Wachsthum und den Farben der Conchylienschalen im ersten Bande der Beschäftigungen S. 230. mag dem sel. Verfasser der zweyte Band meiner historia vermium, welcher testacea terrestria et fluviatilia enthält, noch nicht zu Gesichte gekommen seyn, weil er desselben Theils im Verzeichniß der vom Wachsthum der Schalen handelnden Schriften nicht gedenket, theils im Werke selbst auf meine daselbst in der Vorrede S. XXIII. angeführte Erfahrungen, die seiner Behauptung eines Vascularsystems in den Conchylienschalen zuwider seyn, und selbiges zu vernichten scheinen, keine Rücksicht genommen hat. Doch müssen diese erst bestritten und widerlegt werden, bevor man behaupten kann, ein regelmäßiges Vasculargewebe der Conchylienschalen apodiktisch erwiesen zu haben. Da viele Leser der wohl ausgearbeiteten Walchischen

Abhand-

Abhandlung, auch selbst **Martini** die Hypothese eines Vasculargewebes angenommen haben, wird es nicht undienlich seyn, den Conchylienfreunden zur nähern Beurtheilung dasjenige, was ich vom Wachsen der Konchylienschalen in erwähnter historia testaceorum gesagt habe, vorzulegen.

Von der **Erzeugung** und dem **Wachsthum der Schneckenschalen** sind die Naturforscher zweyerley Meynungen; einige sagen, daß die Thiere mit der vollkommnen Schale und allen Windungen aus dem Ey kommen, andere behaupten das Gegentheil, und wollen, daß die Schnecken mit den Jahren mehrere Windungen erhalten, als sie aus dem Ey gebracht haben. In dem Laich der Schalenthiere, vornehmlich der süssen Wasser- und der Meerschnecken habe ich oft gesehen, und ein jeder kann es ohne Mühe auch mit unbewafnetem Auge sehen, daß die jungen Schnecken bereits daselbst mit ihrer Schale umgeben sind, und daß beydes, die Schale und der Bewohner in dem schleimichten und durchsichtigen Laiche, wie außer demselben in der freyen Luft, an Größe zunehmen. Man darf nur die Windungen einer jungen und einer erwachsenen zählen. Wenn die Schnecken aus dem Laiche schlüpfen, haben sie nur eine bis zwey Windungen; im erwachsenen Alter aber steigen die Windungen bis fünf, acht und mehrere; gleichfalls haben junge Muschelschalen nur wenige Lagen, die ältern aber bis ins unzählbare. Daher kann man nicht zweifeln, daß die Schale nach Verhältniß des Wachsthums ihres Einwohners an Größe zunehme, und beyde nach der Hand die bestimmte Grösse ihrer Art erreichen. Zwar will **Klein**, und mehrere nach ihm, daß die junge Schalen bereits im Ey eben so viele Windungen

 haben,

haben, als wenn sie außer denselben völlig ausgewachsen sind. Allein man darf nur, um vom Gegentheil überzeugt zu werden, eine junge Schale gegen eine erwachsene halten. Bey den gethürmten Schnecken, steigt der Unterscheid von zwey bis zehn und mehrern Windungen..

Eben so zweifelhaft ist man über die Art und Weise, **wie die Schalen an Größe zu nehmen.** Eine Sache wird größer durch **Ausdehnung von innen**, oder durch **neuen Anlagen von außen.** Letzteres behauptete **Reaumür** bey dem Bau der Schnecken, und beweist es mit Versuchen und Wahrnehmungen; **Klein** aber suchte diese **Reaumürische** Behauptung weitläuftig zu widerlegen, und nahm an, daß sich die Schalen, so wie das Thier, von innen zu einer gewissen Grösse ausdehnen. Ein jeder erhielt seine Anhänger, und der Streit ist unausgemacht geblieben. Als ich glaubte, daß selbiger durch neue Bemerkungen könnte entschieden werden könnte, erfuhr ich nicht ohne Befremdung, daß Hr. **Bonnet** durch die Versuche Hrn. **Herissants von Erzeugung der Gebeine und der Schalen** sich bewegen lassen, zu gestehen, daß er und sein Freund **Reaumür** sich geirret hätten, und die **Kleinische** Hypothese anzunehmen. Dennoch bin ich nicht überzeugt. Hr. **Herissant** beweiset mit seinen mühsamen Versuchen nur, daß die Conchylienschalen aus einem häutigen oder thierischen, und aus einem erdigen oder kreidigen Wesen bestehen, und daß dieses jenes inkrustire; zwar sagt er, daß die Schale dem Leibe des Thieres anhänge, und ein continuum durchs Ligament, vermittelst welches das Thier an seiner Schale hanget, mache; doch bestärket er die Kleinische Hypothese

these weder mit Gründen noch Bemerkungen, auch sucht er nicht die Reaumürische zu widerlegen.

Ich hoffete, daß die Auflösung der künstlichen Deckel unserer **Landschnecken**, vermittelst des Herissantischen Nitri, nicht wenig Licht über diese streitige Sache verbreiten würde; denn ich hatte oft gesehen, daß das Halstuch der Landschnecken einen Schaum aus sich stieß, der sich in einen Deckel verhärtete, und daß dieses zwar die Oefnung der Schale zuschloß, aber immer frey und ohne einige Verbindung mit dem Thiere wäre. Ich schloß daher, daß, wenn sich durch Hülfe des auflösenden Nitri in dem Deckel ein bloßes kreidiges, und kein häutiges (oder zelligtes) Wesen, aus welchen beyden die Schale nach Hrn. **Herissant** bestehet, fände; würde die Hypothese der Hrn. **Klein** und **Herissant** vom **Wachsthum der Schalen von innen**, der Wahrheit am nächsten kommen. Wäre aber das häutige oder thierische Wesen auch im künstlichen oder kurz dauernden Deckel der Erdschnecken vorhanden; so könnte dieses so wohl in der Schale selbst, als wie im Deckel, aus dem ausschwitzenden Schaum des Halstuchs erzeugt werden, und dem zu Folge die Vergrösserung der Schale durch Zusätze von aussen her geschehen.

Als ich dieses überdachte, erhielt ich die Herissantische Abhandlung: mit gleichem Vergnügen durchschauete ich die saubere Abbildung der Haut des Deckels der **Weinbergsschnecke**, und weil ich nie einen Zusammenhang dieses Deckels mit dem Thiere wahrgenommen habe, noch aus der Art, wie er vom Schaume des Thieres gemacht wird, erwarten kann, auch ein merklicher leerer Raum zwischen dem Deckel, und dem in der Schale versteckten Thier zu sehen ist; bin ich in der Meynung, daß die Hypothese des

Wachsthums der Schalen von außen hiedurch nicht wenige Stärke erhält. Zwar saget Herissant, daß der Deckel durch ein Vascularligament mit dem Fuß des Thieres zusammenhängt *), doch muß ich gestehen, daß ich nie die geringste Spur eines Ligaments an dem Fuß irgend einer Landschnecke gesehen, wohl aber einen allenthalben aus dem Halstuch hervorquellenden Schaum, der in wenigen Augenblicken zum Deckel geworden, ofte wahrgenommen habe. Auch läßt es sich nicht begreifen, wie ein so zusammengesetzter Deckel, als der Deckel der Weinbergsschnecke, durch ein einzelnes Ligament oder zuführenden Kanal, der noch dazu nicht in der Mitte, sondern an der Seite des Deckels anzuschliessen vorgegeben wird, in einer so kurzen Zeit sollte erbauet werden. Auch zweifle ich sehr, daß viele Schneckenkenner, wenn ich den aufmerksamen **Reaumür** ausnehme, den Bau der Schale oder des Deckels zugesehen, sonst würden sie weder gesagt haben, daß die **Windungen der Schale nach der Gestalt des Bewohners**, noch daß die **Schale aus dem Schleim des Körpers** oder der **Deckel** und die **Lefze aus dem Schleim des Mundes** gebildet würden, da diese Bildung bey den Landschnecken, so wie die Vergrösserung und Ergänzung der Schale bey allen Schnecken einzig vom Halstuch des Thieres herzurühren scheint. Ein jeder hat im Sommer Gelegenheit, an

*) Bey den Deckelschnecken des süßen und des Salzwassers hängt der Deckel an dem Fuß des Thieres, und hier wächst er unstreitig von innen her, besteht aber aus einem verschiedenen, und bey vielen, hornartigem Wesen. Diese Verschiedenheit scheint auch anzuzeigen, daß der Ursprung der Deckel bey den Erd- und Wasserschnecken nicht einerley seyn kann.

an den Landschnecken zu sehen, wie der Saft aus dem Halstuch schaumt, und sich in eine durchscheinende Haut verwandelt, und bey einigen sich mehr oder weniger verdickt und incrustirt. Klein selbst gestehet, daß die grösseste Schneckenwindung durch Zusätze von aussen vergrössert wird, und daß die Schalenlefze durch den ausfahrenden Speichel des Mundes (richtiger des Halstuchs) ergänzet werde; warum können nicht die kleinern Windungen durch gleiche Zusätze anwachsen?

Herissant hat die Bestandtheile der Schalen und der Deckel, nemlich ein häutiges und kreidiges Wesen, vortreflich auseinander gesetzt, nichts desto weniger scheint es, daß beyde so leicht durch Zusätze von aussen, als durch eine Ausdehnung von innen können erzeugt werden. Jenes sieht man augenscheinlich an der Bildung des Deckels; dieses gründet sich einzig auf einen angenommenen Zusammenhang des Ligaments des Thieres mit der Schale; allein, da das Ligament nur zur Befestigung des Einwohners an seiner Hütte dient, und seine Stelle bis zur völligen Grösse des Thieres und der Schale verändert, und sich nach und nach an einer neuen und äusserst glatten Wand häftet; so lässet es sich nicht leicht begreifen, wie durch dessen Canäle Nahrungstheile in die Schale sollten eingeführet werden.

Diese Veränderung der Stelle des Ligaments ist unstreitig; bey vielen durchsichtigen Schnecken erscheinen die kleine Windungen leer, und von dem grösser gewordenen Thiere, das nun die äussere räumigere bewohnt, verlassen; auch habe ich viele **Landschnecken** (Helices) mit abgebrochener Schalenspitze, und **Tellerschnecken** mit durchgebohrten Mittelpunkt lange bey mir lebendig gehabt. **Klein** hat also Unrecht, wenn er sagt: **Das Leben und der Wachsthum des Thieres hängt von jenem Punkt der ersten Windung und von dessen gutem Zustand ab.** Auch liegt der Grund, warum der erste und der zweyte durchbohrte Gang nicht wieder hergestellt wird, nicht in den benachbarten zarten Theilen des Thieres, sondern in der Entfernung des Halstuchs, der einzig das schadhafte ersetzt.

So oft das Schneckenthier seine Wohnung durch einen neuen Zusatz zu erweitern gesonnen ist, schliesset es nicht die Oefnung mit einem Deckel, auch zieht es sich nicht ins innere zurück, sondern wickelt sich in seinen Mantel, und hanget unbeweglich in der Oefnung ganzer Tage; dieses habe ich beydes an den Land- und Wasserschnecken bemerket: alsdann wird man an dem Theil des Halstuchs, welcher dem Rande der Oefnung anschliesset und ein wenig hervor raget, und voll kleiner Löcher ist, einer glänzenden Feuchtigkeit gewahr; nimmt man die Lupe zur Hülfe, siehet man eine wellenförmige Bewegung kleiner Theile. Durch die Ausdünstung eines solchen Schale-machenden Saftes, setzet sich eine Lamelle an der undern, wird incrustirt, und die Schale dadurch vergrössert. Der neue Ansatz ist weicher als der ältere, und bleibt einige Zeit biegsam. Ist aber seine Hütte zerbrochen, räumt es erst die Bruchstücke hinweg, darauf heftet es sein Halstuch am inwendigen Rande des beschädigten Theils, und schliesset das Loch mit einer Deckelhaut, so wie es die Oefnung der Schalen zu schliessen pflegt, doch bleibt der Rand des Halstuchs welcher die Ergänzung bewirket, der freyen Luft ausgesetzt. Demnach bleibt die Meynung vom Anwachs der Schalen durch Ansätze von aussen, so lange des unsterblichen **Reaumürs** und meine Beobachtungeu nicht

nicht widerlegt werden, unverrückt, so wie ich die angeführte Erscheinungen, die einer weitläuftigern Untersuchung höchst würdig sind, den Naturforschern bestens empfehle.

Sollte man es wohl vermuthen können, daß selbst meine verdienstvolle Freunde dieses übersehen würden? Allein so viel leichter ist es, Hypothesen in seinem Cabinette zu erdenken und nieder zu schreiben, als auf dem Felde zu suchen, und die Natur im Freyen zu fragen. Auch kommen die Jahre, und ein schwacher Körper fesselt den Geist in den verhaßten Schranken.

Die verschiedenen Zeichnungen, Erhabenheiten und Vertiefungen der Schalen müssen auch ihren Grund in der verschiedenen Struktur des sich anlegenden Halstuches haben, so wie die Verschiedenheit der Farben in den verschiedenen Säften desselben; und da die Luft an den Farben so vielen Antheil hat; so lässet sich daraus erklären, warum die inneren Lamellen der Schalen nicht gefärbt erscheinen, und warum zunächst an den äussern bisweilen anders gefärbte, und nach innen lauter weisse liegen.

Will man behaupten, daß im ganzen vegetabilischen und animalischen Reiche keine Aggregation statt hat, so muß man die zufällige von der bestimmten, und im Bau der Thiere gegründete Aggregation unterscheiden; jene hat nur im mineralischen Reiche statt, diese aber scheint bey allen Schalenthieren und Cellulanen statt zu haben.

Wenn nicht neue Windungen mit dem Wachsthum der Schalen entstehen; wie gehts denn zu, daß man von einer Art, kleine Schnecken mit wenigen Windungen, und grössere mit mehrern antrift, und wenn bey den Schneckenschalen eine Ausdehnung aller Windungen bis auf die kleinste statt hat: warum findet man

man junge und alte Schnecken einer Art, die eine sehr verschiedene Zahl der Windungen haben, und deren kleineste Gänge einerley Ausdehnung haben? Man müßte alsdenn große und kleine einer Art, mit gleich vielen Gängen immer antreffen; dieß aber geschieht selten, und wenn es sich ereignet, hat es seinen Grund im Mangel der Nahrung, in Krankheiten, oder in der Verstümmlung der Spitze der grössern.

Wie will man erweisen, daß **viele Theile der Conchylienschalen**, als bey den Flügelschnecken, Teufelsklauen u. s. w. **gar nicht vom Bewohner berührt werden**: Sollte nicht wenigstens ihr Mantel alle Hervorragungen ausfüllen, wenn sie ohne Gefahr sich selbst überlassen sind? Sehr ists zu vermuthen, daß die Bewohner, so lange ihre Schalen noch keine Klauen oder Auswüchse haben, auch noch nicht mit dergleichen fleischichten Anhängen versehen sind, aus welchen die Auswüchse wahrscheinlich gebildet werden.

Ganz sonderbar ist der Gedanke, daß das dünne durchsichtige Häutchen der Schale, welches bey den Schnecken gemeiniglich ihre Farbenzeichnungen bedecket, mit der Zeit die neue Farbenkruste wird, und die alte, die Stelle der Perlenmutterkruste einnehmen. Das hieße in seinem Kabinet erdichten, wie die Natur bey möglichen Erscheinungen würken könnte, nicht aber ausfündig zu machen, wie sie bey den vorhandenen würket.

In der Synonyme der Oniscorum Oestri, Psora und Ceti herrschet bey den Schriftstellern eine nicht geringe Verwirrung, und es wäre zu wünschen, daß ein am Meere wohnender Naturforscher selbige auseinander setzen möchte. Daß sich s. 331 ein **Chiton** in der einen Schale und eine Patelle in der zweyten einer Mießmuschel festgesetzet, ist nichts besonderes, denn beyde setzen sich zufällig an Steinen, Meergräsern, äußerlich an lebendigen Schnecken und Muscheln, und inwendig in den vom Bewohner leeren Schalen, und es ist nichts gemeiners als an letztern die kleinern Chitons und Patellen aus dem Boden der Meerbusen aufzuziehen.

Herr Palisson hat S. 239 ganz richtig angemerket, daß das vom Herrn Göze abgebildete Kugelquadrat mein Gonium pectorale, Verm. 1. p. 60. sey. Auch Herr Schrank hat eine Zeichnung gegeben. Wenn aber jener frägt, ob die Kugelquadraten Thierchen, Eyer oder Larven künftiger Insekten seyn, ob etwa die spitzigen Aalchen (Vibrio anguillula) die aus ihnen gekommene Insekten vorstellen, so dienet zur Antwort, daß ich gesehen habe, wie jede Kugel noch an der gemeinschaftlichen Mutter sich in 16 Kugeln, oder in ein junges Kugelquadrat, auswickelt, und endlich den Stamm verläßt, welches hinlänglich anzeiget, daß sie weder Eyer noch Larven, sondern würkliche Thierchen sind, die, wenn man will, aus 16 Eyern oder 16 künftigen Jungen bestehen. Ueberhaupt leiden die Infusionsthierchen keine Verwandluug, und die Aalchen sind eigene Thierchen vor sich.

Das S. 406 — 410 beschriebene und Tab. 5. f. 3. 4. abgebildete Schleimthier habe ich im Prodromo Zool. Dan. 2786 unter dem specifischen Namen; Hydra *squamata* coccinea, capite mutabili undique cirrato angeführet, und davon in anim. rarior. historia Vol. 1, p. 7. icon. fasc. 1, t. 4. eine genauere Beschreibung und eine bessere Abbildung gegeben Auch erwähnt Forskaal desselben anim. descr. p. 131, t. 26. f. B.

f. B. b: Hydra *multicornis* nuda clavata, tentaculis 14 sparsis, und Herr **Pallas** Spicil. 10, p. 36 et 41, t. 4, f. 9 unter dem Namen Coryne affine Zoophyton, und neuerlich Herr **Otho Fabricius** in seiner Fauna groenlandica p. 338.

Was man im zweyten Bande S. 200 **für eine Würkung von Ebbe und Fluth** ausgiebt, rührt einzig vom Winde her, welcher, wenn er aus Südwesten kömmt, das flache und ebene Ufer weit und breit vom Wasser entblösset, wenn er aber aus Südosten wehet, das Meer wieder hineintreibt. Dieses zu erinnern, glaube ich nothwendig, damit nicht auswärtige etwa aus jener Erzählung in der Ostsee eine gleiche Ebbe und Fluth, als in den größern Weltmeeren annehmen.

S. 366 gibt **Martini** dem obenerwähnten **Walchischen Vascularsystem** oder der Kleinischen Vergrößerung der Schneckenschalen von innen her, seinen Beyfall, und meynet, daß **die Erweiterungen mancher Schalen und die fremden Eindrücke von außen, anders unbegreiflich bleiben.** In dem Vascularsystem muß ein zelligtes nach einem eigenen Plan der Schale jeder Art bestimmtes Gewebe zum Grunde liegen; dem zufolge lassen sich meines Bedünkens die ungewöhnlichen Ansätze und Erweiterungen nicht so leicht erklären, als aus dem Anwachs der Schalen von außen, das ist durch sich verhärtende Säfte, die das Thier nach Willkühr und Behuf aus seinem Halstuch hervorschießet. Um die Art und Weise, wie die fremden Eindrücke in den harten Schalen statt haben können, begreiflich zu machen, denket sich **Martini einen gewissen Grad** von

von Weichheit und Geschmeidigkeit an den Schalen als möglich, und so groß als die Kluft zwischen dem Möglichen und Würklichen ist, vermuthet er doch, daß die Schalen im Meere weich und wachsartig seyn, und an der freyen Luft, oder, wenn ihre Säfte vertrocknen oder außer Bewegung gesetzt werden, verhärten; allein, dieses ist wider alle Erfahrung: die unvollendeten oder jüngeren Meerschalen haben bereits ihre Härte, und diese, so wie die vollendeten sind nicht weicher oder weniger hart in dem Augenblick, da man sie aus dem Boden des Meeres hebet; (bey den Erdschnecken aber finde ich den neuen Ansatz einer Windung biegsam). Viel leichter lassen sich in meinen Gedanken die Eindrücke fremder Körper und die Verschiebungen an den Schalen durch die reaumürische Hypothese deutlich machen. Es ist natürlich, daß sich der austretende Saft an den im Wege liegenden Körpern schließet, und erst, wenn er im Freyen kömmt, den Bau nach den gewöhnlichen Plan vollführet.

Die Aeußerung des Herrn Prof. Hacqvets im dritten Bande S. 241 — 252 nach Anleitung eines von ihm beschriebenen und abgebildeten Haarastermooßes wird und muß einen jeden Botanisten befremden. Er wünschet die Schimmelarten, einige *Byssos*, *Fungos* und *Lichenes* aus dem Pflanzenreich auszumärzen, und gründet seinen Entschluß darauf, daß man auch mit den besten Vergrösserungsgläsern nichts mehr an ihnen siehet, als wenn man die Fixsterne mit oder ohne Fernglas betrachtet, daß sie keinen Saamen gebrauchen, und ohne Luft wachsen und hervorkommen, so wie die Dianabäume, und folglich eher zum Mineral- als zum Pflanzenreich

zenreich gehören *). Dies war noch übrig, da sie auf dem Punkt stehen, ins Thierreich über zu gehen. Allein

*) Daß die feinesten Arten vom Bysso, Mucore und andern Lichenibus nicht mehr zum Pflanzenreich gehören sollten, hat man zu behaupten versucht, aber nicht erwiesen. Die chymische Zerlegung dieser wahrhaftig innerlich organischen Körper zeiget eine vegetabilische Grundmischung. Ihre Staubsaamen, die sie sämmtlich ganz offenbar haben, wenn sie in dem rechten Zeitpunkte ihrer bis dahin gelangten Entwickelung untersucht werden, bekräftigen dieses noch mehr. Es giebt gar zu viele natürliche und unnatürliche Abweichungen, die die Naturforscher zum Theil nachbetend bewundert haben, aber desto weniger Gattungen. Ihre Saamen schwimmen in der freyen Luft und den Feuchtigkeiten; von der erstern werden sie beym fast unmerklich Durchdringen anderer gröberer Körper auf deren Oberflächen zurück gelassen, mit dem Wasser aber zugleich oder der feuchten Luft angezogen. Ohne Luft wachsen sie nicht; sie erfordern, da sie aus einem höchst zarten und weichen markigen Wesen bestehen, zu ihrem Aufenthalt eine eingeschlossene lauwarme Luft, der größte Theil davon verdirbt, oder kömmt gar nicht zum Vorschein; wenn man an denjenigen Orten oder Stellen der Luft einen ganz freyen starken Zugang verschaft, daß sie sich heftiger bewegend, auf diese markige Körper eine solche Wirkung thut, die vor sie zerstöhrend ist. Dabey muß der Körper, von welchem sie mit der Luft zugleich ihren feinsten Nahrungstheil erhalten, so weit aufgelöset seyn, daß er diesen hergeben kann. Denn eine bloße gemeine Zerstöhrung, welche nur sichtbar aufzulösen scheinet, ist noch nicht der dazu erforderliche Grad der Auflösung selbst. Diese Materie weiter in die, zur Nahrung und Wachsthum gehörige Bewegung zu setzen und darinnen zu erhalten, gehöret eine immer beständige Bewegung solcher Materie durch die Wärme dazu, die der aller gelindesten gährenden ähnlich ist, die aus der Aehnlichkeit verstanden

Allein häufige Erfahrungen widersprechen den beyden ersten Gründen, und der letztere ist nur in so fern wahr, als einige ohne merklich abwechselnder Luft wachsen. In den Kupfern der Flora Danica, als Tab. 657. 658. 660. 777. 778. 819. 820. 834. 838 und 839 kommen bereits wichtige Erscheinungen vor, die das bloße Auge keinesweges erreichet, wie auch

standen werden kann, die man beym Ausbrüten der Eyer ganz kleiner Thiere und mehrerer weichen wässerigen Schwammarten, durch den lauwarmen Mist oder anderer in einen gewissen Grad der Fäulung tretenden, oder schon getretenen, dazu schicklichen Naturkörper bemerket, auch öfters erst beym Nachlasse der Hitze, die bey der ersten Würkung, der, in ihrer Heftigkeit sich befindenden Fäulung gewahr werden kann. Ohne Luft können dergleichen Würkungen nicht vor sich gehen.

Durch die Vergrösserungsgläser siehet man viele feine körperliche Theile nicht, auch selbst ganze würkliche organische, bis sie durch Zusammensetzung und Anwachs, oder Entwickelung merklicher zu werden anfangen. Wenn man sie auch zu sehen bekömmt, so haben sie bey ihrer ganz fremden Gestalt, die man unkenntlich nennen kann, solche Eigenschaften, die die Einbildung täuscht, daß man öfters ganz unrichtige Aehnlichkeiten mit andern Körpern findet. Man siehet etwas, und weiß nicht eigentlich, was es ist! Von dieser Wahrheit haben uns die Cryptogamie und die kleinen Insekten genug überzeuget.

Die Vergleichung des Wachsthumes etlicher Lichenen ist mit dem Arbore Dianae oft geschehen, aber dabey ist es geblieben, die erstern haben sich allemahl nach natürlichen Umständen, in solche Saamen entwickelt, die man auch deshalb dafür erkennen müssen, weil sie eben ihre Gattungen wieder hervorgebracht. Die darüber angestellten Versuche setzen die hierher gehörigen erläuternden Umstände außer Zweifel.

Gleditsch.

auch Saamen oder Saamen-ähnliches, und warum sollten Pflanzen nicht so wohl ohne merklich abwechselnder Luft hervorschießen, als **Intestinalthiere** ohne derselben leben können? Wie viele wachsen und blühen in und unter dem Wasser. Meine Zeit und gegenwärtige Absicht erlaubet mir nicht, dem berühmten Hrn. Prof. Stück für Stück zu antworten, und das Pflanzenrecht dieser Geschöpfe weiter zu erhärten; ich erwarte aber, daß unser Hr. **Gleditsch**, der sich ihrer ehemals angenommen hat, oder ein anderer Kenner der kleinern Pflanzen solches thun werde. Inzwischen kann dies genug seyn, zu verhindern, daß Anfänger in der Botanik, jenen nicht hinlänglich gegründeten Sätzen ihren Beyfall geben, wobey ich, was ich von den **Schwämmen** S. 346—350. in selbigem Bande, und von **unsichtbaren Wassermoosen** S. 42 — 53. im 4ten Bande geschrieben habe, nachzulesen bitte.

S. 340. wird gesagt, daß uns **Adanson** von dem Gebrauch, welchen die **Zauberschnecke** (Helix Pythia. Verm. terrestr. p. 88.) von den Zähnen ihrer Mündung machet, die beste Nachricht gegeben, und dasjenige, was er von seinem Pedipes (Coquill. de Senegal p. 13.) meldet, angeführet; allein, wenn man die Beschreibung seines **Fußgängers** mit der meinigen der **Zauberschnecke** vergleichet, wird man bald finden, daß sie verschiedene Schnecken sind, und wie sollte der auf alles aufmerksame **Adanson**, wie er daselbst mit Recht genannt wird, die Flecken, die sonderbare Nath, und alle Synonymen der **Zauberschnecke** übersehen haben, und sagen können: la coquille est figurée nulle part, da man doch von der Zauberschnecke schon zehn Abbildungen hat. Uebrigens muß ich bey dieser Gelegenheit anzeigen, daß meine auf der doppelten äußern Nath und der Breite gezähnelten Mündung der kleinern Stücke dieser Schnecke gegründete Vermuthung *), daß diese Schnecke **in jeder Windung zweymal Zähne ansetzet**, sich nicht bewährt hat; denn in den durchgesägten Stücken des verdienten Hn. Past. **Chemnitz** war keine Spuhr solcher Zähne wahrzunehmen. Wahrscheinlich waren die kleineren gezähnelten Schnecken schon völlig ausgewachsene, die aus Krankheit, oder Mangel der Nahrung, nicht zur gewöhnlichen Größe gediehen. Die Ursache der doppelten Nath bleibt uns demnach unbekannt. Ferner wird S. 342 gefragt: **Welche Konchylien einen Strudel und Wirbel im Wasser machen, und die dadurch herbey geführte Beute erhaschen?** Zur Antwort dienet: Die mit zwo Oefnungen versehenen Thiere vieler Bivalven, als Cardium, Venus, Tellina, Mytilus und mehrere. — Adanſ. coqu. du Senegal t. 16. 18. 19. f. T. A. Zool. dan. ic. t. 13. et t. 28.

Die S. 422. in den Lungen eines **Frischlings** gefundenen Würmer lassen sich ungesehen nicht bestimmen; der **Erdfadenwurm** aber, welcher im Garten gefunden worden, scheinet einerley mit demjenigen zu seyn, welchen der Norwegische Naturforscher Hr. **Ström** oft im Felde auf **Söndmör** gefunden, und mir vor einigen Jahren gesandt hat. Er ist dem bekannten **Wasserfaden** (Gordius ſeta) den **Brown** in seiner Beschreibung von Jamaika S. 381. für einerley mit der Vena medinenſis hält, sehr ähnlich, ist gerundet, überall von gleicher Dicke und Farbe; an einem Ende zugespitzt, am andern stumpf, und scheinet unter dem Vergrösserungsglase aus sehr feinen,

*) Verm. terreſtr. p. 89.

nen, dicht an einander gelegenen Ringen zu bestehen. Die großen waren sieben, auch acht, die kleinen aber höchstens einen Zoll lang.

Als einen Beytrag zum **Gesang der Isländischen Schwäne** gehört, was ich in den addendis zu meinem prodrom. Zool. dan. S. 277. aus einer Handschrift Hrn. **Olassen** und **Paulsen** angeführt habe, und welches teutsch also lautet: Zwar singen sie ganzer Tage, am stärksten aber Morgens und Abends, sowohl wenn sie hoch in die Luft steigen, als wenn sie auf dem Wasser schwimmen, und nicht Eyer legen; wenn sie hin und her fliegen, antwortet der eine dem andern, und machen allerley Veränderungen der Töne. Man muß der Alten Aussage, daß die Schwäne kurz vor ihrem Tode am schönsten singen, von dem ununterbrochenen ächzenden Laut verstehen, den sie aus Sorge, daß man ihnen ihre Eyer raube, aus Furcht einer ihnen bevorstehenden Gefahr, oder bey Empfindung einer tödtlichen Wunde, von sich geben; dieses alles haben wir mehr als einmal beobachtet.

So groß und verehrungswürdig die Namen **Boerhave** und **van Swieten** sind und bleiben werden; so unwahrscheinlich ists mir dennoch, daß sie, wie S. 490 gesagt wird, bemerket haben, daß der **Bandwurm der Schleyen**, oder irgend ein anderer, **in den gekochten rauchend heißen Eingeweiden leben kann und leben soll.** So oft ich einen Bandwurm in heisses Wasser gethan, ist er augenblicklich gestorben, und beym Anrühren von einander gegangen. Sicherlich wird mein arbeitsamer und verdienter Freund, der nunmehro so viele Bandwürmer gefunden und gesehen hat, als irgend ein Naturforscher, jetzt auch vom Gegentheil dessen, **daß die Menschen die Bandwürmer von den Fischen**

bekommen, überzeugt seyn. Auch mir sind Bandwürmer vorgekommen, die **kurz-** und **langgliedericht** zugleich waren; allein diese zwiefache Gestalt rühret bey den todten von einer Beschädigung, und bey den lebendigen von willkührlicher Verengerung und Verlängerung einiger Gelenke her. Sie leben einige Stunden im kalten Wasser, bewegen sich aber hurtiger im laulichten.

Den **Fadenwurm im Aal** S. 493. habe ich auch in andern Süßwasserfischen, als im **Bars**, im **Kaulbars** und im **Hecht** angetroffen. Es ist kein Gordius, sondern ein Cucullanus, den man vielleicht den **Küttenwurm der Süßwasserfische** nennen könnte. Auch habe ich das herrliche mikroskopische Schauspiel, welches Hr. **Götze** allhier so gut beschreibt, mehrmalen gesehen und abzeichnen lassen. Die Zeichnung verdienet gestochen zu werden, und ich kann nicht umhin, sie den Liebhabern vorzulegen. Tab. I. fig. 8. stellet den Wurm in natürlicher Grösse dar: a der Kopf, b der Schwanz. f. 9. das Weibchen, in dessen Leibe vom Magen bis am Schwanz lebendige Junge hin und her schwanken, stark vergrössert; a der Kopf, b die Speiseröhre, c der Magen, d ein langes rothes dunkles Gefäß, e die Vulva, f der Schwanz. fig. 10. das Schwanzstück, darinn die schwankenden Jungen erscheinen, sehr vergrössert. fig. 11. ein Mittelstück des Leibes voll Eyer, stark vergrössert. f. 12. einzelne Eyer unter einer starken Vergrösserung. f. 13. der Schwanz eines Männchens. f. 14. ein gepreßter Mutterwurm, a das äussere Fell (exuviae) b der innere faserichte Sack, welcher die Eyer oder Junge enthält, c das ausgetretene dunkle Gefäß, steif und zähe wie eine Sehne, d der

Schwanz, e die Vulva. f. 15. ein Klumpen von ausgeschlossenen lebendigen jungen Würmern und einige Eyer.

Der vortrefliche und um die Infusionsthierchen und den kleinen Theilen der Pflanzen sehr verdiente Hr. Baron von **Gleichen** hat uns auch die erste Abbildung der **Eyer der Bandwürmer** gegeben. Ich ward froh, dieselben abgebildet zu sehen, daß **sie aber Thierchen und Erbauer der Bandwürmer seyn sollen**, und nicht Eyer; dieser Meynung muß ich meinen Beyfall versagen. Ich kenne freylich viele diesen Moleculn ähnliche Infusionsthierchen, von welchen erwähnter genauer Beobachter viele Zeichnungen in seinem sinnreichen und äusserst mühsamen Werke bekannt gemacht; da er aber so wenig als ich, Leben und freywillige Bewegung bey jenen Moleculen wahrgenommen; und sie noch dazu in gemeinschaftlichen Hüllen wohnen; so vermuthe ich, daß meine, in der **Abhandlung vom Bandwurme** geäusserte Meynung, daß die Kügelchen im Bandwurme Ovaria, seyn, und die ausfliessenden Moleculen **Eyern**, mehrere Wahrscheinlichkeit hat. Ihre fast alle Vorstellung übertreffende Kleinheit und Menge, kann dieser Meynung nicht zuwider seyn: sie müssen so klein seyn, um durch die feinsten Kanäle der thierischen Körper circuliren zu können, und die **Kratzer** *) haben uns bereits ein Beyspiel solcher Ovarien und Embryonen gegeben. Erbauer der Bandwürmer können sie, wenn sie auch Thierchen wären, nicht wohl seyn, denn man findet keine Spuhr derselben in den jüngsten Gelenken, und in den Jungen nur wenig zerstreute, in den Alten aber große Haufen, und in den ältesten bisweilen keine, weil sie sich ihrer schon entlediget haben.

*) Im 12ten Stück des Naturforschers.

haben. Wie viel besser passen sich diese Erscheinungen zu Eyern, als zu Thierchen oder Erbauer der Bandwurmgelenke. Auch nicht einmal in dem Verstande, in welchem ich die allerkleinsten Infusionsthierchen für die Entwickler oder Ausfüller der ersten Zeichnung aller Geschöpfe ansehe *), weil ganze Partien in gemeinschaftlichen Hüllen bey einander liegen. Ich schmeichle mir gewiß nicht zu viel, wenn ich hoffe, daß meine Erfahrungen vom Bandwurme im 14ten **Stück des Naturforschers**, und eigene wiederholte Beobachtungen, diesen Wahrheit liebenden und suchenden großen Naturforscher auf andere Gedanken bringen, und neue Entdeckungen veranlassen werden.

Auf die Frage S. 252. **ob jemals in den Land- und Flußschnecken ein Purpursaft angetroffen worden?** dienet zur Antwort: daß es, was unsere Flußschnecken betrift, von dem **vertieften Posthorn** eine bekannte Sache sey, und daß ich dieser Eigenschaft wegen, diese Schnecke in der Historia vermium terrestr. S. 154. die **Purpurschnecke** (Planorbis Purpura) genannt habe.

Unter den Insekten, die Hr. **Herbst** S. 314 – 326 beschreibet, ist der **träge Wasserkäfer** mein Dyt. rufescens, Zool. dan. prodr. 785. Auch ist der **ungewisse Erdkäfer** Carabus dubius S. 319. t. 7. f. A. B. bereits um **Paris** und **Kopenhagen** gefunden worden, vom Hrn. **Geoffroi** S. 191. Dyt. 12. beschrieben, und im erwähnten Prodromo unter dem Namen Dyt. Curculinus angezeiget worden.

*) Verm. infuf. p. 22.

den. *) Mehrerer Gewißheit wegen habe ich meine lateinische Handschrift nachgesehen, und werde sie hier zur nähern Kenntniß dieses sonderbaren Wasserkäfers, teutsch geben. Beym ersten Ansehn scheint er ein Curculio, oder höchstens eine Chrysomela zu seyn. Der Körper ist ungewöhnlich erhaben, und gehet spitz zu. Die Fühlhörner sitzen zwischen den Augen, welches bey den Wasserkäfern ungewöhnlich ist,

*) Unser vortreflicher Freund wird es mir verzeihen, daß ich ihm hierinn widerspreche, und seinen Dytiscus Curculinus nicht für eben denselben halte, welchen ich Carabus dubius genannt habe. Daß dieser letztere eigentlich ein Dytiscus sey, gebe ich gern zu; ich hatte ihn auch jederzeit unter die Wasserkäfer gezählt, und nur durch das Urtheil eines entomologischen Freundes, wurde ich verleitet, ihn unter die Carabos zu bringen. Allein es ist nicht eben derselbe, den Geoffroy Dyticus 12. beschreibt. Dieser ist 1 Linie (vermuthlich pariser Maaß) lang, und ½ Linie breit; der Meinige aber 3 Linien rheinl. lang, und 2 Linien breit. Jener hat einen schwarzen Kopf, dieser einen spanngrünen glänzenden, mit einer gelben Einfassung am Maule. Jener hat bloß einen gelben Brustschild, dieser einen braungelben, mit einem großen spanngrünen etwas goldglänzenden Flecken. Jener hat aschgraue Deckschilde mit schwarzen Flecken, dieser hat eben dieselbe bräunlichgelbe Farbe, wie der Brustschild mit einer spanngrünen Nath und einigen Flecken. Jener ist unten schwarz, dieser eben so bräunlich gelb, wie die Deckschilde. Jener hat an den Hinterkeulen zwey breite Lamellen, die bis über die Mitte gehen, und das Thier am Gehen hindern; hievon aber hat der Meinige nichts, sondern nur oben am Leibe bey der Einlenkung der Hinterkeulen nach einwärts zu, einen kurzen runden Anhang, gleich wie die grösseren Erdkäfer zu haben pflegen; er ist auch sehr schnell auf seinen Füssen. Da also dieser Käfer von allen Kennzeichen,

ist; da aber der letzte Theil der Füsse aus fünf Gelenken bestehet, und die Hinterfüsse keine gebogene Klauen haben, auch dieses Insekt immer im Wasser lebet, habe ich es unter die Wasserkäfer gezählet. Oft habe ich diesen Käfer gefunden, nie aber außer dem Wasser; auch haben sie nie versucht, aus dem Glase, darinn ich sie im Wasser aufbewahret, heraus zu gehen, welches doch die andern Wasserkäfer gemeinig-

chen, welche Geoffroy angegeben hat, abweicht; so kann er auch nicht eben derselbe Käfer seyn. Eben so wenig Uebereinstimmendes hat er mit unsers Freundes Dytiscus curculinus. Der Meinige hat wohl schon beym ersten Anblick mit keiner Käfergattung weniger gemein, als mit den Rüsselkäfern, welche größtentheils schmal und länglich sind; dieser hingegen ist eyförmig, so daß man ihn für einen Sonnenkäfer halten würde, wenn nicht seine längere Fühlhörner und Füsse ihn verriethen. Der Körper ist gar nicht sehr erhaben, noch flacher als die Sonnenkäfer, auch geht der Körper nicht spitz zu. Die Fühlhörner sitzen nicht zwischen, sondern unter den Augen, am innern Winkel, wie bey den übrigen Wasserkäfern. Die Augen sind nicht schwarz, sondern braun; die Flecken auf der Oberfläche grün und nicht schwarz. Jedes Deckschild hat nicht 9, sondern 16 Streifen, die aus feinen bräunlichen Pünktchen bestehen. Auch hat dieser Käfer im Wasser keinen vorzüglichen Glanz. Der im Wasser wie Gold glänzende Käfer ist mir wohl bekannt, als welcher sehr viel kleiner ist; da ich ihn aber nicht bey der Hand habe, so kann ich ihn mit obiger Beschreibung nicht vergleichen. Wenn ich einmal Gelegenheit haben werde, unserm Freund ein Exemplar meines Käfers zu schicken, so wird er selbst am besten den Unterschied finden, und ihn, so wie ich, für einen der niedlichsten, und bis jetzt noch sonst nirgends, als in unsern Beschäftigungen von mir beschriebenen Käfer halten.

Herbst.

lich thun. Es giebt weißliche, gelbe und rothgelbe Abarten. Die Augen, der Hintertheil des Kopfs, bey einigen die Spitze des Bauches, und die Flecken der Deckschilder sind schwarzer, das übrige aber gelber Farbe. Das **Bruststück** ist klein punktirt, schwerlich ist ein Schildlein vorhanden. Die **Deckschilder** sind glänzend, unter dem Wasser wie Gold: jedes hat neun punktirte Streifen, und drey oder vier schwarze Flecken; bey einigen sind die Streifen schwarz, und die Flecken gleichsam abgenutzt. Die **Hinterfüsse** sind länger als gewöhnlich, und die **Hinterkeulen** von oben bis über die Mitte mit zwo breiten und punktirten Lamellen bedeckt. Diese machen, daß dies Thierlein, wenn man es aufs trockne hinstellet, einen beschwerlichen Gang hat, ob es gleich im Wasser ziemlich hurtig einher gehet. Die **Flügel** sind weiß. Solchergestalt habe ich zu gleicher Zeit, als Hr. Prof. **Fabricius** seine Insekten in Kopenhagen ausarbeitete, die meinigen beschrieben, die im lateinischen Manuscript da liegen.

Müller.

VIII.

VIII.

Mineralogische Rapsodien

von

Hacquet.

1ste Lieferung

Tafel II. und III.

Getreue Beobachtungen und Beschreibungen von natürlichen Dingen, sind eben so nützlich als angenehm, wenn derselben Gegenstand neu ist; wo aber dieses fehlt, wie es heut zu Tage oft geschieht, daß dem naturforschenden Publikum aus allen Gegenden von Europa Thier- Pflanzen- und Steinverzeichnisse, oft ohne hinlängliche gute Abbildungen der figurirten Theile, in elenden Wiederholungen und mit einer ungereimten Kritik amalgamirt, aufgebürdet werden, dann ist es freylich ein Jammer um den Fortgang der Wissenschaft, daß der Lehrbegierige genöthiget wird, ein ganzes Werk zu kaufen, nur ein paar lesenswürdiger Blätter wegen, die sich darinn befinden. Dergleichen Werke zu verfassen, wird freylich nicht schwer, zumal wenn man nicht nöthig hat, die Materialien dazu selbst zu sammlen, und das Ganze dazu nur in dem Zimmer auszusuchen hat. Aber was kann der Leser dadurch gewinnen? nichts; vielmehr

vielmehr verliehrt er seine Zeit dabey, und wird oft durch unwahrhafte Berichte, welche der Verfasser nach seinem Eigendünkel und Hypothesen, und oft ganz wider alle gesunde Vernunft dahin schmiert, getäuscht.

Der Zoolog und Botaniker kann zwar, wenn ihm nichts neues aufstößt, durch die leeren Wiederholungen dem Ganzen so viel nicht schaden, allein mit dem Mineralogen verhält es sich ganz anders, denn der nimmt oft Gelegenheit, von ein paar, manchmal ganz besonders gebildeten oder gemischten Steinen, Schlüsse auf Schlüsse zu häufen, was deren Entstehung anlangt, daß er bald die Mutter für das Kind, und so umgekehrt, angiebt, um es mit seiner Einbildungskraft oder seinem System reimend zu machen, ohne jemals den Geburtsort durchforscht zu haben; und so bekommt eine Sache einen Namen, der nichts weniger als anpassend ist.

Vor 10 und mehr Jahren wäre ich bald auf den nehmlichen Irrweg gerathen, als ich mir eine Sammlung machte, und ein Verzeichniß davon zum Druck geben wollte; allein, kaum hatte ich den Anfang damit gemacht, als ich durch Untersuchung der Natur auf gemachten Reisen, besser einsahe, wie wenig eine solche Arbeit dem Kenner nützen könnte; ich that daher ein für allemal Verzicht darauf: nur dachte ich jenes auszunehmen, was noch nicht durch gute Abbildungen der ordentlich gebildeten Körper bekannt gemacht ist. Aber wie viel hat man wol besondere Stücke in einem Kabinet aufzuweisen, besonders im mineralogischen Fach, wenn man das Kabinet des Königs von Spanien a) zu Madrit und noch ein paar andre

a) Dieses, nach Kenner Urtheile, die es ohnlängst gesehen haben, soll das kostbarste und wichtigste, was das mineraandre ausnimmt? Freylich der Besitzer oder Vorsteher von manchem Kabinet, wird oft durch Eigenliebe dahin gerissen, zu glauben, tausend Sachen zu besitzen, die noch keiner hat: allein, wenn man es genau beym Licht betrachtet, so ist oft die Sache nichts weniger als neu oder unbekannt, und man sieht, daß nur der Irrthum an einer getreuen Abbildung oder Erklärung bey manchem Schriftsteller liegt.

Also weit entfernt, daß ich jemals gedenke, ein Verzeichniß meiner Mineraliensammlung im Druck erscheinen zu lassen, sondern ich will nur bloß allein jenes liefern, welches noch nicht bekannt ist; besonders werde ich die Krystallarten, welche weder beym Linne', Delisle noch Scopoli vorhanden sind, suchen durch genaue Beschreibungen und Abbildungen richtig bekannt zu machen. Krystallarten, von welchen ich dermalen Erwehnung thun will, sind meistens von Auflösungen der Metalle, nur die zwey erstern gehören unter die seltenen Steinarten, als:

Sand-

mineralogische Fach anlangt, in der ganzen Welt seyn, denn es soll sich immer wie eins zu 10 gegen alle übrige Verhalten. Dillon, der ohnlängst ein Werk heraus gab unter folgenden Titel:

Travels through Spain, with view to illustrate the natural History and Physical Geography of that Kingdom in a series of letters, including the most interesting subjects contained in the Memoirs of D. G. Bowles and other spanish Writers. — By J. T. Dillon, London 1780. 4to with cop.

hätte freylich mehr sagen können, als er pag. 77. beym Art. The Royal cabinet of natural History ad Madrid, gesagt hat — The mineral part of the cabinet, containing precious stones, marbles, ones & is very perfect.

Sandstein, krystallisirter.

Kupfert. II. Fig. 1. 2.

Der Geburtsort dieses seltenen krystallisirten Sandsteins, befindet sich in den Steinbrüchen Belle croix, welche in dem Walde von Fontainebleau in Frankreich liegen b). Man sehe beym Herrn Delisle und andern.

Die Farbe dieser Krystallisation ist weißgrau; auf der Oberfläche, wo die Verwitterung statt hat, ist sie mehr rauh und weicher als im frischen Anbruche, ohne allen Glanz; hingegen im Bruch mehr schalicht als glatt, und hat den Glanz des Feldspaths. Die Krystallen dieses Steins bilden ein ordentliches verschobenes Viereck, welches man auf der II. Taf. 1. 2 Fig. sehen kann: wo aber die Krystallen an einander gehäuft sind, da stellen sie dem Auge mehr eine Pyramiden ähnliche Figur oder ein verlängertes Viereck dar, als etwas anders. Bey der ersten Figur ist das Viereck frey, wo auf dessen Flächen kleinere Spitzen befindlich sind. Noch niemals habe ich alle Flächen frey davon gefunden.

Die Größe der Krystallen überhaupt ist von zwey Linien bis 3 Zoll im Durchschnitt, und das Original, wovon ich hier bie Abbildung liefere, ist noch einmal so groß.

Um

b) Sage Elémens de' Mineralogie docimastique. seconde édition tom. I. pag. 232. Paris 1777. in 8. wie auch
Lettres du Dr. Demeste — tom. I. pag. 454. Paris 1779. in 8vo.
Catalogue des Curiosités naturelles du Cabinet de M . . . par Delisle a Paris 1774. 8vo. pag. 308.

Um aber mit Sicherheit behaupten zu können, daß diese Krystallisation kein **Unding** c) sey, habe ich damit, so wie mit allen dem, was ich in meiner Sammlung besitze, Versuche angestellt; indem einem jeden Kenner genugsam bekannt ist, wie sehr der Schein betrügt, und zwar am leichtesten im Mineralreiche; und daß es besser ist, nichts haben, als etwas haben, ohne es gründlich zu kennen.

Eine schöne Sammlung macht den Besitzer davon noch zu keinem Mineralogen, so lange er noch nicht Hand anzulegen weiß, seine vor sich habende Körper zu zergliedern. Allein manchmal läßt man sich durch das Ansehen eines andern dahin reissen, ohne zu vermuthen, daß solcher nicht sollte Unwahrheiten in seine Schriften eingeschaltet haben, und um so viel mehr geschieht solches, als man oft nur von einer schönen Stufe der Besitzer ist, und sie lieber in seinem Kabinette ganz und mit Ungewißheit aufbewahrt, als daß man ein Stück davon dem Schmelztiegel aufopfern sollte. Doch zur Sache.

Unter dem Worte Sandstein, lateinisch Cos, französisch Grais oder Grés, versteht der Litholog eine Zusammenfügung von oft, dem Auge ganz unkenntlichen Kiesel- oder Quarzkörnern, mit einem Kitte verbunden, welcher bald Kalk, Mergel, Thon oder eisenocherartig ist. Der gegenwärtige Stein besteht aus bloßem Quarz und feinem Kalkspath. Von mehr als zwanzig Versuchen, die ich damit gemacht habe, will ich nur einige hier anführen, welche zur Kenntniß hinlänglich sind, und die man ohne Beschwerde nachmachen kann.

An

c) Man sehe die Schriften der Berlinischen Gesellschaft naturforschender Freunde 1 Theil 1780. S. 392. 393.

Am Stahl giebt unser Körper Feuer, braust mit den Säuren sehr heftig, so, daß er in einer kurzen Zeit ganz zerlegt ist, oder zu einem Brey zerfällt. Als ich nun durch wiederholtes Aufgießen vom Salpetergeist in der Sandwärme nichts mehr auflösen konnte, habe ich das Ueberbleibsel mit reinem Wasser ausgewaschen, und den mir ganz weis scheinenden Sand unter das Vergrösserungsglas gebracht, wo ich denn nichts als reine und ganz durchsichtige ungleiche Quarzkörner gewahr wurde, von eben der Größe, so wie ich sie unter der Platina bey einem angestellten Versuche darüber gefunden habe d), nur daß erstere nicht gefärbt noch regulair sind. Bey dem Versuche habe ich eben das erfahren, was Herr Sage erfahren hat, nemlich, daß

d) Man sehe den 3ten Band einer Privatgesellschaft in Böhmen S. 337. wo ich einige Versuche und Muthmassungen über dieses Metall geäussert habe. Allein meine Muthmassungen kamen viel zu späth, indem der Herr Graf von Büffon sie schon einige Jahre vorhero geäussert hatte; mir war aber die Sache unbewußt, indem ich in einem Winkel von Europa wohne, wo es gar oft geschieht, daß man die Schriften von Gelehrten sehr späth erhält, und ich der Einzige im Lande war, der sich mit der Experimentalchemie abgab; und da man mich von hoher Behörde zwang, davon abzustehen, so bemüßigte mich solches, das Bergwerk zu verlassen, wobey ich angestellt war. Indessen geschieht es doch oft, daß zwey oder mehrere beynahe der nemlichen Meynung sind, ohne etwas von einander zu wissen. Herr Bergmann in Schweden äussert beynahe eben die Meynung in Troils Briefe über die Entstehung des Basalts, wie ich vor 3 Jahren an den verstorbenen Herrn Walch in einer Abhandlung für den Naturforscher bestimmt gethan habe, welche sich aber dermalen in dem VI. Band des Lithologischen Journals des Herrn Schröter befindet.

daß die Krystallen aus zween Theilen Quarz und einem Theile Kalk und Luftsäure bestehen.

Ich nahm ferner von diesen, von allem Kalk gereinigten Quarzkörnern, setzte sie mit alkalischem Salze in das Windfeuer, wovon ich dann ein gutes durchsichtiges Glas erhielt; mit vielem Alkali aber der Hitze weniger ausgesetzt, erhielt ich einen Kieselsaft. In ein starkes Feuer diesen Sandstein, ohne Zusatz eingesetzt, floß derselbe ebenfalls zu einem dunkeln Glase; in schwachem Feuer wird er bald hinlänglich kalcinirt, um sich in reinem Wasser mit heftigen Brausen vollkommen aufzulösen, oder zu zertheilen; das davon abgegossene Wasser machte einen starken Kalkrahm, und schlug das Sublimat pomeranzenfarbig nieder. Als ich das Ueberbleibsel gut ausgelaugt hatte, brachte ich's ebenfalls wieder unter das Vergrößerungsglas, wo ich dann eben die Quarztheile wieder zu sehen bekam, nur daß sie mir nicht so durchsichtig zu seyn schienen, wie das erstemal: ohne Zweifel blieb noch etwas von den Kalktheilen daran hängen, oder sie sind durch das Feuer brüchig geworden.

Ich glaube, es braucht keiner fernern Beweise, um hinlänglich überführt zu seyn, daß diese Krystallisation ein wahrer Sandstein ist: und ist es nicht ohnehin bekannt, daß der Quaterstein, cos quadrum *Wallerii*, eben nichts anders ist als ein Sandstein? Ich habe ihn in Frankreich genugsam zu sehn bekommen, wo er, wenn er durch Kalk gebunden war, die viereckigte Figur am besten darstellte: besonders fand ich solchen in dem Bisthum Metz, zwischen Pont-à-Mousson und Metz, ohnweit dem Dorfe Jouï, an der Mosel gelegen, wo sich noch ein Theil der schönsten und größten Römischen Wasserleitung befindet, welche von einem Berge zum andern das

Wässer über den Fluß führte. Zu was für einem Endzweck jemals dieses herrliche Werk aufgeführt worden, ist unmöglich, weder aus der Lage, noch aus der Metzer Chronik e), noch aus der Fabel des Bösen — womit sich der gemeine Haufen schleppt, zu errathen. Betrachtungen habe ich oft genug sowohl hierüber als auch über die dortigen Gebirge gemacht, ohne daß ich jemals etwas gründliches davon hätte entdecken können. — Der dortige Sandstein ist ebenfalls weisgrau, von einem gröbern Korn als jener von **Fontainebleau**, und bricht in verschobenen Vierecken. Man nützt daselbst diesen Stein zu Thür- und Fensterstöcken mit ziemlichem Vortheil, allein mit der Zeit verwittert er doch dergestalt, daß man den losgewordenen Sand, oder die Quarzkörner leicht abkratzen kann, eben so wie von jenen Krystallen, wovon ich dermalen handele.

Man kann sagen, es ist letzterm Steine ergangen wie dem Kapniker Quarze aus Siebenbürgen, welcher durch Magnesia roth gefärbt ist: ohne ihn zu untersuchen, hat man ebenfalls Feldspath daraus gemacht, da es doch weder der eine, noch der andere war. Indessen ist beym Sandstein dieser Irrthum leichter zu begehen, als bey erwehntem Quarze, indem er am Bruch eben das schimmernde Ansehn wie der Feldspath hat; und so mag es auch Herrn **Brünnich** ergangen seyn, der so viel Abänderungen von Kennzeichen an dem Feldspath wahrgenommen haben will; ganz gewiß hat er nicht immer wahren Feldspath vor sich gehabt, oder er muß doch wenigstens gemischt gewesen seyn. Was aber die verschiedenen Bildungen des krystallisirten Feldspaths anbetrift, muß man des

Pater

(e Nur geschrieben, und nie gedruckt, habe ich dieses Buch voller Fabeln gelesen. Dann auch in diesem Ländchen sollen Noa's Kinder sich niedergelassen haben.

Pater Pini f) Werk darüber lesen, welches, wie es scheint, den deutschen Mineralogieverbesserern noch nicht bekannt war.

Kalcedon, krystallisirter.

Kupfert. II. Fig. 3.

Unter den vielfältigen Abänderungen von Kalk- Kiesel- Feld- Flußspath und andern Krystallarten, welche die Mineralogen beschrieben haben, findet man doch noch keine Krystallen von Kalcedon, ich will daher von solchen so deutlich als möglich Nachricht geben. Unsere Krystalle sitzen auf einem Eisenerze, und sind aus den Eisengruben von Hüttenberg in Kärnthen. Man sehe die II Taf. 3. Fig. wo solche um die Hälfte vergrößert vorgestellt sind. Diese Krystallen sitzen auf einem Glaskopfe, welches Stück beynahe ganz damit bedeckt ist. Die Gestalt dieser Krystallen ist eine dreyeckigte Pyramide ohne Prisma; an einigen findet man kaum eine Spur von mehrern Flächen, und wenn ja dergleichen vorhanden, so sind doch deren nicht mehr als fünfe. Diese Krystallen sind von einer schmutzigen Milchfarbe, wovon die Endespitzen brauner als der Grund, und kaum halbdurchsichtig an den Kanten sind; sie liegen alle sehr verwirrt unter einander, von der Größe einer Linie bis gegen einen Zoll. Ueberhaupt sind sie auf ihren Flächen etwas warzig, so wie die Kalcedontropfsteine, welche Herr Collini g) beschrie-

f) E. Pini Lettres sur quelques nouvelles crystallisations in 8vo. avec fig. Milan 1779. ins Deutsche übersetzt von J. F. Gmelin, Halle 1780. 8vo.

g) Journal d'un Voyage par Mr. Collini à Mannheim 1774. welches auch ins deutsche vom Herrn Pastor Schröter mit Anmerkungen übersetzt ist.

beschrieben hat, und die man auch in den eben erwehnten Eisengruben, wie auch in Ungarn zu Ronitz und Boinick nicht selten findet, nur daß sie am letztern Orte einen Eisentropfstein, Erz, oder röhrigen Glaskopf zum Kern haben, und vielleicht haben alle diese Arten einen solchen Kern zur Grundlage, wenn sie so gebildet sind. Noch habe ich hier anzumerken, daß zu Hüttenberg oft Quarzkrystalle brechen, welche etwas kalcedonfarbig sind, die man mit den unsrigen nicht verwechseln muß, indem letztere graublau gefärbt, und ganz durchsichtig sind, und insgesamt sechs Flächen haben, welches sich bey den unsrigen nicht so verhält.

Blende, krystallisirte.

Kupft. II. Fig. 4 — 5.

In den Kupfergruben mit Namen Simon Juda zu Dognazka im Temeswarer Banat in Ungarn, auf der zehnten Ebensohle brechen verschiedene krystallisirte Blenden. In einem Porzellanthon stecken zuweilen Krystalle von einem Zoll im Durchschnitte. Die Figur, die ich hier von einem solchen Krystalle mittheile, ist ein doppeltes oder vierfaches verschobenes oder schrägwürflichtes Viereck, welches nebst vier Hauptflächen noch vierzehn schmale länglichte Kantenflächen hat. Die 4. Figur stellt einen solchen Krystall etwas gedrückt in seiner natürlichen Größe vor. Linne' h) und de l'Isle i) haben eine diesem ähnliche Figur vorgestellt, wie man bey letzterm auf

h) Linnei, Syst. naturae edit. 12. Holmiae.

i) de l'Isle, Essai de Crystallographie ins Deutsche übersetzt mit Zusätzen und Anmerkungen vom Herrn Weigel, Greifswalde 1777.

auf der VI. Tafel 13 Fig. findet, allein dieser ist nur einfach, und nicht doppelt wie unser Krystall. Diese Krystallen sind etwas durchsichtig und blättrig, wo aus der Mitte des Krystalls ein Vorschub oder eine Erhabenheit ist; alle Flächen sind mit einem etwas hellen breiten Streif eingfaßt, welche aber nur alsdenn, wenn die Lichtstrahlen darauf fallen, sichtbar sind. Von eben diesen gebildeten Krystallen giebt es auch ganz kleine in eben der Steinart.

Eine andere Abänderung von solchen Krystallen, welche aus eben der Grube, mit Kupfererz brechen, stellet ebenfalls vier schrägwürfliche Vierecke dar, wovon aber die Flächen nicht wie bey der vorigen neben einander liegen, sondern mit zehn länglichten Seitenflächen von einander abgesondert sind; man sehe auf der angeführten Tafel Fig. 5. woselbst auf dem Rande des Krystalls ein anderer sitzt, welcher zehn Flächen hat, und eine ähnliche Figur befindet sich beym de l'Jsle auf der VI. Tafel Fig. 15. Diese Krystallen sind sehr kompakt, und haben ein ganz schwarzes sehr glänzendes Ansehen. Man kann von allen diesen Krystallen niemals etwas ganz vollkommnes erhalten, indem sie jederzeit fest aufsitzen, und da, wo dies geschieht, sind die Flächen verdorben, aber um so viel schöner, da wo sie frey sind. Da sie nur zufälliger Weise brechen, so werden sie auch daselbst nicht statt des Zinks oder Galmeys genutzet. Die Größe derselben ist um dreymal vermehrt vorgestellt.

Zinkspath, krystallisirter.

Kupfert. II. Fig. 6.

Dieser bricht in den Bleygruben von Bleyberg in Kärnthen. Die Gestalt dieser Krystalle ist ziemlich ordentlich, meistens mit, aus einem Mittelpunkt entstehenden Keulen oder unordentlichen Scheiben, welche nach der Länge sehr leicht gestreift, und am Grunde schmäler als an den Spitzen sind, letztre sind auch mit winklichten, scharfen, sehr unordentlichen Abschnitten auf beyden Seiten versehen. Die zwey größern Krystallen, die sich auf der Stufe befinden, wovon ich hier die Beschreibung und Abbildung liefere, machen drey ungleiche Seitenflächen am Prisma, und zwey, zuweilen auch drey an der Pyramide aus. Man sehe die 6. Figur, wo solche noch einmal so groß vorgestellt sind. Was diese zween größern Krystallen anbetrift, so glaube ich, daß die ganze Figur von mehrern zusammengeflossenen Krystallen herrührt. Diese sind halbdurchsichtig und milchweiß, dahingegen sie sonst gemeiniglich nur eine schmuzigweiße Farbe haben. Nur eine einzige Stufe habe ich jemals erhalten können, welche etwas ins Zitrongelbe fällt, woran die Krystallen klein und sehr gedrängt, aber dennoch durchsichtig beysammen sitzen. Es scheint, daß Herr **von Justi** der erste gewesen, der den Zinkspath gekannt hat, obgleich Herr **J. F. Gmelin** k) ihm das gute Gesicht, welches er damals hatte, absprechen will: denn so lange als ich ihn persönlich kannte, habe ich nie bemerkt, daß ihm an diesem Organum etwas gefehlt hätte. Sollte unter dem Artikel **Zink** beym Herrn **Gmelin** nicht dieser Zinkspath mit eingemischt seyn? erhärteter Zinkkalk ist es nicht; die dritte Abart, die er anführt, mag wohl die unsrige seyn; aber auf dem ganzen Berg Loibel ist kein Zink vorhanden, auch habe ich

k) **Linne', Natursystem des Mineralreichs von J. F. Gmelin. Nürnberg 1779. in 8. m. K. 1 Th. S. 424. u. 3 Th. S. 107. f.**

ich zu Raibel niemals einen solchen Spath gefunden, obgleich eine ganze Galmeygrube in dem hohen weißen Kalkgebürge steckt.

Man macht in Kärnthen keinen Gebrauch von diesem Zinkspath, indem solcher nur selten zufälliger Weise in den alten Stollen und Klüften bricht.

Eisenerz, krystallisirtes.

Kupfert. II. Fig. 7.

Es ist den Mineralogen, wenigstens denen in den wärmern Gegenden von Europa, genugsam bekannt, daß die Insel Elba in dem mittelländischen Meere sehr ergiebige Eisengruben hat, welche das schönste krystallisirte Eisenerz geben; das meiste ist ein Glaskopf, doch giebt es auch solches, welches vom Magnet angezogen wird, und selbst auch Eisen anziehet. Die Krystallen von diesem Erze haben alle mögliche Farben. Gewiß ist es, daß dieses Erz den Vorzug vor allen mir bekannten verdienet, sowohl des reichen Gehalts als auch der Schönheit wegen. Schweden, und auch das Herzogthum Kärnthen haben schöne Eisenerze. Von letztern stellen verschiedene ebenfalls Krystalle dar, worunter die kubischen die Oberhand haben, aber dem ohngeachtet kommen sie jenen doch nicht gleich. Die Kärnthenschen sind oft mit Dendriten von schwarz und braunem Ocher, der Magnesia oder des Braunsteins überzogen, zuweilen aber haben solche auch einen Silberglanz, wie jene aus den alten und berühmten Eisengruben, welche sich in der Grafschaft Foix in Frankreich befinden, und in dem Gebirge Sem brechen. Wenn solche auf einem schwarzen Glaskopf liegen, so machen sie eine angenehme Zierde; viele der Kärnthenschen Erze sind auch mit einem ganzweißen und milchfarbigen Kalcedon überzogen, und dieser überdeckt zuweilen die Dendriten, so, daß sie vollkommen durchscheinen. Der Mönch Pini l), du Coudray m), Köstlin n) und andre haben ausführlich von der Insel Elba gehandelt, allein da es nicht möglich ist, daß ein Mensch alles übersehen kann, so sind ihnen noch Stücke entgangen, welche angeführt zu werden verdienen. Ich will zum Beyspiel hier ein paar sehr sonderbare Krystallarten anführen.

Die erste Art der Krystallen sitzen meistens auf einander gethürmt, bilden Dreyecke, welche eine, drey bis sechs Linien groß sind, wovon die Ecken abgeschnitten oder stumpf sind. Auf der sanftgewölbten oder freyen Fläche eines solchen Krystalls befinden sich lauter dreywinklichte Streifen (Trianguli) ohne Abschnitte, wovon einer immer kleiner als der andre ist, oder die sich nach der Lage der Dachziegel darstellen, so daß man durch die Figur verleitet werden sollte zu glauben, es habe sich diese Krystallirung ansatz- oder lagenweis gebildet, obgleich die erstern Dreyecke nicht wie die letztern oder grössern abgeschnitten sind; man sehe die 7. Figur, woselbst ich von einer Stufe einige derselben vorstelle. Das Erz, worauf sie sitzen, wird wie die Krystallen selbst, von dem Magnet etwas angezogen, die Farbe davon ist goldgelb, grün und himmelblau. An einer etwas großen Stufe kann man alle Farben wahrnehmen, so wie an vielen andern, die ich von dieser Insel in meiner Samm-

l) Osservazioni mineralogiche su la miniera di ferro di Rio dell' isola d'Elba di *Erm. Pini*, Milano 1777. 8. c. f.

m) Journal de physique par *Rozier*, Tom. 4. memoire par Mr. *de Coudray*. 1774.

n) Lettres sur l'histoire naturelle de Lisle d'Elbe par Mr. *Koestlin*, Vienne 1780. in 8.

Sammlung besitze. Der Eisengehalt davon ist oft sechszig bis siebzig und mehrere Pfunde im Centner.

Eine zwote Abart von gebildeten Eisenerz aus Elba, ist ein netzförmiges Gewebe (figura reticulata) von krystallisirten Eisenscheiben, welche zuweilen auch viel ähnliches mit den Blumenblättern (Petalae) haben, folglich möchte selbiges wohl unter des Herrn Pini Haematites lenticularis gehören, und vielleicht ist es dasjenige, welches er folgendergestalt beschreibt: Haematites lenticularis lentibus angulatis, ex purpureo et viridi in drusa versicolor. Gut wäre es gewesen, wenn er von allen besondern Eisenkrystallen Figuren gegeben hätte, wie er es von den Krystallen des Feldspaths gethan hat, so würde man daraus mehr, als aus seinen kurzen Beschreibungen, haben abnehmen können. Die Flächen von unsern Erzscheiben sind ein wenig gewölbt und gestreift, mit etwas mehr oder weniger mattem Glanze; die Kanten davon aber sind vieleckigt, scharf abgeschnitten, und mit einem schönen Glanze oder Politur versehen. Auf der oben angeführten Tafel Fig. 8 habe ich ein Stück einer solchen Stufe im kleinen vorgestellt. Die Farbe von diesem Erz ist pfauenschweifartig, zuweilen auch blau; es wird ebenfalls vom Magnet angezogen, und ist sehr reich am Gehalt.

Kupferocher, krystallisirter.

Kupfert. III. Fig. 1. 2. 3.

Ganz gewiß ist es, daß unter den Metallarten keine ist, die an Schönheit der Farben dem Kupferocher gleichkäme; so wie die Farben desselben ungemein lebhaft sind, so sind es auch die verschiedenen rothen, grünen und blauen Krystallen dieses Ochers. Indessen giebt es auch wenig Gruben in Europa, die so schöne Naturprodukte hätten, als die Kupfergruben Benjamins auf dem Andreasberge bey Moldawa, im Temeswarer Banat in Niederungarn.

Die ersten oder die **rothen Kupferkrystallen**, welche hier jederzeit, wenn sie nicht durch einen Zufall in der Krystallisation gestört worden, eine viereckigte Figur bilden, haben ein Feuer, welches die reinsten geschliffenen Rubinen weit übertrift, und auch die sonst so schönen Zinnoberkrystallen kommen ihnen nicht gleich.

Diese Krystallen haben ihre Entstehung von dem gediegenem Kupfer, worauf sie auch meistens sitzen. Man heißt sie sonst auch krystallisirtes Kupfer, Cuprum crystallisatum.

Die zwoten Krystallarten sind die, welche von einem grünen Ocher entstehen, und die man daselbst mit den Benennungen von **Sammet- Atlas- Feder-** und **Kugelerze** belegt. Die **Federerze** bestehen aus Zolllangen feinen Krystallnadeln, welche büschelweise beysammen sitzen, so wie man die Glasfedern vor Zeiten auf dem Haupte getragen hat. Man findet eine gute Abbildung davon in einer **Stufenbeschreibung**, welche Herr **Schmiedel** 1753 herausgab o). Die einzelne Krystallen davon sind durchsichtig, von einer hellgrünen Farbe, aber oft mit fremden Körpern angefüllt. Die Figur derselben ist sehr irregulair; mit gewafnetem Auge habe ich nie etwas anders entdecken können, als ein zusammengedrücktes Viereck. Dieses Federerz entsteht in kleinen Höhlen oder Grotten von schwarzem Kupfererze, welche oft ganz mit gelbem Kupferocher und Lasurkrystallen ausgekleidet sind.

Das

o) Erzstufen und Bergarten mit Farben — von D. C. C. Schmiedel — Nürnberg 1753. 4. c. f. T. VII.

Das dritte, oder das Atlaserz, ist ebenfalls nichts anders, als erwehnte Krystallirung, wo sich der grüne Ocher nur in den Erzspalten angelegt hat, und also alle Strahlen aus dem Mittelpunkt kommen, und auf der Erz- oder Steinart mehr oder weniger fest aufliegen.

Das vierte, oder das Sammeterz, ist von dem vorigen verschieden. Der grüne Kupferocher bildet hier keine Krystallen, sondern stellt mehr die Figur eines Staubaftermooses, (Byssus) vor, welches mit lauter kleinen Punkten oder Warzen auf schwarzem Kupfererze ausgebreitet ist; öfters hat er auch die Gestalt des Korallen- oder Kolbenmooses, (Lichen coralloides, vel capitatus) welche letztre oft an einem feinen Stiele sitzen. Man sehe die III. Taf. 1. Figur, woselbst solche in natürlicher Größe vorgestellt sind; doch besitze ich auch noch viel größere davon.

Dieser figurirte Ocher ist auf der Oberfläche wie ein Sammet anzusehen, und von Farbe dunkelgrün schielend; betastet man ihn aber mit dem Finger, so wischt sich diese Farbe weg, und dann kommt eine Art eines ächten Malachits zum Vorschein. Da nun dieser kolbigte Malachit mit Federerz gemischt ist, so sieht man ein solches Büschel bey eben der Figur bey einem Sternchen abgebildet.

Die letzte Abänderung dieses grünen Ochers ist das sogenannte Kugelerz; man findet es in eben derselben Grube, so wie die vorhergehenden. Dieses Erz ist ein wahrer Malachit, der auf seiner Oberfläche nicht jederzeit die grüne, sondern eine schmutziggraue Farbe darstellt; die Kugeln sind flach gerunzelt, als wenn sie wahrhafte Schwämme wären. Man sehe die letzterwahnte Tafel, bey Fig. 3. wo solche vorgestellt sind. Nur ein kleines Stück von einer größern Stufe ist hier abgebildet, welches aber im Ganzen einen sehr

selte-

seltenen Anblick verursacht. Der Grund der ganzen Stufe ist schwarzbraun, zum Theil mit einem gelben Kupferocher bedeckt, und bildet eine kleine Grotte, welche mit grünem Malachit überzogen ist, worauf die vorgestelleten Kugeln mit verschiedenen Farben, als dunkelhell, und graugrün, wie auch weisgelb gefärbt, auf einander liegen. Alle diese Kugeln sind mit sehr schönen Krystallen von Kupferlasur versehen, von welchen ich unten die Erklärung geben werde. Diese Stufen ergötzen sowohl wegen ihrer verschiedenen Farben als auch wegen ihrer Gestalt das Auge ungemein. Alles ist hier in natürlicher Größe vorgestellt.

Eine ganz andere Art von Kupferocher ist der blaue, oder sogenannte **Kupferlasur.** Dieser bildet ordentliche Krystallen; indessen so viele Stücke ich auch in meiner Sammlung besitze, so habe ich doch nur eine einzige Art, welche noch nicht gehörig bekannt und abgebildet ist. Die Figur dieser Krystallen ist ein glattes Prisma, wovon zwey gegenüberstehende Flächen breit sind, die Seiten- oder die Flächen der Dicke betragen aber kaum ein Sechstheil davon. Das Prisma macht an einem jeden Ende eine zugespitzte Pyramide von eben so viel Flächen; zuweilen sind aber doch die kleinen Seitenflächen des Prisma verschoben, oder auf eine der großen Flächen geneigt, und haben das Ansehn, als wenn sie doppelt wären. Man sehe eine vergrößerte Abbildung davon, wo zwey solcher Krystallen beysammen stehen, bey der 2 Fig. Alle Flächen dieser Krystallen, welche ein bis zwey Linien dick, und drey bis fünf Linien lang, und halb so breit sind, sind mit einer sehr schönen Politur versehen, ohngeachtet sie durchaus gestreift sind. Selten findet man, daß diese Krystallen frey liegen, aber noch weniger, daß aus den Hauptflächen

nicht

nicht wieder andre Krystalle herauswüchsen. Jedoch besitze ich eine große Stufe, wo viele hundert Krystallen mit den Seitenflächen aufliegen, und mit grünem Baummoos- (Lichen caperatus) ähnlichen Malachit durchwebt sind. Von eben diesen Krystallen habe ich verschiedene Abänderungen, welche aber meistens durch Anhäufung oder Ortfehler entstanden sind; häufig brechen sie hahnenkammartig, auf röhrigen und tropfsteinartigen Malachit sitzend. Alle diese Krystallen sind aus eben derselben oben angeführten Grube von Moldawa.

Bleyspath, krystallisirter.

Kupft. III. Fig. 4. 5. 6. 7.

Die Abänderungen der Bleyspathe sind sehr verschieden, einige sind durch das Kochsalz oder mit einer andern Säure, und mit überhäufter Kalkerde gebildet, wie jene von Bleyberg, welche Herr Abt **Wulfen** p) mit ausgemalten Figuren beschrieben hat; andre sind durch eine Säure und Krystallisationswasser ohne Erde gebildet, und von diesen letztern ist hier die Rede.

Die erstern, die ich hier beschreibe, brechen in Ungarn, im Temeswarer Bannat, zu Dognazka, in der Simon-Judagrube, auf der sechsten Ebensohle, wo der mächtige Kupferstock durch die Johanniskluft widersinnig verdrückt wird: doch zuweilen findet man sie auch an andern Orten dieser Gruben in dem Kalkstein mit silberhältigem Bleyglanz, der den meisten Theil des Ganges oder Stocks umgiebt.

Diese Krystallen sind mehr oder weniger durchsichtig, und haben die Farbe eines unreinen Eises. Die Figur

p) *P. N. Jaquin* Miscellanea austriaca, pars 2da, c. f. in 4. Viennae 1781.

Figur ist eine doppelte Pyramide ohne Prisma mit acht Seiten, nemlich vier an einer Pyramide, wovon oft zwey Seitenflächen breiter sind, als die übrigen, mit welchen sie abwechseln: unter diesen Umständen, ist die Spitze der Pyramide breit oder abgeschnitten; findet sich aber das Gegentheil, daß nemlich alle Flächen der Pyramide gleich sind, so ist auch solche zugespitzt. Man sehe die 4 Fig. wo eine kleine Gruppe solcher Krystalle in der natürlichen Größe vorgestellt ist. Da diese Krystallen meistens auf einander gehäuft sind, so geschieht es oft, daß die Spitzen auch gespalten sind, oder vielleicht sind auch zwey Krystallen in ihrem weichen Zustande in einander geflossen? Alle diese Krystallen sind etwas aus dem Mittelpunkte gestreift. Unter jenen Krystallen, die ich von der dortigen Grube besitze, sind einige, welche ganz ins schwarze spielen.

Eine Abart von erwehnten Krystallen ist auf eben der Tafel Fig. 5 in der natürlichen Größe vorgestellt; es sind ebenfalls achtspitzige Krystalle ohne Prisma, wovon aber eine Pyramide kürzer ist als die andre; da, wo die Pyramiden zusammenstoßen, sind die Krystallen gebogen, die Kanten stumpf und die Seitenflächen gestreift, und sitzen dachziegelartig auf einander, wie aus der eben angeführten Figur deutlich zu ersehen ist.

Eine dritte Art von weißkrystallisirtem Bleyspath ist aus der Kupfergrube von Resbanja in dem Biharer Komitat in Niederungern. Ich besitze eine Stufe von kuglichten Malachit, in welcher zweyerley, so rein als ein Demant, durchsichtige Krystalle sitzen. Einer davon hat die Größe von fünf Linien im Durchschnitt; er stellt ebenfalls eine doppelte Pyramide vor, wovon die eine mit sechs verlängerten Pyramidalflächen sich gegen die Spitze endiget;

zwischen

zwischen zwoen verschobenen Seitenflächen ist eine, welche länger als die übrigen ist, und sie macht mit der gegenüberstehenden die Spitze aus; da wo sich die Pyramiden vereinigen, ist solche Fläche abgeschnitten, und stellet ein ungleiches Dreyeck dar. Wo dieses Dreyeck ansitzt, ist ein Einschnitt; dahingegen das neben ansitzende ein längliches Viereck vorstellt ohne Einschnitt, und zu der andern Pyramide hinlauft, welche aber nicht die zwo länglichten Spitzflächen, sondern anstatt derselben vier lange hat, welche verschobene Vierecke und acht kegelförmige Dreyecke machen, wovon aber viere mit der obern Pyramide gemein sind, folglich sind sechs und zwanzig Flächen am ganzen Krystall. Man kann an diesem Krystall nur eine Pyramide als vollkommen annehmen, indem die andere zum Theil von der Bergart bedeckt ist. Man sehe die 6 Figur, wo solcher etwas vergrößert vorgestellt ist.

Auf eben der Stuffe, wo dieser besondre Bleyspathkrystall sitzt, befinden sich noch ein paar andre, die eben so rein als erstere, aber nicht so gestaltet sind, diese Krystalle haben ganz die Figur, wie sie Herr de l'Isle auf der V. Taf. 19 Fig. abgebildet hat.

Als ich zum erstenmal diese Krystalle zu sehen bekam, war ich sehr zweifelhaft, ob es Bleyspathkrystalle wären; um mich zu versichern, schlug ich einen von der Stuffe ab, that ihn in einen feuerfesten Löffel, dessen ich mich anstatt des silbernen bediene, den Herr Bergmann beym Gebrauch des Löthrohrs anräth, brachte ihn einen Augenblick unter die Lichtflamme von einem Blasröhrchen, und ich erhielt sogleich eine Bleyglätte.

Eine vierte Art von Bleyspathkrystallen ist auf der letzterwähnten Tafel bey der 7. Figur abgebildet. Es sind keine weiße, sondern gelbe, rautenförmige Scheiben,

ben, die auf einander liegen, welche bald auf einer, zuweilen auch auf beyden Seiten ungleichseitige Vierecke oder länglichte Flächen haben; sie machen an diesen Scheiben, was man an den Spiegeln Facetten nennt. Diese Scheiben sind zuweilen von andern durchsetzt, wie solche Herr de l'Isle auf der V. Taf. bey der 6. Fig. abgebildet hat, oder so, daß die Nebenflächen auf beyden Seiten sind, welches aber bey unsern Krystallen nicht jederzeit eintrift, sondern sie haben deren bisweilen nur vier, anstatt acht.

Unsere Bleyspathkrystalle sind ganz durchsichtig, und bestehen aus weiter nichts, als aus Bley, einer Säure und Krystallisationswasser, und verdienen daher mit Recht, Bleyspath genannt zu werden, dahingegen diejenigen von Bleyberg, wie oben erwehnt, kalkartige Bleyspathe heißen sollten, indem der mehreste Theil davon Kalk ist, und aus dieser Ursach sind sie nur halbdurchsichtig, wenn die Scheiben auch noch so fein sind. Unsre Krystalle sind aus eben der Grube, wo die letztern her sind, und sitzen jederzeit in den kleinen Höhlen von Kupfererz.

Bleyglanz, krystallisirter.

Kupfert. III. Fig. 8.

Aus den Gruben zu Gladna oder Hladna in dem Kraschowar Comitat in Ungarn an der Grenze von Siebenbürgen, bey dem Orte Fäzeth, habe ich einen sonderbaren Bleyglanz erhalten. Die Stufe, die ich besitze, ist ein Gemisch von sechsseitigen Quarzkrystallen, würflichten gelben Eisenkies, und eben so gebildeten Bleyglanz. (Galena.) Diese letztre Würfel sind bald klein bald groß, so daß einige derselben einen halben Zoll im Durchschnitt haben. Die Hauptflächen von

solchen

solchen sind mit runden Zirkelstreifen versehen, und haben ganz die Gestalt der Pfennigsteine, (Helicites) nur mit dem Unterschiede, daß oft nebst der obern und untern Fläche auch zuweilen einige Seitenflächen mit solchen Streifen besetzt sind. Diese Bleyglanzkrystallen sind öfters ganz verschoben, als wenn sie in einem weichen Zustande wären gedrückt oder abgewetzt worden. Wenn die Streifen auf einer Seitenfläche nur nach der Länge gehen, so sehen die Flächen mit ihrer schönen Politur einer damaszirten Degenklinge nicht unähnlich. Auf der erwehnten Tafel bey Fig. 8 ist eine kleine Gruppe solcher Krystallen in ihrer natürlichen Größe vorgestellt.

Da ich schon eine Zeitlang diese Stufe besitze, und das angeführte Bergwerk erst im Aufkommen liegt, so ist nicht zu zweifeln, daß nicht noch manche besondere Naturprodukte in demselben zum Vorschein kommen sollten; allein bey der heutigen Einschränkung, wo bey Strafe ohne Erlaubnis der Bergwerkskammer, weder ein Ein- noch Ausländer etwas davon sehen darf, noch auch etwas davon erhalten kann, müssen diese ländlichen Naturseltenheiten für Kenner, sehr selten werden.

VIIII.

Oekonomische Naturgeschichte des Damwildprets

von

Wilhelm Graf von Mellin.

Tab. IIII. V. VI. VII.

Unter den unzählbaren Geschöpfen, die uns umgeben, und unsere Erde beleben, unter dieser unübersehbaren Menge lebendiger Bewohner, deren Beobachtung und Untersuchung dem aufmerksamen Naturforscher eine unerschöpfliche Quelle wird, Gottes Weisheit und Allmacht zu bewundern; finden wir welche, deren Nutzbarkeit für uns Menschen ausgebreiteter ist, und die wir, unsers eigenen Vortheils willen, genau zu kennen, uns bemühen. Wir finden, daß die ersten Menschen schon hierauf Rücksicht genommen, und einige Arten von Thieren, worinnen sie vorzügliche Talente entwickeln zu können glaubten, oder von denen sie besondere Vortheile zu erhalten vermutheten, eines näheren Umganges, wenn ich mich dieses Ausdrucks bedienen darf, würdigten. Hieraus entstanden die Hausthiere, diese uns so unentbehrlich gewordenen Gehülfen unsers Lebens, auf deren Daseyn wir einen so mächtigen Einfluß gehabt haben, daß viele derselben darüber ihr ganzes äußerliches Wesen verändert, und vielleicht wenig oder nichts mehr Aehnliches mit demjenigen ihrer ersten Eltern behalten haben, die von uns zuerst unterjochet worden. So alt das menschliche Geschlecht ist, so alt ist auch gewiß die Sklaverei der meisten Hausthiere. Ihre Erhaltung, ihre Vermehrung, ihre Benutzung, ist stets eine wichtige Beschäftigung für sie gewesen; wir haben so sehr uns angelegen seyn lassen, sie auf allen Seiten, aus möglichen Gesichtspunkten zu betrachten, daß uns allen wohl wenig übrig bleibet, was wir an ihnen nicht bemerket, oder nicht benutzet hätten. Diejenigen ihrer Mitgeschöpfe aber, welche ihre edele Freyheit behauptet haben, die sich unserm eisernen Scepter entziehn, und sich von uns entfernen; diese freyen Bewohner unserer Felder und Waldungen sind noch nicht so vollkommen bekannt, und es bleibet bey den wilden Thieren, so wohl bey ihrer Naturgeschichte, als bey ihrer Benutzung manches übrig, was noch vielen neu, und was noch nicht ganz entwickelt worden. Es wird vielleicht den Liebhabern und Beobachtern des Thierreichs nicht unangenehm seyn, wenn ich unter diesen mir eine Wildpretsart erwähle, mit deren Naturgeschichte und Benutzung ich sie unterhalten kann; nachdem eine siebenjährige fast tägliche Beobachtung mich im Stande gesetzt hat, hierüber mit Zuverläßigkeit zu reden, und ich schmeichle mir, daß die Naturgeschichte des **Damwildprets** um so mehr verdienet, diesen Blättern einverleibet zu werden, da viele ein kleines Vorurtheil wider diese so nützliche Wildpretsart hegen.

Der Name Damwildpret, worunter wir Teutschen die Damhirsche und Damthiere, oder das ganze

Geschlecht dieser Hirschart begreifen *), zeiget schon an, daß es kein ursprünglich teutsches Thier sey, da man die Benennung **Dam** ohne Zweifel von dem lateinischen dama entlehnet hat, um diese Wildpretsart von dem grössern und einheimischen Edel- oder Rothwildpret zu unterscheiden. Anfangs nannte man sie **Dämlein**, welchen Namen man hierauf in Dänhirsche, Dannenhirsche und Tannenhirsche veränderte, und endlich aus dieser verdorbenen Benennung folgerte, es sey eine Wildpretsart, die gern in Nadelhölzern stehe. Wir wollen also die erste, und einzige rechte Benennung beybehalten, und nunmehr zur Naturgeschichte dieses Wildprets fortschreiten.

Obgleich dieses Wildpret sich in allen vier Welttheilen ausgebreitet hat; so findet man sie doch nur in den gemäßigten Himmelsstrichen, die weder zu strenge Winter noch zu heisse Sommer haben. In Spanien, im mittäglichen Theil von Frankreich, in Italien, in der Schweiz, hat es beständig Damwildpret

(* **Der Damhirsch, französisch le Daim, das Thier** la Daine.

Griechisch Πρὸξ.

Lat. Dama.

Italien. Daino.

Spanisch Daino. Corza.

Englisch Fallow deer.

Schwedisch Dof. Dof-Hiort.

Cervus cornibus ramosis compressis, summitatibus palmatis, *Linn.*

Cervus platyceros *Ray.* Synop. animal. quadr. p. 85.

Cervus palmatus, Dama cervus *Klein.* Quadr. Hist. nat. p. 28.

Dama vulgaris *Aldrov.* Quadr. bisulc. p. 741.

Platyceros *Plin.*

Euriceros *Oppiani.*

pret gegeben; aber in in England sind sie fürnehmlich in sehr großer Menge, und es wird auch daselbst ihr Wildpret (Fleisch) am meisten geschätzet. In der Mark Brandenburg waren vor hundert Jahren keine, sondern der Churfürst **Friedrich Wilhelm der Große** ließ die ersten in seinen Waldungen aussetzen, und weil nur einige gräfliche und adeliche Herrschaften einen Beytrag zu den Kosten hergaben, andere aber damit sich nicht einlassen wollten; so haben auch jene nur allein das Recht, Damwildpret auf ihren Revieren zu pürschen, diese aber dürfen bey Verlust ihres Jagdregals, wenn sie gleich mit der hohen Jagd beliehen sind, das in ihren Waldungen überwechselnde Damwildpret nicht nutzen. In Pommern hat es bisher keines gegeben; nur allein auf der Insel Wollin sind vom Könige **Friedrich Wilhelm** von Preussen einige ausgesetzt worden, die sich dort gut vermehret haben. Ich habe die ersten auf das feste Land in Vorpommern gebracht, nachdem ich einen Thiergarten dazu angelegt habe, und Se. Durchl. der Herzog von Braunschweig-Bevern hat in den Jahren 1779 und 1780 unweit seines Gouvernements von Stettin in den Königl. Damschen und Falkenwaldschen Forsten, das erste Damwildpret ins Freye gelassen. In den Ländern, die einem harten und anhaltenden Winter unterworfen sind, als in Schweden, Liefland und Rußland, giebt es dergleichen Wildpret nicht, und obgleich einige Herrschaften dergleichen dort in Thiergärten halten, so werden sie doch den Winter in einen Stall gebracht, weil sie sonst die Kälte nicht ertragen würden, wie ich weiß, daß dieses auf einem bey Reval liegenden und unserer Familie gehörigen Gute, **Toal**, alle Jahre geschiehet. In den gemäßigten Gegenden von Amerika findet man vieles Damwildpret, und es ist merkwürdig, daß sie und die Rehe die einzigen Thiere sind, welche in Amerika größer als auf dem alten festen Lande gefunden werden, da bey allen Thieren, welche beyden Welttheilen gemein sind, es durchgängig im umgekehrten Verhältnisse stehet, und die amerikanischen kleiner sind, als diejenigen, die auf den alten Welttheilen gefunden werden.

Das Damwildpret unterscheidet sich vom Edel- oder Rothwildpret zuerst durch seine Größe, und der Hirsch fürnehmlich durch seine Gehörne. Bey genauer Gegeneinanderhaltung dieser beyden Wildpretsarten aber, wird man noch finden, daß das Damwildpret einen verhältnißmäßigen kürzern Hals, kürzere Gehöre (Ohren), und eine längere Blume (Schwanz), habe, auch ist es kürzer von Läufen (Füßen), und stärker an Wildpret, doch alles nach Verhältniß seiner Größe. Ein Edelhirschkalb im Winter ist mit einem angehenden Schaufler beynahe von gleicher Höhe, dennoch wieget ein guter alter Schaufler oft schwerer als ein Edelhirsch von acht Enden, und man findet bey einer reichen und nahrhaften Aesung [1]), wenn sie in der rechten Feistzeit [2]) geschossen werden, Damhirsche, die dreyhundert Pfund wiegen, und also eben so schwer an Wildpret [3]) sind, als ein jagdbarer [4]) Edelhirsch.

Der

1) **Aesung** oder **Weide** heißt die Nahrung aller wilden Thiere, die von Gras und Kräutern leben.

2) **Feistzeit** ist die Zeit im Jahre, wenn das Wildpret am feistesten und besten ist.

3) **Wildpret** heisset alles Fleisch der wilden Thiere, die man essen kann.

4) **Jagdbar** heisset ein fünfjähriger Edelhirsch, welcher nicht weniger als zehn Enden trägt, und nicht unter dreyhundert Pfund wieget.

Der Damhirsch, (Taf. IV.) welcher zum Original der beygefügten Abbildung gedient hat, und von dem die nachfolgenden Maßen genommen worden, war ein dreyjähriger Hirsch, (hatte also noch nicht sein ganzes Wachsthum vollendet) und der im Anfang des September geschossen worden. Er wog einhundert und zwey und funfzig Berliner Pfund.

	Fuß	Zoll	Linien
Länge von der Nase bis zum Weidloche (anus)	4	5	—
Die Höhe des Vordergestelles	2	8	—
Die Höhe des Hintergestelles	2	11	—
Der Umfang des Leibes vor den Blättern	2	10	—
Der Umfang vor den Keulen	2	2	—
Der Umfang in der Mitte, wo er am dicksten war	3	7	6
Die Länge des Kopfs von der Nase bis zwischen den Gehörnen gemessen	—	11	10
Umfang desselben gleich vor dem Gehörne	1	5	6
Die Länge des Gehöres	—	5	6
Die größte Breite desselben	—	2	4
Jede Stange war lang, nach der krummen Linie gemessen,	1	3	—
Der Umfang derselben, über den Rosenstock [5])	—	4	—
Der Rosenstock war lang	—	1	3
Länge der Blume ohne die Hare gemessen	—	7	—
Länge der Blume bis am Ende der längsten Hare	—	10	—

5) **Rosenstock heisset die Erhabenheit am Kopfe, worauf jede Stange stehet, und die der Hirsch nicht mit abwirft.**

Dieser Hirsch war noch im Sommerhar; der obere Theil des Kopfs, die Stirn, die Gehöre, und der obere Theil des Halses hatten eine braunröthliche Farbe. Eben dergleichen Farbe hatte der Rücken, der obere Theil der Seiten, die Blätter, die Keulen, der obere Theil der Läufte auf der äussern Seite, und die Spitze der Blume. Das Kinn, die Brust, der Bauch, die innere und hintere Seite der Vorder- und Hinterläufte, auch der untere Theil über die Schalen, und die untere Seite der Blume, waren weiß. Das Geäse (der Mund) und die Augen waren mit einem schwärzlichbraunen Rande eingefaßt. Die Hare auf dem Rücken waren etwas über einen Zoll lang, unten an der Wurzel weiß, die Spitze schwarz und in der Mitte rothbraun. Diese rothbraune Farbe der Hare fiel am meisten in die Augen, und war mit weissen Flecken und Streifen übersprengt. Diese Flecken kamen der runden Figur am nächsten, und hatten zwey, drey bis zehn Linien im Diameter. Ein Theil derselben erstreckte sich in gerader Linie längst dem Federruck (Rückgrad) auf beyden Seiten vom Halse bis an die Blume, die übrigen waren unordentlich über die Seiten, Blätter und Keulen verbreitet. Ein weißer Streifen, eines Zolles breit, zog sich in verschiedenen Krümmungen vom Vorderblatte bis zur Keule, auf welcher es sich nach der Blume hinaufwendete, und gleichsam eine Einfassung bildete, wodurch dieser roth und weiß eingesprengte Theil des Hirsches das Ansehn einer Decke bekam. Der obere Theil der Blume war schwarz, und von gleicher Farbe waren zwey Striche ohngefähr so lang wie die Blume, und eben so breit, die in einiger Entfernung das Weidloch umgaben. Das kurze Wildpret (testiculi) war mit dichten weissen Haren, der Pinsel aber (penis) mit

weiß-

weißgelblichen Haren bedeckt, und letzterer hatte an der Spitze drey Zoll lange röthlichweisse Hare. Diese Farbe würde der Damhirsch verloren haben, so bald er sich zum Winter verfärbet hätte, und würde alsdenn eben mit dem Hare erschienen seyn, als das Thier, Taf. V. von dem die Abbildung genommen worden, und das zur nachfolgenden Beschreibung gedienet hat.

Es war im November gepürschet, war ein altes Thier, und wog einhundert und vierzehn Pfund.

	Fus	Zoll	Linien
Größte Länge von der Nase bis zum Anfang der Blume	3	10	—
Höhe des Vordergestelles	2	5	—
Höhe des Hintergestelles	2	8	—
Länge des Kopfs von der Nase bis zwischen den Gehören	—	9	6
Der Umfang desselben vor den Augen umgemessen	1	1	—
Der Umfang des Leibes hinter den Blättern	2	6	—
Der Umfang desselben in der Mitte, wo er am dicksten war	2	10	—
Der Umfang desselben vor den Keulen	2	3	—

Die Farbe des obern Theils des Kopfes und des Halses war so, wie die Gehöre, bräunlichgrau; das Kinn aber, die Seiten des Kopfes, die Seiten und der untere Theil des Halses, ingleichen die Brust, der Bauch, der untere Theil der Seiten des Leibes und die vier Läufte, hatten eine dunkle aschgraue Farbe, auch hin und wieder etwas röthlich. Der obere Theil des Leibes vom Halse bis an die Blume, auch über die Blätter und das Zimmer waren mit schwärzlichen Haren bedeckt, die Blume war schwarz, und um das Feigenblatt (vulva) giengen in einiger Entfernung zwey schwarze fingerbreite Streifen, die so lang wie die Blume waren. Aus dem Feigenblatte hiengen einige zwey bis drey Zoll lange Hare, von weißröthlicher Farbe, die man die Schürze nennet, aber deren viel weniger als bey den Ricken*) sind. Auf den Keulen fanden sich noch gleichsam verwischte Spuren von den weissen Flecken, womit das Thier im Sommer auf seinen rothen Haren geziert gewesen war. Das Har war auf dem Leibe nur einen Zoll oder anderthalb Zoll lang, an manchen Orten aber, als an den Vorderblättern und an den Keulen fanden sich drey bis viertehalb Zoll lange Hare. Diese eben beschriebene Sommer- und Winterfarbe ist wenigstens hier in Deutschland die gewöhnlichste, welche das Damwildpret hat. Ausserdem giebt es auch ganz weisses, bey diesen sind die Nasenhaut und die Schalen braun, da diese beyden Theile bey der gewöhnlichen Art glänzend schwarz sind. Das weisse Wildpret verfärbt sich im Sommer mit ganz kurzen Haren, welche ein wenig aufs gelbliche spielen. So hat man auch ganz schwarzes, ingleichen gescheckte mit großen rothen Flecken auf weissen Grund, andere mit gelbröthlichen, weissen nnd schwarzen Flecken. Ausser dieser Verschiedenheit unter dem Damwildpret, die die Farbe des Hares verursachet, findet man auch noch andre in Absicht der Größe. So sind zum Beyspiel die spanischen Damhirsche beynahe so groß als ein Edelhirsch, haben aber einen dünnern Hals, eine dunklere Farbe, und eine schwärzliche Blume, die länger als die gewöhnliche ist. In Virginien ist das Damwildpret fast so groß wie in Spanien, die Hirsche unterscheiden sich aber durch einen auffallend längern Pinsel, und ein sehr starkes kurzes Wildpret.

Zu

*) Das Weibchen oder die Ele bey den Rehen.

Zu der Zeit, wenn sich das Wildpret zum Sommer mit kurzem Hare und hellerer Farbe verfärbet, fallen ihm aus der Haut Würmer oder Maden, welche man **Engerlinge** nennet, und die im Herbst von den Bremsen in die Haut gebracht werden. Diese fressen sich, wenn sie ihre Vollkommenheit erlangt haben, durch die Haut, und fallen auf die Erde, um sich zu verwandeln, und als Bremse wieder zu erscheinen. Zu dieser Zeit ist die Haut unbrauchbar, weil sie nicht nur sehr dünne, sondern auch an einigen Orten ganz durchlöchert und wie mit groben Schrot durchschossen ist. So bald aber das Wildpret sich verfärbet, und das Sommerhar ganz aufgeleget hat, ist auch die Haut größtentheils ausgeheilt und wieder brauchbar.

Dasjenige Kennzeichen, welches am auffallendsten ist, den Damhirsch vom Edelhirsch zu unterscheiden, ist das Gehörne. Es weichet darinn von dem, was dieser trägt, ab, daß der obere Theil der Stange flach, breit, und auf dem hintern und obern Rande, auch bisweilen auf dem vordern, mit kurzen und vielen Enden besetzt ist. Es bekommt durch diese Bildung eine Aehnlichkeit mit einer Schaufel, und nennet man daher diese Gehörne, wenn sie flach und breit sind, Schaufeln, und die alten Hirsche, die sie tragen, **Schaufler**. Wenn die Hirschkälber, oder **jungen Hirsche**, wie man sie nach der Brunst nennet, ein Jahr alt sind, setzen sie ihr erstes Gehörne auf. Dieses besteht aus zwey dünnen vier bis acht Zoll langen Spitzen, die **Spieße** genannt werden, und gemeiniglich beyde zusammen sechs Loth wiegen. (Taf. VI. Fig. 1.) Hiervon bekommt der Hirsch, der dieses Gehörne trägt, den Namen **Spießer**.

Das folgende Jahr, nachdem die Spieße abgeworfen, setzet der Hirsch ein Gehörne auf, das auf jeder

jeder Stange zwey Enden hat. (Fig. 2.) Das erste, welches nahe am untern Theil, den man die **Rose** nennet, stehet, heißt der **Augsprossen**, und das andere, welches ohngefähr an der Stelle ist, wo bey dem Edelhirsch das dritte Ende hervorkommt, heißt der **Eißsprießel**; der obere Theil der Stange theilet sich denn mehrentheils in einer Gabel, die oben platt, und gleichsam der Anfang zu der künftigen Schaufel ist. Ein Paar solcher Stangen wiegen mehrentheils ein halbes Pfund. Solchergestalt erscheinet der Hirsch, wenn man ihn als einen Rothhirsch ansprechen sollte, wie ein Hirsch von acht Enden. Denn bey dem Edel- oder Rothhirsch wird die Stange, auf welcher die mehrsten **Enden** (Zinken) stehen, doppelt gezählet, und die Stärke des Gehörnes, und, weil diese mit der Stärke des ganzen Hirsches übereinstimmt, auch die Stärke des ganzen Hirsches darnach bestimmt. Dieses nennet man in der Jägersprache **ansprechen**. Ein Hirsch also, welcher auf jeder Stange vier Enden hat, heisset ein Hirsch von acht Enden, mit fünf Enden auf jeder Stange, von zehn Enden u. s. w. Stehen aber auf einer Stange mehr Enden als auf der andern, so wird die Stange, worauf die mehresten Enden sind, doppelt gezählet, und nur das Wort **ungerade** hinzugefüget. Bey den Damhirschen ist aber das Ansprechen nach der Endenzahl, nur in dem Falle gebräuchlich, wenn man zwey Hirsche von einander unterscheiden will, sonst nennet man Hirsche, mit starken, breiten Schaufeln, nur überhaupt alte, starke, auch capitale Schaufler. Ein Damhirsch, welcher seine ersten Schaufeln gleichsam mit acht Enden, wie ich ihn vorhin beschrieben habe, träget, heisset ein **angehender Schaufler**.

Im

Im dritten Jahre bekommen die Hirsche, etwas über den Eissprießel, aber auf der entgegenstehenden Seite der Stange nach hinten zu, ein Ende, gleich unterhalb der Schaufel, und diese bekommt auf der hintern Seite einige Ausschnitte oder kurze Enden, dann wiegt ein solches Gehörne schon anderthalb Pfund. Die vordere Seite der Schaufel aber bleibt gewöhnlich ohne Enden, ob dieses gleich bisweilen, bey gar starken Hirschen, die eine vorzüglich gute Aesung haben, einige, aber seltene Ausnahmen leidet.

Im vierten Jahre werden die Schaufeln stärker und breiter, (Fig. 4.) und sind wieder mit einigen stumpfen Ausschnitten, welche gleichsam Entwürfe zu neuen Enden sind, vermehret, alsdenn wiegen sie zwey Pfund.

Im fünften Jahre ist der Damhirsch in seiner vollen und besten Kraft, (Taf. VII. Fig. 1.) hat sechs bis sieben Zoll breite Schaufeln, und die Stangen sind, in der krummen Linie gemessen, über zwey Fuß lang. Ein solcher Hirsch trägt mehrentheils zwanzig bis zwey und zwanzig Enden, und beyde Stangen wiegen zwey und ein halb, bis drey Viertelpfund. In den folgenden Jahren werden die Stangen eben nicht länger, aber wohl breiter, die Ausschnitte der Enden sind tiefer, und die Schaufeln selbst sind dicker und schwerer, es kommen auch wohl an jeder Schaufel ein paar Enden hinzu, so daß nunmehr beyde Stangen wohl vier bis fünftehalb Pfund im Gewicht halten. Wenn aber der Hirsch alt wird, nehmen auch seine Stangen an der Höhe ab, und die Schaufeln, ob sie gleich stark sind, verlieren doch in der Breite, bis er endlich wieder dicke kurze Spieße aufsetzet. Dieses nennen die Jäger, der Hirsch setze zurück. Es ist indeß doch ein seltener Fall, daß der Hirsch diese Veränderung erlebet.

Nachdem der Winter stark oder gelinde gewesen, und die Hirsche Noth gelitten, oder durch Winterfütterung unterstützt worden sind, werfen sie später oder zeitiger ab. Die gewöhnliche Zeit für die alten Hirsche ist im May, und für die Spießer im Junius. Die Stangen lösen sich alsdenn vom Rosenstock von selbst ab, und erheben sich über denselben, so daß rund um die Rosen ein Streifen oder Wulst rothen Wildprets (Fleisch) zu sehen ist, einige Tage darauf fallen sie durch eine geringe äussere Gewalt, indem es an einen Ast anstößt, oder von selbst ab. Selten verliert der Hirsch die beyden Stangen zu gleicher Zeit, es vergehn oft zwey bis drey Tage, ehe die andre Stange auch abgeworfen wird. Nachdem dieses aber geschehen ist, bleibt der Rosenstock acht Tage und oft länger bloß, bis sich endlich auf demselben eine Erhöhung, wie ein knolligtes Gewächse zeiget, welches mit ganz kurzen plüschähnlichen Haren bedeckt ist, durch welche eine rothe Haut hervorschimmert. Dieses ist der erst Keim zum folgenden Gehörne, welches alle Tage immer mehr in die Höhe treibet, und wie eine Pflanze auf den Seiten Aeste auswirft; bis es nach und nach die ganze Gestalt des Gehörnes erhält. (Fig. 2.) So lange die Stangen noch nicht völlig **verecket** (verhärtet) sind, bleiben sie mit der vorhin erwähnten rauhen Haut, die man **Bast** nennet, überzogen, und werden **Kolben** genannt. Diese Kolben sind anfangs ganz weich, so daß man sie mit einem Messer durchschneiden kann, dabey aber äußerst empfindlich, dergestalt daß ein Schlag an demselben den Hirsch zu Boden stürzen würde; daher vermeidet der Hirsch sorgfältig, diese weiche Kolben an den Bäumen anzustossen,

sen, um sie nicht zu verletzen; sie schweissen auch bey der geringsten Beschädigung, und sind die Fliegen, welche zu dieser Zeit sehr darauf fallen, dem Hirsch ungemein beschwerlich. Er verbirgt sich daher zu dieser Zeit in den jungen Schlägen, im langen Grase, auch wohl im Getreide, um diesen unbequemen Gästen weniger ausgesetzt zu seyn, und kommt wenig aufs Freye. Der Bast aber hat immer eben die Farbe des Hirsches, der ihn träget, dergestalt daß rothe oder braune Hirsche rothen oder braunen Bast, weisse Hirsche aber weissen Bast haben. Wenn die Kolben nur erst so weit in die Höhe sind, daß der Augsprossen hervorkommt, so wachsen sie augenscheinlich schnell, und habe ich selbst ausgemessen, daß in vier und zwanzig Stunden jeder Kolben einen starken halben Zoll länger geworden war, und zwar auf jeder Stange und auf den Augsprossen. Nachdem das Gehörne seine ganze Härte erhalten hat, so suchet es der Hirsch, durch Schlagen oder Reiben an den Bäumen, von dem Baste zu entledigen. Dieses heißet **Fegen** oder **Schlagen**, und es geschiehet in den ersten Tagen des Septembers. Alte Hirsche kommen damit oft in einer Nacht zu Stande, bey jungen Hirschen aber hängt das Gefege oder der abgeschlagene rauhe Bast wohl ein paar Tage in schmalen abgerissenen Streifen um den Kopf herum, ehe sie ihn völlig vom Gehörne los werden. Die ersten paar Tage ist das Gehörne, welches von der rauhen Haut entledigt ist, noch weiß; die Sonne und die Luft machen es aber bald dunkel, und Hirsche, welche sich auf fruchtbaren fetten Auen weiden, haben schwarzbraune Stangen, dahingegen bey einer dürren Aesung auf trockner Heide das Gehörne viel weisser bleibt. Dieses ist die einzige Ursache der Verschiedenheit in der Farbe der Stangen, keinesweges aber, wie es einige geglaubt haben,

haben, hängt dieses von dem Safte des Baumes ab, woran der Hirsch schläget, indem der Saft vom harten Holze die dunkele, der vom weichen Holze aber die helle Farbe hervorbrächte. Der Ungrund dieser Meynung läßt sich gleich daraus abnehmen, daß da ein Hirsch gern am jungen geraden Stangenholze feget, er hierzu oft zu gleicher Zeit hartes und weiches Holz nimmt, auch durch das Fegen nur die Rinde des Baums abgerieben, selten aber der Saft aus dem Baume gepreßt wird. Ueberhaupt ist das Gehörne immer in genauem Verhältniß mit der Beschaffenheit des Hirsches, in der er war, als er es aufsetzte. Hirsche, die bey einer reichlichen nahrhaften Aesung völlige Ruhe und Sicherheit genießen, werden starke und mit guten Rosen gezierte Stangen und breite Schaufeln mit vielen Enden tragen; dahingegen Hirsche, die von Menschen und Hunden oft beunruhiget und gejagt werden, dabey einer kümmerlichen, geringen Aesung genießen, dünne elende Stangen mit schmalen Schaufeln und geringen Enden tragen werden. In einem solchen genauen Zusammenhange stehet das Wachsthum des Gehörnes mit der größern oder geringern Masse nahrhafter Bestandtheile, die sich in der Aesung der Hirsche finden, und eben so stehet auch das Aufsetzen und Abwerfen des Gehörnes in einer genauen Verbindung mit den Saamengefäßen; denn bey einem Hirsch, welcher an seinem kurzen Wildpret ist beschädiget oder dessen gar beraubet worden, bleibet das Gehörne seine ganze Lebenszeit hindurch in derselben Verfassung, als es zu der Zeit war, da er jenen Unfall daran erlitt. Hirsche, die als Kälber ausgeworfen werden, setzen nie auf; und werden sie dieser Operation unterworfen, nachdem sie aufgesetzt und gefegt hatten, so werfen sie niemals ab. Zerstört man also die Organen zur Absonderung des Samens, so verstopft man zugleich auf immer die Quelle des Wachstums des Gehörnes, und weil der Hirsch in diesem Zustande nicht mehr die Regungen zur Brunst empfindet; so hören auch alle äusserliche Zeichen, die sie begleiten, mit auf. Er setzet kein Feist mehr an, der Hals schwillt ihm nicht auf, und er wird eines sanften und ruhigen Naturels. Ein solcher Hirsch wird ein **Kümmerer** genennet, und ob er gleich groß und schwer an Wildpret wird, auch Weisses oder Talg wie ein anderer Hirsch ansetzt, so erhitzt sich doch sein Feist nicht und dunstet nicht so aus, wie bei den Hirschen, die in ihrem ganzen Vermögen sind, da es bei diesen zur Zeit der Brunft eine solche starke Witterung von sich giebet, daß man es schon von weiten empfindet, es auch so gar das Wildpret so durchdringet, daß es nicht genießbar ist und bald verdirbt. Bey einem **Kümmerer** hingegen ist dieses zu allen Zeiten von gutem Geschmack und hält sich lange.

So bald der Hirsch gefeget hat, so findet der Ueberfluß der nahrhaften Bestandtheile, welche er durch die Aesung zu sich nimt, keinen Ausweg mehr nach dem Gehörne hin, um dessen Wachsthum zu befördern; die Natur wendet ihn demnach zur Hervorbringung des Feistes und des Samens an. Der Hirsch wird also schwer an Wildpret, die Samengefäße laufen an, und der Hals schwillt ihm auf. Diese Crisis währet vier bis sechs Wochen, und nimt endlich dahin ihren Ausbruch, daß der Hirsch nunmehr einen heftigen Trieb zur Vermehrung fühlet, und ihn bei den Thieren zu vermehren suchet, das heist der Hirsch **tritt in die Brunft.** Dieses fängt mehrentheils in der Mitte des Octobers an, doch habe ich gefunden daß wenn bey grosser und lange angehaltener Dürre, die Aesung sparsam und weniger nahrhaft gewesen, der Trieb zur Vermehrung sich später gezeiget, und die Hirsche erst Ausgangs October, und Anfangs November zu brunften angefangen haben. Die alten Schaufler aber sind immer die ersten, ohne daß es hierbey in Betracht komt, ob sie auch würklich stärker, und besser an Wildpret sind, als die Jüngern, die sich in der ganzen Kraft, welche Jugend und Gesundheit giebet, befinden. Bey den Hirschen, es seyen Edel- oder Damhirsche, gehet es blos nach den Jahren. Ich habe es vielfältig bemerket, daß alte Schaufler, die sich alterswegen zu ohnmächtig fühlten, angehenden, und jungen Schauflern zu wiederstehen, und sich von ihnen bey der Aesung, oder bey andern Gelegenheiten abtreiben ließen, so bald diese nur mit dem Gehörne droheten, daß diese alten Schaufler, sage ich, so bald sie in die Brunft getreten waren, sich auf einmal unter den Jüngern ihres Geschlechts furchtbar machten, und sich in dem Ansehn zu setzen wusten, das ihnen als Vätern und Großvätern der übrigen gebührte. Ich habe alte Hirsche gehabt, die durch öfteres Jagen und durch die damit verknüpfte Erhitzung ein ganz verdorbenes und in Fäulniß gegangenes Geräusch [6]) bekommen hatten, die aber demohngeachtet die ersten, und sehr hitzig, und starke Kämpfer auf der Brunft waren, gleich nach derselben aber an einer Auszehrung in einigen Wochen verendeten. [7])

Solchen Hirschen fehlet es indeßen, ohngeachtet ihrer großen Begierde zur Brunft, doch an Kraft zum Beschlag, [8]) und weil sie keine jüngere kräftigere Hirsche bey den Thieren leiden, so bleiben wegen eines solchen

6 Geräusch nennet man bey allem Wildpret, Leber, Lunge, Herz und Milz.

7. Verenden sagt man vom Wildpret, wenn es stirbt.

schen Hirsches viele Thiere gelte. 9) Die ersten Kennzeichen der Brunft bestehen darinnen, daß die Hirsche, welche sich bisher vom Wilde entfernet gehalten hatten, und unter sich geblieben waren, nunmehr sich den Thieren nahen, und ihnen von Ferne folgen, diese aber, so bald erstere ihnen zu nahe kommen, vor ihnen fliehen, und sich dabey mit einem kurzen Rufe melden. Einige Tage hernach nimt die Zudringlichkeit der Hirsche zu, wie alsdenn auch die alten Thiere zu brunften anfangen. Die Hirsche treiben eines oder ein paar solcher Thiere vor sich her, der stärkste Hirsch aus dem Rudel entfernet den schwächern, und bleibet bey seinen Thieren, welche aber Anfangs so bald er sich ihnen nahet, und sie mit der Zunge schmeichelt, einen kleinen Ruf (Schrey) thun, und einige Schritte fortfliehen. Denn bleibet der Hirsch stehen, und da er sich immer so dem Wildpret nahet, daß der Wind von ihnen zu ihm komt, so streckt er Kopf und Hals in die Höhe, öfnet das Geäse, (den Mund) und scheinet mit Wollust die Ausdünstung seiner Thiere einzuathmen. Endlich nachdem sein Trieb zur Brunft auf diese Art von innen und von aussen immermehr rege geworden, fängt er an die Thiere so lange zu verfolgen, und flüchtig vor sich her zu jagen, welches man treiben nennet, bis sie sich ihm ergeben, und er sie so fort beschlägt. Dieses geschiehet mehrentheils des Nachts, und glaube ich daß es wenigen geglückt ist, einen Schaufler im Beschlag zu belauschen. Wenn er einige Tage bey einem

8) Der Beschlag oder auch das Zeitwort beschlagen, wird bey dem Hochwildpret in dem Sinn gebraucht, wie bespringen oder belegen bey den Pferden.

9) Gelte heisset ein Thier wenn es zwar gebrunftet hat, aber nicht tragend (kräftig) wird. Dergleichen Thiere, die man auch Gelthiere nennet, werden viel feister als die andern.

oder ein paar Thieren geblieben ist, und von ihnen begünstiget worden, verlässet er sie um sich andere auszusuchen, mit denen er alsdenn ebenfalls brunftet. Je länger die Brunft währet, je dunkeler werden bey dem Hirsch die langen Hare unten am Pinsel, und endlich breiten sie sich ganz von einander wie ein Mauerpinsel und werden schwarz. Er lecket sich zu dieser Zeit oft an diesem Ort, und die Schärfe an diesem Theil verursachet, daß dem Hirsch die Hare von der Nase bis unter den Augen, von eben der schwärzlichen versengten Farbe werden wie am Pinsel, welches fürnehmlich an weissen Hirschen sehr auffallend ist, und sich nicht eher verlieret, bis sie das Winterhar mit dem Sommerhar vertauschen. Denn bekommen auch die langen Hare am Pinsel wieder ihre natürliche Farbe. So unermüdet die Hirsche anfangs bey der Brunst sind, Tag und Nacht den Thieren folgen, wenig Aesung zu sich nehmen, und nur immer treiben und beschlagen, so hören doch endlich ihre Kräfte auf, und dieses ist, glaube ich, der Zeitpunct wenn der Damhirsch anfängt zu schreyen. Hierinn unterscheidet er sich vom Edelhirsch ebenfalls, indem dieses Schreyen nicht aus einem so lauten und anhaltendem Tone bestehet, sondern in kurzen schnell hinter einander wiederholeten Säzen, die aber doch laut genug sind, daß man ihn fürnehmlich des Nachts eine viertel Meile weit und noch weiter hören kann. Dieses Schreyen währet drey bis sechs Tage, und ist der Beschluß der Brunft; denn, sobald der Hirsch aufhöret zu schreyen, hat auch seine Brunst ein Ende. Daß dieses Schreyen eine Folge des Unvermögens und der Entkräftung sey, scheinet dieses zu beweisen, daß nur immer auf einem Revier oder in einem Thiergarten, die ältesten Hirsche schreyen, die andern jüngern Hirsche aber sich gar nicht hören lassen,

lassen, weil jene diese von den Thieren abtreiben, und da sie gleichsam nur verstohlenenerweise zum Beschlag kommen, auch ihre Kräfte nicht so sehr erschöpfet werden. Eben diese jungen Hirsche werden wie die alten Hirsche, nur in einem nicht so tiefen Tone schreyen, so bald sie ganz allein mit einigen Thieren brunften können, ohne daß ein alter Schaufler sie hindern kann, weil alsdenn eben der Fall der Entkräftung auch bey den jungen Hirschen statt findet. Die Brunftzeit eines jeden Hirsches währet nicht über drey Wochen, und nicht unter vierzehn Tage, so daß in der Mitte des Novembers die Brunft geendiget ist. Wenn der alte Hirsch bey seinen Thieren einen andern findet, und dieser ihn erwartend stehen bleibet, jener aber in voller Wuth auf ihn zu eilet. und das Gehörne vorwirft, so entstehet ein hartnäckiger Kampf. Sie drücken und schlagen anfangs mit den Schauffeln gegen einander, daß man es weit kann klappen hören; und will keiner von beyden auf diesem ersten Vorspiele weichen, so fahren sie mit den Augsprossen heftig auf einander ein, wobey sie mit äusserster Behendigkeit die Schläge [10]) wechselsweise, mit den Gehörne auffangen; indem beyde in einem Zirkel sich drehen in welchen die beyden Köpfe und Gehörne der Mittelpunct sind. Dieser Kampf hält bisweilen lange an, wird aber nicht eher als durch die Flucht des Gegners beschlossen, welcher aber in den Augenblick da er entfliehet, auch mehrentheils von den Sieger mit den Augsprossen in der Seite oder in der Keule geforkelt wird. [11]) Der Ueberwinder kehret

 hier-

10) Der Hirsch schläget mit dem Gehörne, heisset es in der Jägersprache, nicht er stößet.

11) Wird ein Mensch oder Thier mit dem Gehörne von einem Hirsch verwundet, so saget man, er sey geforkelt.

hierauf zu den Thieren zurück, die in einiger Entfernung ruhig dem Kampfe beywohnen, und sich nur dem überlassen, der durch seinen Sieg sie sich erworben hat. Doch fallen dergleichen Kämpfe bey den Damhirschen nicht so ofte als bey den Edelhirschen vor, weil, wie ich schon gesagt habe, bey jenen in der Brunft das Alter einen Vorzug giebet, den jüngere Hirsche ihnen einräumen, und welche nur Hirsche, die mit ihnen von gleichem Alter sind, bezweiffeln oder verweigern könnten, wenn nicht gleich im Anfange der Brunft jeder alte Hirsch sich zu einigen Thieren gesellte, die ihn alsdenn erst verlassen dürfen, wenn er sie beschlagen hat. Denn ich habe oft bemerket, daß wenn sich ein Thier bey Annäherung eines jungen Schauflers vom Rudel abstehlen und ihm entgegen kommen wollte, der alte Hirsch ihr Augenblicklich nachlief, und wollte sie auf einige drohende Töne, die er hinter ihr ausstieß, nicht zurück zu seinen übrigen Thieren kehren, so holete er sie gleich ein, und strafete sie auf der Stelle durch einen Schlag mit dem Gehörne, der sie bisweilen niederwarf, ohne ihr jedoch weitern Schaden zu thun, als daß er sie etwan verwundete, womit sie ihre Flatterhaftigkeit büssen, und so wieder bey den übrigen Thieren sich einfinden muste. Hieraus siehet man wie schädlich zu viel alte Schaufler auf einem Revier sowohl im freyen als in einem Thiergarten, sind; denn da sie früher als die jüngeren Hirsche den Trieb zur Brunft fühlen, so fangen sie gleich an, eine Tyranney über alle Thiere auszuüben, wovon die natürliche Folge ist, daß die wenigsten tragend werden, sondern bey dem Unvermögen des Hirsches so vielen ein Genüge zu thun, gelte bleiben. Man thut daher am besten, nicht ältere als drey- oder höchstens vier-jährige Schaufler zu dulden, und es so zu halten, daß eine gehörige Anzahl von gleichem Alter auf dem Reviere

viere sey, da sich alsdenn keiner eine stärkere Anzahl von Thieren zueignen wird, als er zu bestreiten im Stande ist. Sechs bis höchstens acht Thiere kann ein Hirsch in einer Brunft beschlagen und tragend machen, und muß man darnach die Anzahl der drey und vier jährigen Hirsche bestimmen, ohne aber dabey auf die angehenden Schaufler und Spiesser Rücksicht zu nehmen, weil sie die andern selten zu den Thieren kommen lassen, ob es ihnen gleich nicht an Vermögen zur Brunft fehlet. Denn, ob man gleich glauben sollte, daß, da sie kaum die Hälfte ihres Wachsthums zurückgeleget haben, bey ihnen keine andere Anwendung des Ueberflusses des Nahrungsaftes statt finden könnte, als zur Ausdehnung des Cörpers, so sind doch die aufgesetzten Spieße ein augenscheinlicher Beweis der bereits geschehenen gänzlichen Entwickelung der Zeugungsglieder. Weil auch das Wachsthum der Hirsche im ersten Jahre sehr schnell ist, so zeiget sich, daß schon ein Ueberfluß der Nahrungssäfte vorhanden seyn muß, welchen die Natur anfangs zur Hervorbringung der Spieße verwendet; und wenn diese völlig ausgebildet, und ihre Vollkommenheiten erlanget haben, nachgehends gegen die Saamengefäße richtet, und ihn dadurch in den Stand setzet, mit den Thieren zu brunften. Ueberhaupt scheinen die Thiere, welche eine bestimmte kurze Zeit zur Vermehrung haben, eher zur Fortpflanzung geschickt zu seyn, als die andern, welche zu allen Zeiten sich begatten können. Ich bin auch selbst durch die Erfahrung von diesem schon, theoretisch richtigem Satze überzeuget worden, daß Spiesser sich vermehren können; da ich in einem eigentlich zu diesem Versuch bestimmten kleinen Thiergarten, einen Spiesser mit einem Schmalthiere (einjährigem Thiere) und einem alten Thiere that, und er nicht nur beyde Thiere beschlug, sondern auch jedes von ihnen das Frühjahr darauf ein Kalb setzte. Ohngeachtet des heftigen Triebes, welchen die Damhirsche zur Brunft fühlen, erscheinen sie doch dabey minder erhitzt als die Edelhirsche zu seyn. Daher der Damhirsch niemalen zu dieser Zeit **Sulungen** besucht, oder Wasser worinnen er sich niederthun, (legen) baden und abkühlen könnte, auch nimt er zu dieser Zeit ebenfalls Aesung zu sich, und komt daher lange nicht so sehr von Kräften und von Wildpret, als die Edel- oder Roth-Hirsche. Zwar ist es zu dieser Zeit auch nicht genießbar, und ist mit einem heftigen Geruch durchdrungen, den man schon von weiten empfindet, wenn man sich einem brunftenden Damhirsch nahet, aber sobald die Brunft vorbey ist, erholen sie sich wieder, theils an der Mast, oder wo diese fehlet, an der Winterfütterung, und ihr Wildpret ist wieder gut zu essen.

Ohngefehr acht Monate nach verflossener Brunft, setzet das Thier nur gewöhnlich ein Kalb, und obgleich dafür gehalten wird, daß die Damhirsche mehrentheils zwey Kälber setzen, so glaube ich doch, daß die Vermuthung daher entstehet, weil bisweilen zu dem Kalbe, das einem Thiere gehöret, sich ein fremdes gesellet, und dem Thiere so lange nachfolget, bis es seine rechte Mutter siehet, und rufen höret. Bey meiner siebenjährigen genauen Beobachtung meines Damwildprets, da ich durch die Uebung jedes Thier und das ihm zugehörige Kalb richtig von dem andern unterscheiden kann, obgleich dieses bey einer ziemlich beträchtlichen Anzahl, und wenigen auffallenden Unterschied in der Farbe und Bildung so leicht nicht ist, und von weniger aufmerksamen Beobachtern leicht verwechselt werden kann, habe ich nur ein einziges mal von einem Thiere Zwillinge erhalten. Ich glaube

glaube also, daß diese doppelte Vermehrung bey dem Damwildpret sich nicht häufiger, als bey dem Rothwildpret ereignet, es sey denn in ganz außerordentlich fruchtbaren, und dieser Wildpretsart ganz vorzüglich angemessenen Gegenden, so wie man in einigen Himmelsstrichen, die zur Schafzucht besonders vortheilhaft sind, auch immer Zwillingslämmer bey den Schafen findet. Dergleichen einzelne Fälle aber machen keine allgemeine Regel, und ich glaube auch nach meiner hierüber angestellten Erkundigung bey andern, von der Gewißheit desjenigen, was ich zuvor gesagt habe, überzeugt seyn zu können. Die Farbe der Kälber richtet sich lediglich nach der Farbe des Vaters. Rothe Schaufler auf weiße Thiere haben immer rothe Kälber, und weiße Hirsche auf rothe Thiere weiße Kälber gebracht. Ich habe dieses so sehr ohne Ausnahme bey keinen andern Thieren, als bey dem Damwildpret gefunden, und daher verdienet dieses wohl bemerkt zu werden. Gewöhnlicher Weise hat das Junge, dessen Vater von anderer Farbe, als die Mutter ist, eine einförmige Farbe, die ein Gemische von den Farben der beyden Eltern ist. So wird bey dem Edelhirsch, wenn das rothe Thier mit einem weißen Hirsch brunftet, das Kalb nicht weiß, sondern seine Farbe gleichet der Farbe keines von beyden Eltern, indem es weißröthlich wird. Bey den Hausthieren, den Pferden, Kühen u. s. w. findet man ebenfalls, daß beyde Eltern zu der Farbe der Fohlen und Kälber mehrentheils beytragen, und bey den Hunden ist es ihrer so sehr von einander abweichenden Gestalt wegen noch auffallender. Denn hier wird den Jungen nicht nur in der Farbe, sondern auch in der ganzen Bildung gleich viel vom Vater und von der Mutter mitgetheilet,

theilet. Bey dem Damwildpret hingegen, hat es mir nie glücken wollen, durch Zusammenbringung ganz unterschiedlich gefärbter Hirsche und Thiere, geschekte Kälber, mit großen Flecken auf abstehenden Grunde zu erhalten, wie doch die Sage ist, daß es geschehen sollte, sondern es hat niemalen gefehlet, daß nicht das Kalb des Vaters ganze Farbe hatte.

Die alten Thiere setzen immer zuerst, und zwar im Anfange des Junius, die Schmalthiere aber, weil sie später brunften, auch Ausgangs des Monats, oder gar im Julius. Merkwürdig aber ist es, wie vielen Einfluß das früher oder später gesetzt werden, auf die ganze übrige Zeit bey diesem Wildpret hat. Dieses ist fürnehmlich bey Hirschkälbern, in der Folge wegen des Gehörns und der Brunft noch auffallender. Das Hirschkalb, welches zuerst gesetzet worden, und sollte es auch nur acht Tage eher, als das andere seyn, wird gewiß seine ganze Lebenszeit hindurch, wenn es sonst bey völliger Gesundheit bleibet, acht Tage eher aufsetzen, fegen, brunften, abwerfen, und sich verfärben, als alle andere, die mit ihm von gleichen Jahren, aber nicht von gleichen Tagen sind. Seine ersten Spieße werden schon merklich länger, und in der Folge seine Schaufeln breiter, schwerer, und immer ein paar Enden oder Ausschnitte mehr haben. Hieraus folget denn auch, daß er weit besser an Wildpret seyn muß, und sich gegen alle übrigen Hirsche, die mit ihm von gleichen Jahren sind, in Ansehem zu erhalten wissen wird. Es wird daher eine nöthige Vorsicht seyn, hierauf besonders Acht zu geben, und die zuerst gesetzten Hirsche und Schmalthiere vorzüglich zu schonen, um von ihnen die künftige Vermehrung der Wildbahn zu erwarten, weil dieses einen mächtigen Einfluß auf die Stärke, Güte und Gesundheit der

davon

davon kommenden Kälber hat. Die Thiere setzen ziemlich leicht, dem Ansehn nach, wenigstens habe ich nicht gefunden, daß es einmal eine halbe Stunde damit zugebracht habe, es sey denn, daß das Kalb eine widernatürliche Lage habe, welches jedoch äußerst selten vorfällt, oder verendet sey, in welchen beyden Fällen es wohl 24 bis 36 Stunden währet, ehe es seiner Bürde entlediget wird. Es suchet sich zum Setzen einen verborgenen Ort, als ein Dickigt, einen mit langem Grase bewachsenen Ort, oder auch wohl den Zopf eines umgefallenen Baumes aus, damit das Kalb, weil es den ersten und zweyten Tag nicht fortkommen kann, nicht so leicht gefunden werden möge. Die Mutter entfernet sich zu dieser Zeit auch nicht weit von ihm, oder wenn Menschen oder Hunde sich nahen, tritt es mit stolzen Schritten, und aufgereckter Blume langsam vor ihnen her, um sie vom Kalbe ab, und hinter sich her zu locken, ist es aber ein kleiner Hund oder kleines Raubthier, das ihm zu nahe kommt, so lauft das alte Thier gerade darauf zu, schnellet es mit den Läuften, und verjaget es auf diese Art mit vielem Muthe. Wenn aber das alte Thier zu dieser Zeit ein Bild vor Augen bekommt, welches es nicht durch den Geruch, den der Wind, wenn er von dem Objekt kommt, ihm von sehr weit zuwehet, unterscheiden kann, und selbiges beweget sich nicht; so rufet es einigemal langsam nach einander mit einem lauten Ton, der dem gleich kommt, wenn ein großer Hund einmal anschläget, (aufbellet), und suchet es durch dieses **Schmelen**, denn so nennet man dieses Rufen, zu vertreiben. Will es hiervon nicht weichen, so ziehet es so lange von weiten um daßelbe herum, bis es unter Wind kommt, denn weiß es bald, ob es stehen bleiben, oder mit dem Kalbe flüchtig werden soll. Denn bey dem Wildpret ist der Geruch dasjenige Werkzeug, wodurch es von den, von ihm entfernten Objecten Begriffe bekommt; so wie bey dem Menschen und einigen Thieren das Gefühl, dem Auge, welches nur Flächen siehet, zu Hülfe kommen muß. Ist das Kalb nur einige Tage alt; so hat es schon Kräfte genug, der Mutter zu folgen, und ist so flüchtig, daß ein Mensch es nicht mehr einholen kann. Es gehet alsdenn mehrentheils kurz vor der Mutter her, doch wenn sie aus dem Gehölze, und auf die Felder oder Wiesen aufs Geäse ziehet, bleibt das Kalb im Holze, und drückt sich im langen Grase, daß man es nicht leicht gewahr wird, kommt auch nicht eher hervor, wenn es nicht gewaltsam aufgejaget wird, bis die alte wieder von der Aesung ins Holz zurück kehret, und es mit einem lauten Gluchzen rufet. Das Kalb, welches die Stimme der Mutter genau zu unterscheiden weiß, antwortet mit einen kurzen feinen Ruf, kommt schnell herzu gelauffen, und sauget, so bald es bey der Mutter ist. Die Farbe des Kalbes ist bey den rothen Thieren wenig von dem Sommerhar der alten Thiere unterschieden, die weißen Kälber aber sind Isabellfarben mit weißen Flecken, und werden erst gegen den Winter, wenn sie das Winterhar auflegen, so weiß wie das alte weiße Wildpret. Wenn das Kalb vier Wochen alt ist, so ziehet es mit der Mutter aufs Geäße, da denn alte Thiere und Kälber in einem Rudel beysammen sind, alsdenn begiebet sich es ofte, was ich schon vorhin erwehnet habe, daß zwey Kälber, die nicht zusammen gehören, einem Thiere folgen, als wenn es ihre gemeinschaftliche Mutter wäre. Das Kalb saugt bis zur Brunft, ob es gleich, wenn es sechs Wochen alt ist, schon etwas Gras und Kräuter aufnimmt. Es saugt ungemein schnell,

und

und weiß das Gesäuge (Euter) des Thieres, ob es gleich ziemlich milchreich, nach Verhältniß seiner Größe ist, in einem Augenblick auszuleeren, wobey es sein Vergnügen durch einige feine Töne, die es schnell hinter einander ausstößet, zu erkennen giebet. Während der Brunft müssen die Kälber allein beysammen bleiben, denn die Mütter leiden sie nicht um sich; wenn aber die Brunft zu Ende ist, kommen die Kälber, die alsdenn ihren Namen verändern, und wenn sie männlichen Geschlechts sind, **junge Hirsche**, weiblichen Geschlechts aber, **Schmalthiere** heißen, wieder zu den alten Thieren im Rudel, und fangen bisweilen wieder an, ihre Mütter zu saugen, bis tief in den Winter, da der Mangel an nahrhafter Aesung, noch mehr aber die Frucht, die die Mütter tragen, diese Quelle versieget. Wenn die **Wildkälber**, (die Kälber weiblichen Geschlechts) nicht Mangel gelitten haben, es sey durch zeitige Beraubung der Mütter, oder daß sie als Schmalthiere, bey einen harten Winter, weil ihnen nicht durch Winterfütterung zu Hülfe gekommen ist, Noth gelitten haben; so brunften sie schon im folgenden Jahre, sonst thun sie es erst, wenn sie zweyjährig sind. Die jungen Thiere aber, die zum erstenmale setzen, sind bisweilen so weichlich, daß sie ihre Kälber, weil ihnen das Gesäuge bey dem Anfassen derselben schmerzet, nicht säugen, sondern verhungern lassen. Mir ist dieses selbst begegnet, doch haben sie das folgende Jahr diesen Fehler abgeleget, und sind so gute Mütter geworden, als die übrigen alten Thiere.

Das Damwildpret liebet zu seinem Aufenthalt kleine mit Thälern abwechselnde Anhöhen, die mit einem kurzen und dichten Grase bewachsen sind. Auf fetter und nasser Weide stehn sie nicht, weil sie bey

einer

einer immer feuchten Aesung der Gefahr ausgesetzt sind, fäulisch wie die Schafe zu werden, das heißt, an dem Geräusche Schaden zu nehmen, welches alsdenn welk und endlich so verderbt wird, daß man es mit der Hand zerreiben kann; eine Krankheit, die ihnen einen sehr baldigen Tod zuwege bringet. Sie äsen sehr nahe bey der Erde, und wissen das kurze Gras so genau aufzunehmen wie die Schafe. Weil sie auch bey der Aesung viel weniger ekel, als das Rothwildpret sind, und fast alle Gräser und Kräuter zu ihrer Nahrung nehmen, so sind sie, da sie auch selbst in der Brunft sich nicht so wie die Rothhirsche erschöpfen, fast zu allen Zeiten gut an Wildpret, obwohl sie vom August bis in die Mitte des Octobers am besten und feistesten sind. Daher heißt diese Zeit von drittehalb Monathen die **Feist-Zeit**. Sie pflücken auch das Laub von den Bäumen, und schälen fürnehmlich im Winter die Rinde von den jungen Waldbäumen. Dieses Schälen des jungen Holzes ist ihnen sehr zur Last gelegt worden, obgleich das Rothwildpret von diesem Vorwurf auch nicht frey ist. Indeß geht doch das Damwildpret nicht nur einige Bäume gar nicht an, sondern auch unter den übrigen Bäumen findet man, daß sie von denselben nicht gleichbegierig angeschälet werden Verschiedene von mir hierüber angestellte Beobachtungen haben mich gelehret, welche Bäume sie **aus Wohlschmack**, welche sie **aus Noth**, das heißt, bey gar keiner, oder sehr kärglichen Winterfütterung, oder welche Bäume sie **gar nicht** beschädigen. Ich werde dieser meiner Erfahrung nach, diejenigen Bäume und Stauden, nachdem sie mehr oder weniger der Gefahr ausgesetzt sind, vom Damwildpret beschädigt zu werden, benennen; und ob ich gleich dieses schon ebenfalls bey Abhandlung der Pflanzen, in meinem Versuch über die Wildbahnen, angezeiget habe, so glaube ich bey dieser Naturgeschichte demohngeachtet diesen Artikel nicht unberührt lassen zu müssen, weil er für die Liebhaber dieses Wildprets zu wichtig ist.

I.

Bäume und Stauden, die das Damwildpret aus Wohlgeschmack sowohl am Laube als an der Rinde angehet.

1. Die Esche. Fraxinus.
2. Der Apfelbaum. Pyrus malus.
3. Der Birnbaum. Pyrus pyraster.
4. Ebreschenbaum, Quitschenbaum. Sorbus aucuparia.
5. Der Roß- oder wilde Kastanienbaum. Aesculus.
6. Der Ilmen- Ulmen- oder Rüsternbaum. Ulnus campestris sativa.
7. Die Espe, Fauleschе, Flattereschе. Populus tremula.
8. Alle Arten von Weiden, Salices, wozu auch gehört
9. Die Sand- oder Buschweide. Salix helix.
10. Der Werft. Salix caprea.
11. Der gemeine Hollunder. Sambucus nigra.
12. Der rothe Hollunder, Hirschholder, Berghollunder. Sambucus racemosa.
13. Der spanische Hollunder. Syringa vulgaris.
14. Der Johannisbeerstrauch. Ribes rubrum.
15. Der Altfanken, Mäuseholz, Je länger je lieber. Solanum dulcamara.
16. Der weiße Jesmin. Iasminum.

Auch gehören hierher folgende Nadelhölzer:

17. Der Wachholder. Iuniperus communis.
18. Die Kiefer. Pinus sylvestris.
19. Die Fichte. Abies picea.
20. Die Tanne. Abies alba.
21. Die Lerche. Pinus larix.

Doch

Doch ist das Damwildpret den Nadelhölzern nur so lange gefährlich, bis sie die Dicke eines guten Baumpfahls erhalten haben, dann ist die Rinde zu hart, und der Baum bleibt unbeschädigt.

II.

Bäume und Stauden, die das Damwildpret aus Noth schälet, aber gern das Laub davon äset.

1. Rothbuche. Fagus sylvatica.
2. Ahorn, Ehren. Acer.
3. Maserle, Weißeper, Weißbaum, Wasserhülse, Epelern, Maßlieber. Acer campestre.
4. Lenen. Acer platanoides.
5. Quittenbaum. Pyrus-cydonia.
6. Arlsbeer. Crataegus torminalis.
7. Mispeln. Mespilus.
8. Süßer Kastanienbaum. Fagus castanea.
9. Schwarzpappel. Populus nigra.
10. Weißpappel. Populus alba.
11. Spillbaum. Evonymus europaeus.
12. Hartriegel, Teufelsmattern, Hundbeer, Cornus sanguinea.
13 Calinichen, rothe Schießbeere. Viburnum opulus.
14 Schneeballen. Viburnum roseum.
15. Wolpertsman, Heckenkirschen, Ahlkirschen, Sellenholz. Lonicera xylosteum.

III.

Bäume und Stauden, von denen das Damwildpret das Laub äset, die Rinde derselben aber nicht abschälet.

1. Eiche. Quercus.

2. Weis-

2. Weisbuchen, Hagebuchen, Steinbuchen. Carpinus.
3. Erlen. Betula alnus.
4. Maulbeerbaum. Morus.
5. Pflaumenbaum. Prunus.
6. Birke. Betula.
7. Linde. Tilia.
8. Kirschbaum, wilde Weichsel, saure Kirsche. Prunus cerasus vulgaris.
9. Haseln, Nußstrauch. Corylus avellana.
10. Faulbaum. Rhamnus frangula.
11 Stachelbeerstrauch. Ribes grossularia.
12. Schwarzdorn. Prunus spinosa.
13. Kreuzdorn. Rhamnus catharticus.
14. Weißdorn. Crataegus oxyacantha.
15. Hagedorn, Hagebutten, wilde Rosen. Rosa canina.
16. Berberisbeere. Berberis dumetorum.
17. Himbeere. Rubus idaeus.
18. Rheinweide. Ligustrum.
19. Rehheide, Pfriemenkraut, Hasenbrom. Spartium scoparium.

IV.

Stauden und Bäume, von denen das Damwildpret das Laub nicht äset, und die es auch nicht anschälet.

1. Nußbaum. Iuglans regia.
2. Peischerpen, Schlingbaum, Rothschlinge, Weidbaum, Haubeere, Pabstwieden. Viburnum lantana.
3. Eibenbaum, Taxbaum. Taxus.
4. Sade, oder Sadebaum. Iuniperus sabina.
5. Stechpalmen, Hülse, Walddistel. Ilex aquifolium.
6. Hochstämmiger Buxbaum. Buxus arborescens.

Hierbey ist aber zu bemerken, daß alle Wald- und Obstbäume, wenn sie zu starken Stämmen erwachsen sind, weiter keine Gefahr laufen, abgeschälet zu werden; die Roßkastanie bleibt aber demselben lange ausgesetzt, und habe ich gefunden, daß sie das Wildpret angegangen, wenn gleich die Stämme zwey Fuß und mehr im Umkreise hatten. Ich lasse aber dagegen dergleichen Bäume an den Stämmen mit Dornen umgeben, die unten und oben mit Weiden angebunden werden, so bleiben sie vom Wildpret unbeschädiget. Dieses geht nun wohl in Thiergärten und in großen Waldungen mit den in den Alleen gepflanzten Bäumen an, aber wie, wird man mir einwenden, ist es zu machen, junge Haue im Freyen gegen das Damwildpret zu verwahren? Hier kommt zweyerley zu betrachten vor, einmal ob der junge Hau in einem mit Laubholz bestandenem Orte liege? Oder zum andern, ob der Wald größtentheils Nadelholz sey, und in demselben zu Laubholz angelegte Schonungen sich befinden? Im ersten Falle wird der Schaden, angenommen, daß, wie es doch immer zu seyn pfleget, guter grasreicher Boden im harten Orte [12]) wäre, so groß nicht seyn. Das Wildpret findet im Laubholz, theils an dem Laube der verschiedenen Hecken [13]), theils an den Beeren, bald am Heidekraut, bald an der Mast, eine so abwechselnde Aesung, daß es eben nicht sonderlich auf den jungen Hau fallen wird, fürnehmlich wenn der Wald nicht mit vielen Viehtriften beunruhiget

12) Ein harter Ort heißt ein mit Laubholz bewachsenes Revier in der Forstsprache, weil der größte Theil einer Laubholzwaldung größtentheils aus hartem Holze besteht.

13) Hecken werden in der Forstsprache niedriges Buschholz, oder junge halbe manashohe Loden genannt.

higet ist, und es wenigstens im Walde doch ein Gehäge findet, woselbst es seine Zuflucht nehmen, und für die Heerden sicher seyn kann; sonst würde das Wildpret allerdings nach den jungen Hauen sich zu ziehn gezwungen werden, wenn dieses der einzige Ort wäre, den die Hirten zu betreiben sich enthalten müßten. Im andern Falle aber, wenn der Wald mit Nadelholz bestanden, und wenig oder gar kein Laubholz in demselben ist, so wird bey dem Wildpret der Hang nach dieser Aesung um so lebhafter, und werden sie alsdenn wohl gar nicht unterlassen, die Schonungen vom Laubholz täglich zu besuchen, und durch Verbeißung des jungen Jahreswuchses ihnen sehr schädlich zu werden. Um dieses zu verhindern, bliebe freylich kein anderer Ausweg, als den Ort mit einem Zaun zu umgeben, welcher wenn er fünf Fuß hoch, schon hinreichend wäre, es hiervon abzuhalten. Wäre aber die Schonung Nadelholz, so wäre diese Verwahrung minder nothwendig, fürnehmlich wenn der Wildstand im Verhältniß mit dem Walde stände, und nicht gar zu stark, mithin kein Mangel an Aesung wäre, dabey man auch dafür sorgte, daß das Wildpret im Winter hinlängliche Fütterung an Heu, oder auch an wilden Kastanien, Mast, oder Kartoffeln bekäme. Ob ich gleich einmal festgesetzt habe 14) daß bey einem guten, mitteln, oder schlechten Boden in einem Thiergarten, im Laubholz zwölf, zehn, oder acht, im Nadelholz aber zehn, acht oder sechs Stück Damwildpret auf neun Magdeburgischen Morgen gehalten werden können: so muß ich doch bey einer Wildbahn im

14) Versuch einer Anweisung zur Anlegung, Verbesserung und Benutzung des Waldes. Seite 21.

Freyen ein ganz anderes Verhältniß anrathen, in Rücksicht auf den Schaden, den es bey einer gar zu großen Menge an den Holzungen thun könnte; fürnehmlich wenn diese forstmäßig, das heißt, in jährigen Hauen betrieben, und wieder mit Holzsaat besäet, oder zu natürlichen Anflug geschonet würde, und dabey im stehenden Holz die Viehtriften nicht füglich bey unserer gewöhnlichen Viehbehandlung eingestellet, das Wildpret aber dadurch noch mehr nach denen vom Vieh verschoneten Haue und jungen Loden gedrängt wird; bey diesen Umständen, sage ich, müßte auf zwanzig oder dreyßig Morgen nur ein Stück Damwildpret, mithin in einem Forst von eintausend Quadratmorgen funfzig bis fünf und dreyßig Stück zum Winter gehalten werden; in diesem Falle könnten die Forsten bey einem so mäßigen Wildstande nicht leiden, und es würde doch Wildpret zum Vergnügen und Nutzen hinlänglich vorhanden seyn. Ich werde in der Folge, wenn ich von Benutzung des Damwildprets das nöthige sagen werde, zeigen, was ich darunter verstehe, wenn ich sage, wie stark eine Wildbahn zum Winter seyn soll.

Das Damwildpret äset sich vorzüglich gern im Walde, und tritt es gleich auf die Wiesen und Saaten, so zieht es doch nicht weit nach dieser Aesung hin. Daher weichet dieses Wildpret weniger als kein anderes aus denen ihm einmal eingeräumten und gleichsam angewiesenen Revieren weg, im Fall es nur Ruhe und im Winter einige Wartung genießet. Da es auch nicht die nasse Aesung in den Brüchern, wie das Rothwildpret, zur Sommerszeit suchet, vielmehr sich durch nasse Oerter oder Flüsse und breite Gräben nur in dem Falle waget, wenn es gejaget, oder aus Noth gezwungen wird, seinen Stand zu verlassen, so ist eine

solche

solche Begrenzung des Reviers schon ein sicheres Hinderniß gegen das Austreten des Wildprets.

Alles Wildpret hat, nachdem die Jahreszeit sich verändert, verschiedene Gegenden, wo es sich vorzüglich aufhält, oder es ist bald beysammen, bald allein. Eine besondere Erfahrung hierin erleichtert dem Jäger die Aufsuchung des Wildprets, daher ist es gut, dieses theoretisch zu wissen, um die Mühe zu ersparen, es praktisch durch manchen sauren Tritt zu lernen. Die Jäger nennen dieses den verschiedenen Stand des Wildprets. Im Winter, nachdem die Brunft vorüber ist, welche die Hirsche und Thiere in einen Rudel gebracht hat, bleiben sie beysammen, thun sich in Dickungen dichte neben einander nieder, wo sie im Ueberwinde stehn, und doch der Sonne bey heitern Tagen genießen können. Sie ziehn im Schnee eines hinter dem andern her, und treten dadurch schmale Steige aus, auf denen sie bey tiefem Schnee gut fortkommen, und die sie, wenn sie flüchtig werden, genau halten. So bald der Schnee fleckweise auf den Saaten unweit des Waldes weggethauet, findet sich dieses Wildpret auf diesen entblößten Plätzen ein, um entweder die Saat, oder das unter dem Schnee vom Abfrieren bewahrte Graß zu ihrer Aesung aufzunehmen. Sie besuchen aber dennoch immer die Heuscheunen und Körrungsplätze. Dieses ist nunmehr die Zeit, welche für die jungen Bäume die gefährlichste ist, denn das Wildpret fällt jetzt begieriger darauf, weil sich die zarte Rinde, wenn sich der Saft im Baume verdünnet, besser vom Stamme ablösen läßt. Man thut daher sehr wohl, wenn man die jungen Kiefern, welche zu Baum- und Weinpfählen, Hopfenstangen, Zaunstecken ꝛc. angewendet werden sollen, nunmehr schlagen, und sie in den Thiergarten fahren, oder sie für das Damwildpret im Freyen eine Zeitlang im Forst liegen läßt: so wird es hieran eine gute Aesung finden, und das stehende Holz weniger beschädigen, dabey aber dem Gärtner, so weit die Rinde gelb ist, die Arbeit ersparen. Im März, im Anfang des Frühlings treiben den jungen Hirschen die ersten Erhabenheiten auf dem Kopfe hervor, welches nachgehends die Rosenstöcke werden. Die alten starken Schaufler aber trennen sich vom Rudel, und es bleiben nur die alten Thiere, Schmalthiere, junge Hirsche, Spießer und angehende Schaufler beysammen. Sie ziehen alsdenn am Rande der Wiesen und Bäche herum, und wenn nahe am Walde auf dem Felde Kartoffeln sind gebauet worden, scharren sie mit den Läuffen in dem jetzt durchgeweichten Boden, wobey sie an den in der Erde gebliebenen Kartoffeln, die sie auf diese Art ausgraben, eine oft reiche Nachlese finden. Im April ziehen sich die Thiere, Spießer und angehenden Schaufler auf die Saatfelder, wohin auch die alten Schaufler mit einander, aber ohne jene sich hinwenden, und kehren alle des Morgens wieder in die Dickungen zurück, in dem folgenden Monat May thun sie es ebenfalls, nehmen aber auch zugleich ihre Aesung am aufbrechenden Laube, und an den Blüthen im Walde, wobey sie den jungen Loden gefährlich seyn können. Die alten Schaufler aber, welche nunmehr fast alle abwerfen, halten sich jetzt verborgen, und äsen sich in den jungen Holzungen, Dickigten und Gehegen, als wenn sie sich schämeten, ohne ihre Zierde im Freyen zu erscheinen. Im Junius trennen sich die tragendenden Thiere vom Rudel, und es bleiben nur die Schmalthiere, Geltthiere, jungen Hirsche, die nunmehr Spieße aufsetzen, und die Spießer, die nunmehr angehende Schaufler

werden,

werden, nachdem sie die Spieße abgeworfen, beysammen. Die tragenden Thiere hingegen suchen sich jede für sich ruhige Oerter in den Dickungen aus, wo sie setzen, und mit ihren Kälbern sich äsen können, ohne im Freyen zu erscheinen. Die alten Schaufler, die nun schon wieder Kolben mit Augsprossen und Eissprießel aufgesetzt haben, kommen auch nunmehr im lichten Holze, auf den Wiesen und Saaten, vermeiden aber fürnehmlich das dicke Stangenholz, um sich nicht an ihren weichen Kolben zu stoßen. Im Julius halten sich die Thiere mit den Kälbern in den Dickungen den Tag über, der Fliegen wegen, und treten nur des Abends auf die Wiesen und Kornfelder, bleiben auch wohl am Tage im Getreide niedergethan, weil sie dort von den Fliegen nicht so geängstiget werden. Die Schaufler thun eben das, halten sich aber alleine beysammen, ohne mit den Thieren in Gemeinschaft zu kommen. Im August treten die alten Thiere und Kälber mit den Schmalthieren, Spiessern und angehenden Schauflern in einem Rudel, weil die Kälber, ob sie gleich noch saugen, sich dennoch auch schon mit Geäse füllen. Die Schaufler fangen nunmehr an, viel Feist aufzusetzen, und als wüsten sie, daß sie nun zur Küche reif wären, vorsichtig zu werden, und später aus dem Holze aufs Geäse, und zeitiger wieder zu Holze zu ziehn. Haben sie sich in dem vom Thau durchnäßten Getreide sehr naß gemacht, so bleiben sie in Vorhölzern, auf kahlen Bergen, wo die Sonne gut anscheinet, stehen, um sich abzutrocknen, doch immer so, daß sie unter Wind sind, um im Fall Gefahr vorhanden wäre, sich bey Zeiten dafür sichern könnten. Wenn sie völlig trocken, auch der Thau im Walde von den Büschen sich verloren hat, ziehen sie in die Waldungen zurück. Im September fahren sie fort, nachdem sie gefeget haben, die Felder zu besuchen, ziehn aber auch in den Waldungen bey den Eichen herum, um die abgefallenen frühzeitigen, von dem Winde abgeschlagenen Eicheln zu genießen, und kommen im folgenden Monat October wenig aus dem Holze, eben der Mast wegen, die sie nun häufig finden, und wovon sie sehr feist werden, dergestalt, daß sie die allenthalben reiche Aesung zur Brunft reizet, die gegen Ende des Monats ihren Anfang nimmt. Die alten Schaufler treten alsdenn zum Rudel der Thiere, und kommen wenig aus den Gehägen und Dickungen, wo sie Ruhe finden, und ungestöret brunften können. Nach vollendeter Brunft trennen sie sich nicht wieder, sondern die alten und geringen Schaufler bleiben mit den Spießern, Thieren und Kälbern in einem Rudel.

Das Damwildpret ist, ob es gleich nicht so schnell wie das Edelwildpret, dennoch sehr flüchtig. Es kommt nicht nur im Trabe schnell fort, sondern es hat auch noch einen sehr anmuthigen Gang, der darin bestehet, daß sie mit allen vier Läufen zugleich weite Sprünge thun, und das mit so vieler Geschwindigkeit, daß man glauben sollte, sie hätten Stahlfedern unter den Schaalen, die sie in die Höhe schnellten, sobald sie die Erde berühren. Dabey tragen sie die Blume in die Höhe, wie ein englisches Pferd den Schweif, halten Hals und Kopf stolz empor, und richten ihre Gehöre gerade auf, und fürnehmlich nach der Seite hin, woher der Schall kam, der sie bewog, ihr Heil in der Flucht zu suchen. Glauben sie aber dem Gegenstande ihrer Furcht auf diese Weise nicht schnell genug zu entkommen: so fliehen sie in einer Art eines gestreckten Gallops mit vieler Geschwindigkeit, und überfliehen sehr leicht eine fünftehalb

halb bis fünf Fuß hohe Wand, oder einen sechs Fuß breiten Graben. In diesem Falle schwimmen sie auch sehr gut, und ich habe bey einem Treiben ein altes Thier mit einem halbjährigen Schmalthiere durch eine Breite von mehr als tausend Schritten durch einen See schwimmen sehen, und als sie herauskamen, ohne Aufenthalt mit eben der Schnelligkeit ihre Flucht fortsetzen.

Wenn sie sich niederthun, (legen), beugen sie mehrentheils den rechten Vorderlauf zuerst unter dem Leibe, alsdenn den Linken, und in dem sie so auf den Knien liegen, senken sie auch den Hintertheil, und lassen ihn, wenn er nahe an der Erde ist, auf einmal nach seiner Schwere auf der einen Seite herabfallen. Sie strecken sich aber niemalen, wie die Pferde mit den vier Läufen von sich, ganz auf die Seite, sondern sie bleiben immer mit den vier Läufen unter dem Leibe, es sey denn daß sie bisweilen einen Vorderlauf auf eine kurze Zeit vor sich hinstrecken. Wenn sie schlafen, recken sie den Hals und Kopf gerade auf die Erde hin, und ruhen ihn auf diese Weise aus. Das Damwildpret bringet die gröste Zeit seines Lebens niedergethan, oder liegend, zu, in welcher Lage es auch noch so weit es langen kann, rund um sich herum das Gras und die Kräuter äset. Wenn es sich wieder aufthut, oder aufstehet, so erhebet es sich mit dem Hintertheil zuerst, wie alle wiederkäuende Thiere, und stellet sich nachher erst auf die Vorderläufe. Sie haben aber mit dem Edel- und Rehwildpret die Gewohnheit, daß wenn sie ohne beunruhiget zu werden, sich aufgethan haben, sie stehen bleiben, und in ihrem Bette [14] die

14) Bette heist der Ort worauf ein Stück Roth- oder Damwildpret lieget oder gelegen hat.

Losung [15]) fallen lassen, oder auch feuchten, [16]) ehe sie fortziehen [17]). Diese Gewohnheit wird bey zahmerzogenem Wildpret, dem man, wie besonders Rehen, im Zimmer oder doch im Hause erlaubt zu seyn, sehr unangenehm, und kann ihnen schwer abgewöhnet, auch nicht anders vermieden werden, als daß man es, sobald es sich aufgethan, aus dem Zimmer locket. Sonst aber hat es darinnen seinen Nutzen, daß wenn, wie es im Winter geschiehet, ein ganzes Rudel sich neben einander niedergethan hat, ihre Losung beysammen bleibet, und es den Bäumen, worunter sie ihr Bette den ganzen Winter hindurch nehmen, zu einer vorzüglichen Düngung wird. Denn die Wildpretsdüngung ist ganz besonders fett, und weit treibender noch als Schafdünger. Ein Birnbaum in meinem Rehgarten, welcher altershalber schon abzusterben anfing, und seit vielen Jahren wenig oder nichts mehr trug, ward in einem Winter als ich zehn oder zwölf Stück Damwildpret auf kurze Zeit in diesem Garten gethan hatte, vollkommen wieder hergestellt, weil das Wildprett unter diesen Baum immer sein Bett hatte, und träget jetzt wieder so viele und gute Früchte, als irgend ein Baum in meinem Garten. Den Dünger eines alten Edelhirsches, welcher, da er immer zum Fahren in einer leichten Cariole gebraucht wurde, und der in meinem Reitstalle unter den Pferden angehalftert stand, wendete mein Gärtner

15) Losung ist der Mist vom Wildpret, nnd losen, oder Losung fallen lassen, heist misten.

16) Feuchten thut das Wildpret, wenn es sein Wasser laufen lässet.

17) Fortziehn sagt man vom Wildpret, wenn es langsam fortgehet.

Gärtner ganz allein zur Bemistung eines Stückes Kohlland an, und der Kohl unterschied sich ausserordentlich von allem übrigen im Garten, auch für den welcher mit Schafdünger bedünget worden war. Er hatte eine für Weiskohl auffallende dunkle Farbe, und die Köpfe waren sehr groß und fest. Mein Stackensetzer, der Mann, welchem die Aufsicht über den Wildzaun und die Fütterung des Wildprets im Winter in meinem Thiergarten aufgetragen ist, verwendete das unter den Heuschuppen liegende Heu, welches das Wildpret unter die Rauffen geworffen, und worauf es sich im Winter zum Theil niederthut, mit großen Nutzen zur Düngung seines Gartens.

Das Damwildpret erträgt besser, als kein anderes Wildpret in Thiergärten, Lebenszeit eingesperrt zu seyn, weil es von allem Wildpret am leichtesten zahm wird. Ist der Thiergarten nach Verhältniß seiner Größe nicht mit Wildpret übersetzt, so wird das, welches hier zur Feistzeit gepürscht worden, dem in der freyen Waldung eben in der Zeit erlegten, nichts nachgeben; da sich hierinnen sonst bey allem übrigen Wildpret ein merklicher Unterschied findet. Ich habe Damwildpret, das wild eingefangen war, in meinem Thiergarten, in kurzer Zeit bey der Winterkörrung so weit gebracht, daß es mir aus der Hand Kartoffeln und Kastanien äsete. Das Brod nehmen nur wenige an, und es ist eine Aesung die dem Wildpret nur selten, ohne von Jugend auf daran gewohnt zu seyn, angenehm ist. Weil, wenn man einige Stücke zahmes Wildpret hat, diese ihre Kälber auch herzuführen, und ob sie gleich Anfangs sehr wild sind, dennoch nach und nach durch die Mütter so oft bey Menschen gebracht werden, daß sie auch endlich zahm werden; so ist es etwas leichtes bey guter Begegnung des Wildprets, es dahin zu bringen, daß das in einem Thiergarten befindliche, auf dem Ruf des Menschen herbey gelaufen kommt, und ohne Furcht die vorgeworfene Körrung verzehret. Wenn ich in meinen Thiergarten komme und rufe, so versammeln sich im Sommer sowohl wie im Winter einige zwanzig Stücke und mehr, um meine Pferde oder Wagen herum, und die Hirsche folgen hinter mir her, so lange ich im Thiergarten bleibe. Man wird bey allem Wildpret finden, daß die Hirsche weit eher als die Thiere zahm werden, auch überhaupt dreister sind, vermuthlich weil sie, ihrer männlichen Stärke bewust sind, und sich darauf verlassen. Dieser Zahmheit ungeachtet, sind sie auch den Augenblick wild, sobald sie Nachstellungen bemerken, und wenn ich Zeugjagen im Garten anstelle, welches ich besonders um lebendiges Wildpret einzufangen, nicht selten thue, muß ich das Treiben mit vieler Vorsicht anfangen, um es nicht zu erhitzen. Sie werden so wild, das sie Menschen überlaufen, und über Pferde und Leute fallen [18]); sobald ich aber das Jagen beschlossen, und die Zeuge habe abwerfen und wegführen lassen, kann ich sie gleich wieder den folgenden Tag, wenn ich rufe, um mich herum versammeln. Zeigt dieses nicht einen besondern Instinct an, eine überlegte Zahmheit, wenn ich mich des Ausdrucks bedienen darf, die sich nach Zeit nnd Umstände richtet?

Wenn man einen Thiergarten für dieses Wildpret anlegen will, so ist ein mit Laubholz bestandener Wald hierzu am vorzüglichsten, besonders wenn viel mast-

18) **Ueberfallen heist es in der Jägersprache, wenn das Wildpret über etwas wegspringet.**

masttragendes Holz an Eichen, Buchen, auch wilden Kastanien, welche eine für dieses Wildpret sehr angenehme Frucht geben, vorhanden ist. Hat man aber nur Nadelholz, so muß man doch darauf sehen, daß es einen grasreichen Boden habe, daß Wiesen und Aecker daran stossen, die man im Thiergarten einziehen kann, und daß endlich masttragende Bäume hineingepflanzet werden, welche mit der Zeit die Aesung im Garten vermehren helfen. Wasser muß auch ebenfalls darin seyn, und ist es kein fliessender Bach, sondern ein Teich, so muß man doch aus der Erfahrung wissen, daß er bey der anhaltendsten Dürre nicht austrocknet; doch, das versteht sich von selbst. Zu Einschließung des nun erwählten Orts, ist ein höltzerner Wildzaun, die beste und wohlfeilste Vermachung; angenommen, daß ein Herr, der einen Thiergarten anlegen will, selbst das nöthige Holz darzu hat. An Orten, wo es keine Wölfe giebt, kann man in der Entfernung von sechszehn Fuß, kieferne Pfosten drittehalb Fuß in- und neun Fuß über die Erde eingraben, und in den auf beyden Seiten gehauenen Falz gespaltene Bohlen legen, die in der Höhe von vier Fuß dichte auf einander kommen, nachgehends aber auf die übrigen fünf Fuß die Bohlen mit Klötzen von sechs, acht, zwölf und sechszehn Zoll länge, die man in Falz zwischen jeder leget, aus einander halten. In Gegenden aber, wo zum öffentlichen Beweiß einer sehr kranken Jagd-Polizey, die Wölfe häufig sind, muß der Zaun aus Pallisaden, das heißt, aus senkrecht, drey Fuß tief eingegraben, nnd acht Fuß über die Erde dichte neben einander stehenden Bohlen, bestehen, welche oben durch ein weidenes Geflechte eines Fußes breit, zusammengehalten werden. Jede Pallisade muß aber drey Fuß über die Erde schwarz gebrandt seyn, sonst wären sie in drey Jahren verfaulet. Um aber einen hölzernen Wildzaun immer im guten Stande zu erhalten, so thut man wohl, ihn, ist es ein Bohlenzaun, in funfzehn, einen Pallisadenzaun aber in zehn gleiche Theile zu theilen, und alle Jahr einen solchen Abschnitt neu machen zu lassen, den alten aber dagegen, auf den Holzhof zum Verbrennen zu fahren. Auf solche Art höret ein solcher Wildzaun auf, holzfressend zu scheinen; es ist gleichsam ein Holzmagazin, wo das Holz, statt in Scheiten aufgestapelt zu stehen, in Gestalt eines Zauns verwahret wird. Wo man aber das Brennholz für Geld, und nicht durch Dienste schlagen lässet, bekommt man für eben den Preiß, den man für ein Klafter Holzschlägerlohn bezahlt, auch ein Fach im Zaun, und kann man alsdenn das schlechteste Holz zum Zaun anwenden, weil man auf die Dauerhaftigkeit keine Rücksicht zu nehmen hat. Das Verhältniß der Anzahl des Wildprets zum Umfange des Gartens, habe ich beyläufig Seite 195 u. f. bestimmt; hier muß ich nur noch sagen, daß man zur Winterfütterung eine Heuscheune erbauen muß, die am besten angeleget ist, wenn sie aus zwey Etagen bestehet. Die untere ist auf allen Seiten offen, und enthält eine Rauffe im Grossen nach Art der Schafrauffen; die obere Etage aber, welche solchergestalt auf zehn Fuß hoch von der Erde erhaben ist, denn, so hoch ist der untere Raum, in welchem die Raufe stehet, muß auf allen vier Seiten mit Leimen ausklementiret, und mit einem guten Rohr- oder Strohdach verwahret seyn. Hier wird der Heuvorrath für das Wildpret aufgebanset, und ihm davon täglich in den vier Wintermonaten November bis Februar, auch noch bisweilen im März in der Raufe vorgegeben. Doch

kommt

kommt es bey der Futterung auf den Winter an. Bey offenem Wetter futtert man später erst im December; und in der freyen Wildbahn nur reichlich wenn Schnee lieget; sonst nur so viel als nöthig ist, um das Wildpret im Refir zn erhalten. In Thiergärten aber muß ihnen im Winter täglich ihr Futter, und zwar für jedes Stück Wildpret viet Pfund Heu, worunter das Katzensterz, das man in den Oderbrüchern häufig wirbt, das vorzüglichste ist, gegeben werden. Es wird also für jedes Stück Wildpret ein Schock Heu, oder vier Centner vierzig Pfund Heu auf den ganzen Winter gerechnet, wenn man neinlich sechszig achtpfündige Bund Heu zu einem Schock annimmt. Dieser Etat gilt aber durch die Bank, es mögen Kälber oder altes Wildpret seyn, denn so kann das eine das andere übertragen.

Obgleich viele in der irrigen Meinung sind, daß Damwildpret und Rothwildpret nicht unter einander stehen können; so ist doch dieses keinesweges gegründet. Ich könnte unzähliche Thiergärten hernennen, wo beyde Arten Wildpret unter einander sind, und sich wohl befinden; das ist aber wahr, daß, weil das Damwildpret das Gras bey der Erde sehr genau wegäßet, auch weit weniger bey der Weide wählet, sondern fast alle Arten von Gräsern und Kräutern aufnimmt, das Rothwildpret bey einer starken Anzahl vom Damwildpret leicht Noth leiden kann. Aus Hunger könnte also jenes wohl umfallen; aber nicht aus Anthipathie. So bald man also nach Maaßgabe des Raums, ein gehöriges Verhältniß zwischen dem Roth- nnd Damwildpret beobachtet, so bald wird sich beydes sehr wohl zum Nutzen und Vergnügen des Eigenthümers in einem Thiergarten halten. Rehe leiden eben so wenig aus Antipathie, sondern weil sie,

fürnehm.

fürnehmlich der Körrung wegen, nicht wohl unter anderem Wildpret in einem Thiergarten stehen können, wenn man sie unter Roth- und Damwildpret thut; es wäre indeß auch übereilet, wenn man hieraus schliessen wollte, daß das Damwildpret den Rehen zuwieder wäre, und diese sich aus dem Reviere zögen, so bald jene dort ausgelassen würden. Es ist aus dem Auffenthalt selbst abzunehmen, wie wenig diese Wildpretsarten einander im Wege kommen können, da beyde in Absicht der Aesung und des Standes, eine ganz verschiedene Neigung haben. Rehe stehen gerne in Brüchern oder in kleinen Feldhölzern, die mit Saatfeldern oder Wiesen umgeben sind. Wir haben gesehn, daß das Damwildpret trockene nnd bergigte Waldungen liebt, und Brücher oder nasse Weide nicht besuchet; es kann also nicht leicht ein Fall vorkommen, der die Rehe bewegen sollte das Damwildpret zu fliehen, und würde es eine unnöthige Besorgniß desjenigen seyn, welcher, weil er einen Rehstand, daneben aber auch gute Gelegenheiten für Damwildpret hätte, diese Wildpretsart nicht aussetzen wollte, aus Furcht seinen Rehstand dadurch zu ruiniren.

Wenn man ins Freye dieses Wildpret auslassen will, so muß man die hierzu bestimmten Stücke, im Winter in einen ganz kleinen Thiergarten, der nur ein paarhundert Schritte lang und breit, in dem für sie bestimmten Forstrevier angeleget ist, thun, und mit Heu oder Körrung fleißig füttern. Bey diesem täglichem Besuche, wird es in Zeit von vier Wochen, ziemlich zahm werden, und auf den Ruf des jenigen der die Futterung besorget, sich gewiß gleich einfinden. Nach acht Wochen, fürnehmlich wenn viel Schnee lieget, kann man entweder das Thor offen lassen, oder einige Fächer im Zaun eröfnen, um dem Wildpret die

Freyheit

Freyheit zu geben, in und ausserhalb dem Garten aber körren. Man kann auch eine Heuscheune in den Zaun anlegen, so wie diejenige, welche ich zu den Thiergärten angerathen habe, und zwar dergestallt, daß die eine lange Seite der Raufe ausserhalb, die andere aber innerhalb dem Garten stehe, und damit sowol das bereits ins Freye gelassene, als das noch im Garten gesperrete, herantreten und sich äsen könne; weil ich annehme, daß man einige Jahre mit Einsetzen und Auslassen des Wildprets in und aus dem Thiergarten fortfahren wird. Das nun vorhin erwehnte herausgelassene Wildpret, wird sich ausserhalb nach dem Garten zwar nach der Körrung und Futterung ziehn, jedoch auch innerhalb denselben zurückkehren, fürnehmlich da man mit der Körrung und Futterung im Garten täglich fortfähret. Es ist aber nothwendig, wenn es sich wegen des Wassers, das doch im Garten seyn muß, thun lässet, die Schenne in ein Dickigt anzulegen, damit das Wildpret ruhig und verborgen so wohl in als ausserhalb des Gartens wechseln könne. Auf diese Weise wird das Wildpret ganz unvermerkt in Freyheit gebracht, und da es, welches vor allen Dingen nöthig ist, in seinem neuen Stande Ruhe findet, und weder von Menschen noch von Hunden, oder Viehheerden verscheuchet oder gestöret wird, so wird es das Revier nicht verlassen, sondern sich im Freyen so gut wie im Thiergarten vermehren. Wenn man einige Jahre nach einander mit Auslassung des Wildprets auf diese Art fortfähret, dabey auch das ins Freye gesetzte im Walde sich vermehret, so ist dieses der bequemste und sicherste Weg, in kurzer Zeit zu einem ansehnlichen Damwildprets-Stande zu gelangen, von welchem man das größte Vergnügen und auch verhältnißmäßig Nutzen zu erwarten hat.

Die Benutzung einer Wildbahn oder eines Thiergartens geschiehet, wie bekannt, durch Wegpürschung des überflüßigen Wildprets, welches, indem es nicht selbst von dem Herrn des Gartens, oder der Wildbahn zu seiner eigenen Tafel verbraucht wird, zu einer guten Einnahme, durch den Verkauf des übrigen Wildprets Gelegenheit giebt. Weil es aber gut ist, alle Einnahmen so einzurichten, daß sie immer alle Jahre gleich stark seyn können, so muß auch bey der Pürschung des Wildprets ein richtiges Verhältniß mit dem jährigen Zuwachs beobachtet werden, damit sich sowohl der Wildstand, als die daraus zu nehmende Einnahme immer gleich bleiben könne. Wir wollen z. b. einen Thiergarten von funfzig Morgen annehmen, und nach Verhältniß des darin zu haltenden Wildprets bestimmen, wie viel daraus zu pürschen, daß und wie stark der Bestand zum Winter verbleiben müsse, um eine immer gleiche Anzahl des Wildprets in dem Garten, nach Möglichkeit, durch den Sommer-Zuwachs zu erhalten.

Nach dem Seite 195 u. f. angegebenen Verhältniß, können in einem Thiergarten von 50 Morgen an Wildpret gehalten werden und sich also im Julius nach der Setzzeit darauf befinden:

Bestand im Julius.	**Hiervon werden gepürschet.**	**Bestand im Winter.**
Stücke.	**Stücke.**	**Stücke.**
1 alter 4jähriger Schaufler.	1 alter Schaufler.	- - - - - -
2 3jährige Hirsche.	1 dreyjähriger Hirsch.	1 3jährig., wird 4jährige Schaufl.
3 angehende Schaufler.	1 angehend. Schaufler.	2 angehende, werden 3jährige S.
10 Spiesser.	7 Spiesser.	3 Spiess. werd. angehende Schaufl.
20 alte Thiere.	2 alte Gelthiere.	

8 Schmal-

Bestand im July.	Hiervon werden gepürschet.	Bestand im Winter.
Stücke.	Stücke.	Stücke.
8 Schmalthiere. 10 Wildkälber. 8 Hirschkälber.	6 Schmalthiere.	18 alte Thiere. 2 Schmalth. werd. 2jährige Thiere. 10 Wildkälber werden Schmalthiere. 8 Hirschkälber, werden Spiesser.
62 Stück nach der Setzzeit.	18 Stück gepürscht.	44 Stück bleiben im Winter zur folgenden Setzzeit.

Weil man annehmen kann, daß bey zehn Stück Wildprett, eines Gelte bleibet, so habe ich hier von zwanzig alten Thieren nur achtzehn Kälber gerechnet. Die Geschlechte wechseln, wie ich bemerkt habe, jährlich um, dergestalt, daß wenn ein Jahr drey Hirschkälber gegen ein Wildkalb gesetzt werden, dieses Verhältniß im folgenden Jahre gewiß umgekehrt ist, und drey Wildkälber gegen ein Hirschkalb da seyn werden. Das Wildpret als Kälber zu pürschen und zu verkaufen, ist weniger rathsam als sie zu Spiessern und Schmalthieren aufwachsen zu lassen. Sie gelten alsdenn mehr. Wollte man aber diese noch älter, und zu alten Thieren und angehenden Schauflern werden lassen; so würde das wenige, was dafür mehr bezahlt würde, nicht den Ausfall ersetzen, den man dadurch hätte: daß, entweder nur halb so viel angehende Schaufler als Spiesser gepürscht werden könnten, oder der Zuwachs müste größer seyn, um die gepürschten Schaufler durch Spiesser, und diese durch Hirschkälber zu ergänzen. Das Benuzungsverhältniß kann auf größere oder kleinere Wildbahnen passend eingerichtet werden, wenn man nur dabey durchs Pürschen die einmal angenommene Folge zu erhalten suchet, daß die Jüngern in die Stelle der gepürschteu eintreten, und sie den Sommer darauf ersetzen können. Auf diese Weise bleibet nicht allein die Anzahl und die Stärke der Hirsche und des Wildprets auf dem Reviere immer gleich, sondern die Summa der Einnahme, die von dem verkauften Wildpret gezogen wird, ist immer die nehmliche; wenn nicht durch besondere Unglücksfälle, als daß viele Thier-Gelte bleiben, oder vieles Fallwildpret ist, oder einige Thiere versezzen, das Verhältniß unterbrochen wird, und der Abgang ansehnlicher als der Zuwachs ist. In diesem Falle muß alsdenn allerdings weniger gepürschet werden.

Daß das Damwildpret eine angenehme Speise gebe, ist bekannt, füruehmlich aber sind hierzu die Spiesser und Schmalthiere, die vorzüglichsten. Das Wildpret ist weit mehr mit Feist durchwachsen, als das vom Rothwildpret, und auch weit zarter. Die Häute, obgleich nicht so dicke als bey diesen, sind, denohngeachtet, feste und dauerhaft, und endlich ist das Gehörne in der Küche und in die Fabriken eben so brauchbar, als das vom Edelhirsch.

Es ist bey der Naturgeschichte des Damwildprets nicht mit Stillschweigen zu übergehn, daß es, wie das ganze Hirschgeschlecht, keine Galle an der Leber habe; ob aber in der Blume, weil diese inwendig grünlich aussiehet, der Sitz der Gallenblase zu suchen sey, das ist wohl eine noch sehr zweifelhaften Sache, ob es gleich fast von allen Weidmännern behauptet wird. Bey einigen Hirschen, auch wohl bisweilen bey alten Thieren, findet sich ein Knochen im Herzen, welcher seiner Gestalt wegen, des Hirsches Kreuz genennet wird. Unter den Augenwinkeln des Hirsches

nach

nach dem Munde zu, ist eine beynahe einen Zoll tiefe Höhlung, welche sich von aussen in eine Spalte öfnet, die neben dem Auge zwey Linien breit, und über einen Zoll lang ist. Inwendig ist sie auch einen Zoll lang, und in der Mitee über acht Linien breit, sie ist inwendig mit einer sehr dünnen und feinen Haut bekleidet, und enthält eine Art von Sediment von schwarzer Farbe, welches eine fette und sehr leichte Masse ist. Man nennet dieses Hirschthränen, weil man gemuthmasset hat, daß die Thränen aus dem Auge, die kleine Spalte herab bis in die Höhlung lauffen; und nachdem bie wässerige Feuchtigkeit ausgedunstet, diese Masse zurücklassen könnte. Vielleicht ist eine Feuchtigkeit die von den Seiten der Höhlung ausschwitzt, innerhalb derselben wie ein weiches Wachs consolidiret, nnd eine dünne Ohrenschmalz ähnliche Materie bildet. Alles Roth- und Damwildpret, ja sogar das Rennwildpret hat dergleichen Augenhöhlen, aber sie sind nicht immer mit einer verdickten Masse angefüllt, und sind entweder ganz leer oder enthalten eine sehr geringe und ganz weiche Materie.

Weil das Damwildpret seinen Wachsthum eher als das Rehwildpret vollendet, so ist auch zu vermuthen, daß es nicht zu einem so hohen Alter gelange; und so wie nach allen neuerlich gemachten Beobachtungen, nicht leicht muthmaßlich ist, daß der älteste Edelhirsch länger als dreyzig bis vierzig Jahre lebe, so ist glaublich, daß die Jahre des ältesten Damhirsches nicht weiter als zwanzig bis fünf und zwanzig Jahre hinausreichen. Ich habe nicht Gelegenheit gehabt, hierüber Erfahrung anzustellen, welche anch um desto schwerer statt finden können, weil es wohl höchst selten ist, daß die Menschen den Thieren das äusserste Ziel des Lebens erreichen lassen, welche die Natur ihnen gesetzt hat.

X.

Von dem Fluge der Vögel.

Tab. VIII und VIIII.

Erster Abschnitt.

§. 1.

Verdienet irgend etwas, auf dem Schauplatze der Natur unsere Bewunderung, und unterrichtet uns von der unendlichen Weisheit des anbetungswürdigen Schöpfers, so ist es der Flug des Gevögels. Nichts ist an ihrem Cörper vorhanden, das nicht schwerer wäre als die Luft; die leichteste Daune ihrer Federn fället in einem stillen Zimmer nieder, ihr Cörper selbst ist schwerer, sogar als das Wasser, wenn einige schwimmen, so kommt solches von dem erweiterten Raum her, den der ihren Cörper allenthalben umgebende Muff ihrer fettigen, und das Wasser abweisenden Federn einnimmt: Alles überhaupt betrachtet, glaube ich nicht sonderlich zu fehlen, wenn ich im Durchschnitte annehme, ein Vogel sey nicht leicht unter 800- und oft 1000mal schwerer, als ein gleich grosser Luft-Cörper. Demohngeachtet schwebt diese Last mit der grösten Sicherheit, und schiesset mit der grösten Behendigkeit hin und her, in einer so dünnen Luft, die sogar den leichtesten Staub fallen lässet.

§. 2.

§. 2. Man wird sagen, dafür hat der Schöpfer dem Vogel Flügel verliehen, und wir fragen: wie wirkt sein Flügel? Und was ist das in der Luft, das in einem so dünnen und ausweichenden Elemente seine Flügel unterstützet? **Borellus**, in seiner vortreflichen Abhandlung de motu animalium und sein Nachfolger D. **Nieuwetyt** in dem Werke, welches den Titel führet: **Rechter Gebrauch der Welt-Betrachtung**, haben noch vieles übrig gelassen so einer genauern Untersuchung und Verbeßerung bedarf, wenn man sich von dem Fluge der Vögel einen unsere Wißbegierde vergnügenden Begriff machen will.

§. 3. Es wird uns aber nöthig seyn, zuvor diejenigen Eigenschaften der Luft genau kennen zu lernen, welche dem Vogel Gelegenheit geben in der Luft zu schweben, ehe wir die Art und Weise, wie er flieget, untersuchen. Die Schwere desjenigen flüßigen Körpers, worinnen ein Thier sich beweget, kommet nur bey den Fischen in Anschlag; bey dem Vogel aber nicht, der in einem so leichten Elemente wenig von seiner Schwere verlieret. Also bleibet uns weiter nichts übrig als die Elasticität, uud der Strohm mit welchem die Luft seinem Körper entgegen wirket.

§. 4. Die Luft lässet sich in einen engeren Raum zusammen drücken, jemehr sie aber zusammengedrücket wird, desto mehr wiederstehet sie der drükkenden Kraft, und der Lehrsatz, daß die durch die Preßung entstandenen Räume sich umgekehrt verhalten, wie die preßenden Kräfte, ist zu bekannt, als daß es nöthig wäre, die deshalb angestellten Versuche zu erzählen. Demnach wiederstehet eine, in einem noch einmal so kleinen Raum zusammengepreßte Luft, einer noch einmal so grossen zusammenpreßenden Kraft, nemlich in einem verschlossenen Gefässe. Weil aber der Vogel in freyer Luft schwebet, die nirgends eingeschlossen ist: so lässet sich dieser Satz nicht gerade zu auf seinen Flug anwenden.

§. 5. Wäre die Luft nicht elastisch, so könnte man den Wiederstand, den sie den Flügeln giebt, theils durch die Flügel-Fläche, theils durch die Geschwindigkeit des Schlages, theils durch die specifique Schwere des Vogels gegen die Luft gar leicht bestimmen. Aber die Luft ist elastisch, sie wirket also ganz anders als ein flüßiger Körper, der diese Eigenschaft nicht besitzet. Hier kommt es nun auf Untersuchung an, wie ein elastisch flüßiger Körper entgegen wirket, wenn sich ein anderer vester durch ihn hinbeweget.

§. 6. Elastische Körper lassen sich zusammen drücken. Der Vogel, indem er durch die Luft fähret, schiebet sie vor sich her und verdichtet sie. Platz genug hat die Luft rings umher auszuweichen, weil aber ungleich mehr Theile bey dem Ausweichen in Bewegung gerathen müßen, als das Profil des Vogels von vorne berühren; so erfolget dies Ausweichen viel langsamer, als die fortgeschobenen Lufttheilchen zusammen gedrücket werden. Daraus entstehet denn eine verdickte Luft, die desto dichter wird, je schneller der Körper durch sie hinfähret.

Es stehet aber diese Verdichung in geradem Verhältniße mit der Geschwindigkeit; und eben so vermehret sich auch die Schnellkraft und der Wiederstand der Luft. Wäre dieses nicht; so würde die Luft eben so schnell dem Vogel entgegen kommen, als er ihr entgegen flieget; und ihr Wiederstand wäre der Wirkung eines Windes gleich, der mit dem Fluge des Vogels gleiche Geschwindigkeit hat; daß aber die Sache sich ganz anders verhalte, siehet man an den Windmühlenflügeln, die sich oft schneller bewegen, als der Wind

der

der sie treibet. Ein Phönomen, so von nichts anders entstehen kann, als von der Preßung der gegen die Windflügel anprellenden Luft Stöße, welche ihre Kraft sich zu restituiren vermehret. wodurch zugleich ihre Geschwindigkeit vergrößert wird. Wir wollen diese Bestimmungs-Gründe näher erwegen.

§. 7. Der fliegende Körper verdichtet die Luft durch die Geschwindigkeit seines Fluges; da nun die Wirkung weder grösser noch geringer seyn kann, als die wirkende Ursache; so verhält sich die Verdichtung wie die Geschwindigkeit des fahrenden Körpers: Denn durch den Flug wird die Luft aus einem körperlichen Raume verdränget. Sind die Zeiten einerley; so verhalten sich die Räume wie die Geschwindigkeiten, und also auch die Zusammenpreßungen der Luft. Es sey die Geschwindigkeit $= c$, die Verdichtung $= d$, folglich wie $c : C = d : D$.

§. 8. Die Luft besitzet Schwere, der Grad der Verdichtung kann also auch durch die Höhe einer preßenden Luftsäule vorgestellet werden, deren Schwere die Verdichtung verursachet, mithin können wir auch setzen $h = d$. Ferner lassen sich die Geschwindigkeiten mit den Fallhöhen vergleichen, aus welchen sie erzeuget werden, und diese verhalten sich wie die Quadrate der erzeugeten Geschwindigkeit. Folglich $c^2 : C^2 = h : H$. Hier bedeutet h die Fallhöhe. Den gesammten Wiederstand $r = hd$ zu finden, der sowol durch die Fallhöhe, als auch durch die Preßung der Luft entstanden. Müßte man nun das Verhältniß $c : C =$ tripliciren,

da entstehet denn $c^3 : C^3 = hd : HD$

und wenn $hd = r$ $\quad c^3\ C^3 = r : R$

Setzet aber $R = x$, so ist $x = \dfrac{C^3\, r}{c^3}$

das ist der Wiederstand der gepreß-

 ten

ten Luft, verhält sich wie die Cubi der Geschwindigkeiten des entgegenfliegenden Körpers; folglich stehen die Höhen der den gesammten Wiederstand ausdrückenden Luftsäulen in ratione triplicata der Geschwindigkeiten. Hat man nun $H = R = \frac{C^3 h}{c^3}$ gefunden: so kann man auch diejenige Geschwindigkeit bestimmen, mit welcher die Luft dem fliegenden Körper entgegen strömet, indem sich die Geschwindigkeiten verhalten wie die Quadrat-Wurzeln, aus den Höhen der preßenden Luftsäulen. Diese zufindende Geschwindigkeit sey y demnach ist $y = \sqrt{\frac{C^3 h}{c^3}}$ Folglich empfindet ein dreymal schneller fliegender Vogel, einen sieben- und zwanzigmal größern Wiederstand der Luft, als der dessen Geschwindigkeit = 1. ist.

Zugabe.

§. 9. Eben dieses kann auch auf den Wiederstand der Luft gegen Geschützkugeln angewendet werden, und man siehet daraus, woher es komme, daß bey einem schnellen Kugelfluge der Wiederstand der Luft, viel größer ist, als er nach der gewöhnlichen Berechnung seyn sollte. In meiner Geogenie bin ich indessen bey dem Eleurischen Satze geblieben, theils weil daselbst der Ort nicht war, diese Materie auszuführen, theils weil nach meinen Endzwecke es nichts in der Sache änderte, indem ich nicht den wahren Wiederstand der Luft gegen die Kugel, sondern nur den Unterschied deßelben bey dicker und dünner Luft zu erweisen hatte.

§. 10. Aus dem, was ich bisher angeführet habe, erkennet man, wie sehr der Vogel bey einem schnellen Fluge von einer verdichteten Luft zusammen gedrükgedrücket werde. Denn obgleich derselbe nur mit dem Profile seines Vorderleibes die Luft zusammen schiebet, so streichet doch diese verdichtete Luft um und neben ihn hin, und wirket auch seitwärts gegen seinen Körper. Der Schöpfer hat ihn mit elastischen Federn umkleidet, damit nicht diese verdichtete Luft unmittelbar auf seine Haut wirke, sondern der Druck, weil er vermittelst des Polsters seiner Federn geschiehet, ihm erträglicher werde. Es läßet sich auch noch eine andere Spur der göttlichen Weisheit entdecken. Herr Doct. Bloch, unser um die Naturkunde sich sehr verdient machendes Mitglied, zeigete bereits im vorigen Jahre der Gesellschaft an einem Vogel Körper, wie die Luft durch die Luftröhre nicht nur in die Lunge des Vogels trete, sondern auch vermittelst gewißer Säcke sich durch den ganzen Leib vertheile, und ihn durch und durch wie einen Blasebalg ausdehne. Er bestätigte solches nachmals mit mehreren Versuchen. Ja, es fand sich sogar, daß die Luft in den Knochen des ersten Flügel-Gliedes durch eine Oefnung am Wirbel eintrat; man bemerkte bey Einblasung der Luft, daß sich die Flügel ausdehnten. Brach man aber den Knochen entzwey, so fuhr die Luft so stark aus demselben heraus, daß sie ein Licht ausblies. Eine Entdeckung, deren schon vorher der berühmte Herr Professor Kamper in Franecker, meines Wissens zuerst gedenket, und deren Endzweck immer räthselhafter wird, je mehr man ihm nachspüret? Anfangs muthmaßte, diese Anlage habe der Schöpfer gemachet, damit der Vogel, bey der heftigen Bewegung der Flügel durch die in sein innerstes eingezogene Luft abgekühlet werde; aber im Bauche befinden sich die größesten Luftbälge, wo bey dem Fluge sich nicht ein Muskel beweget. Eben jetzt, da ich die

starken

starken Wirkungen der Luft auf die Oberfläche des Leibes bemerket habe, zeiget sich mir die Sache in einem ganz andern Lichte. Der Vogel flieget, und also dringet die Luft durch seine Nasenlöcher, die er nach Gutbefinden innerlich verschliessen und eröfnen kann, in seinen Körper hinein, je schneller er fortstreichet, desto stärker ist die Preßung der Luft; aber desto heftiger dringet sie in seinen Leib, und destomehr widerstehet sie in seinen Fangbälgen dem Drucke der äusteren Luft. So wenig auch diese Aufblehung zur Erleichterung seines Körpers in einem so dünnen und leichten Elemente beytragen kann, als welche von keiner Erheblichkeit ist; so wichtig ist diese Structur, wenn man bedenket, wie sehr der Umlauf des Geblüts durch Zusammenpreßung seiner Peripherie gegehemmet würde, woferne er nicht durch dieses Mittel eine Ausdehnung innerlich herfür bringen könnte, die der äußeren Preßung das völlige Gleichgewicht hielt, und verursachte, daß der Elater der inneren Luft gleich stark mit der Schnellkraft der äußeren bliebe.

§. 11. Diese Anatomie hat uns ferner belehret, daß die Lunge dem Vogel bey dem Othemholen wenig zustatten komme, sie ist am Rücken angewachsen, lässet die eingeblasene Luft durch sehr sichtbare Oefnungen in die zwischen allen Muskeln, am meisten aber in dem Unterleibe befindlichen Fangbälge hinein, und scheinet mehr zur Beförderung des Umlaufes des Geblüts, als zur Athmung erschaffen zu seyn, in welcher Absicht der ganze Leib Lunge ist. Dagegen wird man kein Beyspiel haben, daß ein Vogel an der Blutstürzung gestorben, welche Gefahr bey einem so schnellen Fluge, zumal, da er noch dazu so gern gegen den Wind flieget, sehr groß ist. Wie schwer wird es nicht einem Menschen, bey entgegen streichendem

Winde

Winde Luft zu schöpfen! Dem Vogel kommen seine Luftbälge zu statten, und die Pressung der ihn umgebenden verdichteten äußeren Luft, stehet seinem Bauche bey, die, wie ein starker Wind ihm entgegen kommende und in ihm eindringende Luft, durch die Naselöcher wieder auszublasen. Die Steifung der Flügel bey dem Schweben, scheinet auch nicht ganz von der Kraft der Brustmuskeln abzuhangen. Die Milane schwebt halbe Tage lang in weitschweifigen Kreisen herum, ohne die Flügel sonderlich zu bewegen; sollten da die Flügelmuskeln durch eine so lange anhaltende Spannung nicht steif werden? dehnt aber die entgegen ströhmende Luft ihre Flügel aus; so erfodert das Reviren wenig Mühe. So viele und so fruchtbare Endzwecke hat die Weisheit Gottes mit dieser besondern Struktur verknüpfet!

§. 12. Indessen trägt diese, dem Leibe des Vogels bey dem Fluge seiner Direktionslinie entgegen wirkende Luft Tab. VIII. Fig. 1. vieles zu seinem Schweben bey. Denn es sey Fig. 1. das Profil des Vogels, und a b die mit einer schief liegenden Fläche sich der Direktion der entgegen kommen Luft v widersetzende Brust: so siehet man klar, daß diese Gegenwirkung den Vogel zu heben suche, und die Kraft womit der Körper gehoben wird, verhält sich zu dem Gegendrucke der Luft wie cd : ed. Kopf und Schnabel laufen spitz aus, die Luft desto leichter zu zertheilen, zu dem Ende auch der Schnabel beständig vorausgestrecket wird; aber die Brust ist breit und schräge abwärts laufend, damit sie der hebenden Kraft desto mehr Fläche gebe, und die Wirkung der Schwere des Körpers wenigstens vermindere.

§. 13. Bisher haben wir die Wirkungen der Luft bey dem Durchfahren des Vogels durch dieselbe betrach-

betrachtet; ungleich wichtiger aber ist die Untersuchung derjenigen Kräfte, womit sie gegen seine Flügel wirket. Vor der Hand können wir annehmen, der Flügel sey eine ebene Fläche, mit welcher die Luft geschlagen wird. Ferner: die Schwere des Vogels, und im Fall er einen anderen Körper mit sich durch die Luft führet, die Schwere des beladenen Vogels sey gleich einer Wassersäule, die zur Grundfläche die Fläche beyder Flügel, und eine solche Höhe hat, daß ihr Gewicht der Schwere des Vogels gleich sey. Die Fläche der Flügel sey $= f$; die stereometrische Größe eines mit dem Vogel gleich schweren Wasserkörpers sey m; die Höhe $= y$, so ist $\frac{m}{f} = y$ der Höhe dieses Wasserkörpers. Ferner: die specifique Schwere der Luft gegen Wasser sey $= n$; welche andeutet, um wie vielmal die Luft leichter ist als Wasser: alsdenn ist $yn = v$ der Höhe derjenigen Luftsäule, deren Widerstand der fallenden Schwere des Vogels gleich ist. Man kann aber auch setzen $\left(\frac{mn}{f}\right) = v$. Nun ist nach §. 8. $\sqrt{v} =$ der Geschwindigkeit, womit die Luft dem Vogel entgegen wirket, $\sqrt[3]{v}$ aber diejenige Geschwindigkeit, mit welcher der Vogel die Flügel beweget. Folglich da $\sqrt{\left(\frac{mn}{f}\right)} = \sqrt{v}$, und $\sqrt[3]{\frac{mn}{f}} = \sqrt[3]{v}$; so kann man beyde Geschwindigkeiten auf diese Art finden.

§. 14. Es mögte scheinen, daß man hier auch diejenige Geschwindigkeit mit in Anschlag bringen und abziehen müsse, mit welcher die Luft während den Flügelschlage seitwärts ausweichet, zumal da dieser Umstand den Widerstand der Luft schwächet; wir werden aber

aber bald einsehen, daß dieser Verlust des Widerstandes reichlich ersetzet werde, wenn man bedenket, daß der Vogel durch seine Durchfahrt schon die wie ein Wind ihm entgegen kommende Luft um sich her verdichte, seine Flügel also in einer dichteren Luft bewege: ferner, daß die Flügel, so bald sie den horizontalen Stand paßiret sind, gegen einander schlagen, und die von beyden Seiten zusammen getriebene Luft nöthigen, gegen seinen Körper zu wirken und ihn zu heben: endlich, daß der Theil der Flügel, welcher zum Tragen des Körpers dienet, eine einwärts gehende Höhlung habe, aus welcher die geschöpfte Luft nicht so bald entweichen kann. Wenn man auf einem Tische Hexel ausstreuet, und einen zubereiteten Flügel mit möglichster Geschwindigkeit gegen den Tisch beweget, und zwar auf die Art, wie ihn der Vogel schlägt; so wird man finden, daß der Hexel sich erst zu bewegen anfange, wenn der Schlag beynahe geschehen ist; ingleichen, daß die Luft, welche mit dem Rahme des Flügels getroffen wird, wenig ausweiche; am heftigsten aber da, wo die Schwingfedern sich enden, unter dem Flügel hervorblase. Es lässet sich auch hieraus das Verhalten des Vogels bey dem Auffliegen herleiten. Ein Vogel mit steif gebundenen Füssen kann beynahe sich gar nicht heben, seine Füsse müssen frey seyn, und er schnellet sich erstlich mit selbigen in die Höhe, damit er zur Schwingung seiner Flügel Raum bekomme, alsdenn sind die ersten Schläge sehr weit ausgeholet und schnell: hat er aber durch seinen Zug die Luft um sich her verdichtet, denn flieget er mit viel grösserer Bequemlichkeit. Der Trappe muß wol dreymal ansetzen, ehe er sich heben kann. So viel träget die Verdichtung der Luft zu seinem Fuge bey! Wir betrachten aber den Vogel

in

in einer sich selbst gelassenen Luft, und da wird unser Bestimmungsgrund genau genug zutreffen.

§. 15. Ganz sind wir indessen mit unsrer Rechnung noch nicht fertig, es muß noch m näher bestimmet, und überdem noch gezeiget werden, wie wir das Maaß der Geschwindigkeit aus der gegebenen Fallhöhe entdecken können. Zwar m kann leicht gefunden werden, wenn man schließet: wie die Schwere eines Cubikfusses Wasser = w sich verhält zu seinem körperlichen Inhalte k: so verhält sich die Schwere des Vogels p zum Volume des seiner Schwere gleichenden Wassers m, und dann ist $\frac{kp}{w} = m$, aber das übrige erfodert mehreres Nachdenken.

§. 16. Wenn es hier lediglich auf die aus den Fallhöhen entstehenden Geschwindigkeiten ankäme; so ist bekannt, daß die verschiedenen Fallhöhen sich gegen einander verhalten, wie die Quadrate ihrer Geschwindigkeiten. Es sey g die Fallhöhe von einer Sekunde, s die daraus entstandene Geschwindigkeit, c die gegebene Geschwindigkeit, und v die ihr zukommende Fallhöhe; so ist

$$s^2 : c^2 = g : v \text{ und } \frac{c^2 g}{s^2} = v.$$

Weil nun der Raum, welchen der Körper zurück leget, (wenn er mit der nach vollendetem Falle zuletzt erhaltenen Geschwindigkeit eben so lange fortfähret zu laufen, als er gefallen) zweymal so groß ist, als seine Fallhöhe; so können wir setzen $s = 2g$. und $s^2 = 4g^2$

Mithin kann man auch setzen $\frac{c^2 g}{s^2} = \frac{c^2 g}{4g^2}$ oder

$$\frac{c^2}{4g} = v. \text{ Folglich } c^2 = v.(4g).$$

Vorhin

Vorhin war $v = \frac{mn}{f}$ §. 13. Diesen Ausdruck statt v gesetzet, giebt $c^2 = \left(\frac{mn}{f}\right) . (4g)$

Anstatt m kann man setzen §. 15. $\frac{kp}{w}$ Alsdenn lautet diese Formel also: $c^2 = \left(\frac{kpn}{fw}\right) . (4g)$

$$c = \sqrt{\left(\frac{kpn}{fw} . 4g\right)}$$

Diese Formel ist zu gebrauchen, wenn wir diejenige Geschwindigkeit finden wollen, mit welcher die Luft den Flügeln entgegen schießet: wollen wir aber diejenige Geschwindigkeit wissen, mit welcher der Vogel die Flügel bewegen muß, um einen seiner Schwere gemäßen Widerstand in der Luft zu finden; so ist nach §. 13. dieselbe $= \sqrt[3]{}. v.$ Mithin ist $v = \frac{c^3}{8g}$ und

$$c^3 = \left(\frac{mn}{f}\right) . 8g = \left(\frac{kpn}{fw}\right) . 8g.$$

$$c = \sqrt[3]{\left(\frac{kpn}{fw} . 8g\right)}$$

Wir wollen einen Versuch machen, diesen Grössen ihren Werth zu ertheilen, und sehen, ob dieser Calcul mit der Erfahrung übereinstimme. Ich ernährte eine Zeitlang einen braunen Adler, seine Schwere p war = 8 ℔, und mit der an den Fuß gebundenen Kugel = 12 ℔, seine Flügellänge, wenn er sie ausbreitete von Spitze zu Spitze = 6′, die Breite seiner Flügel $1\frac{1}{3}$′. Also die Flügelfläche = 8 □′ = f. = 1152 c″. Die Schwere eines

Cubikfusses Wasser = 65 ℔ = w und n = 900. Eigentlich zwar ist die Luft 850 mal leichter als das Wasser; weil aber der Vogel in höherer und dünnerer Luft schwebt, nehme n = 900 an. k der körperliche Raum eines Cubikfusses = 1728 Cubikzoll. Die Fallhöhe eines Körpers im luftleeren Raume während einer Secunde = $15\frac{3}{4}$ rheinl. Fuß. Alsdenn ist k p n = 18662400, f w = 74880 und $\frac{k\,p\,n}{f\,w} = 249''$ $= 20\frac{3}{4}'$ g = $15\frac{3}{4}$ rheinl. Fuß und 8 g = 126′ und $\left(\frac{k\,p\,n}{f\,w}\right) \cdot 8\,g = 2614$, hieraus die Cubikwurzel ausgezogen, giebt 14 Fuß.

Wenn der Adler aufsteigen wollte, so that er in einer Secunde beynahe 3 Flügelschläge, wie denn alle Vögel bey dem Aufsteigen, ehe sie in den Zug kommen und mit einer dichteren Luft umgeben werden, die Flügel sehr hoch aufheben und schnell schlagen, $\frac{14}{3} = 4\frac{2}{3}$ Fuß. Nichts fraß dieser Vogel lieber als Leber, hatte man ihn dadurch sich zum Freunde gemacht; so erlaubte dieser König der Vögel, seinen Flügel anzufassen und Versuche anzustellen, nur mußte man ihn nicht zu lange damit behelligen. Bewegte man den Flügel eben so weit in die Höhe und wieder nieder, als er ihn bey dem Schlagen zu bewegen pflegte: so lief dieser Punkt einen Raum von beynahe 5 Fuß durch. Man wird verhoffentlich mit dieser Genauigkeit zufrieden seyn können.

Anmerkung. Bey Reduktion des Bogens, welchen die Flügel machen auf die Fallhöhe von 1 Secunde, muß man den Raum mit der Anzahl der Schwingungen des Flügels in einer Secunde multipliciren, um den Raum, den der Flügel in einer

einer Secunde durchlaufet zu finden. Die wilde Ente hat kleine Flügel, aber sie schnurret wie ein Käfer, wodurch der Raum, den ihr Flügel in einer Secunde durchlaufet, sehr groß wird.

§. 17. Nachdem überhaupt die Wirkung der Luft untersuchet, und die Möglichkeit gezeiget worden, wie ein so ungleich schwerer Körper von ihr getragen werden könne; so erfodert unsre Pflicht, jeden einzelen Theil dieser Maschine besonders zu betrachten. Der Flügel, das zum Fluge aller unentbehrlichste Glied, sey der erste Gegenstand unsrer Bemühung. Dem Adler theilet man insgemein die grössesten Geschicklichkeit im Fliegen zu, (ich aber der Schwalbe), ich werde also den Flügel meines Adlers zeichnen, und diese Zeichnung anwenden, die Flügel der übrigen Vögel darnach zu beurtheilen.

§. 18. Der Flügel hat drey Theile; Tab. VIII. Fig. 2. erstlich den Fecher, so nenne ich den Theil a c d e. Die Schwinge c d f und den Lenkfittig oder Afterflügel g, welcher wie ein kleiner spitzer Flügel aussiehet, der hinter den Hauptflügel lieget. Der Fecher bestehet aus Federn, so aus den beyden Schenkeln a b und b c hervorgehen und eine hohle Fläche bilden, welche den Körper des Vogels in der Luft träget. Diese Fläche vertritt die Stelle einer Schöpfschaufel, deren grössesten Tiefe in der Gegend b, wo die Schenkelknochen zusammenstoßen, befindlich ist. Die Aushöhlung entstehet nicht nur von den krummen gebogenen Federn d h und h c, deren Krümme sich zugleich etwas nach dem Leibe hin beuget, sondern auch aus der Lage der Schenkelknochen, welche so gegen einander gestellet sind, daß sich der Fächer daselbst am tiefsten einziehen muß, und aus einer Haut i b k, die zwischen beyden Schenkelknochen dergestalt ausgespannet ist, daß sie in b sich vorwärts überleget: es sey mir erlaubet, diese Haut den Windfang zu nennen, weil sie die Luft wie in einem Sacke fänget. Hohl mußte dieser Fecher seyn, damit nicht die geschöpfte Luft so gleich entwischen könne, sondern, wenn sie durch den Flügelschlag zusammen gepresset worden, ihren schnellen elastischen Gegenstoß erst gegen den Flügel selbst ausüben müsse, ehe sie seitwärts ausweichen kann. Weil nun auf diesen Theil des Flügels das Schweben des Vogels in der Luft hauptsächlich ankommet: so hat die Weisheit des allmächtigen Schöpfers keinen, auch nicht den geringsten Umstand zurück gelassen, der irgend etwas zur Erreichung des Endzweckes beyträget.

§. 19. Die Schwinge ist aus den längsten, stärksten und steifsten Federn zusammengesetzet, so an dem Knochen cm auf das haltbarste bevestiget sind. Ich werde den Ort c die Schulter des Flügels nennen, und em das Schulterbein, an welchem die Schwinge ihren Sitz hat; doch also, daß die Schwingfedern schräge in der oberen sehnigten Haut desselben veststecken, das ist: die Posen machen mit dem Schulterbeine einen spitzen Winkel. Weil die Bewegung des Flügels allhier am schnellsten ist; so leidet allhier die Schwinge auch den grössesten Widerstand in der Luft, deswegen mußten die Schwingfedern so steif, so stark seyn, und an Elasticität den Stahlfedern nichts nachgeben. Sie mußten aber auch lang seyn, und eine lebhafte Schnellkraft in der Spitze besitzen. Denn wenn der Vogel schwebt, Tab. VIII. Fig. 3. siehet man deutlich, wie sich die Spitze a b. Fig. 3. von der unter der Schwinge hervorfahrenden zusammen gepreßten Luft krümmet.

Nun

Nun widerstehet die Luft dem auf sie wirkenden Körper allemal unter einem rechten Winkel allhier nach der Direktion c. Folglich stößet die Spitze der Schwinge den Vogel schräge vorwärts fort, zugleich träget sie durch die schräge Richtung etwas bey, den Fall seiner Schwere zu vermindern, und man bemerket, daß ein Vogel, der keine Flügelspitze besitzet, wo sich die Schwingfedern wie ein Rad ausbreiten, wie z. E. bey einem Kiebitz, nicht schnell vorwärts schießen kann. Ein gleiches erfolget, wenn man die Flügelspitze abschneidet; das Fliegen wird ihm schwerer und erfolget viel langsamer, wenn er von einem Orte zum andern sich bewegen will. Bey großen Vögeln, vom Raben an bis zum Geyer, wird die Fahne der Schwingfedern, da, wo sie sich zum Fortschnellen des Vogels beugen müssen, merklich schmäler; hingegen da, wo sie sich mit der Fläche des Fechers vergesellschaften, wird die Fahne so gleich breiter, davon ich keine andere Ursache anzugeben weiß, als daß sie vielleicht gar einknicken würden, wenn sie bey einem schnellen Flügelschlage der Luft eine größere Breite entgegen stellen sollten. Wie vorsichtig ist diese Einrichtung gemachet worden!

§. 20. Den Beschluß des Flügels machet der Lenkfittig oder Afterflügel g. Fig. 2. Diese Federn sitzen an einem kleinen Knorpelbeine, und lassen sich durch seine Muskeln nicht nur hinter der Schwinge vorschieben, sondern auch der Direktion des Fluges gerade entgegen stellen. Dieser kleine Afterflügel hat eine doppelte Funktion. Einmal verbreitet er die Schwinge da, wo die grösseste Kraft des Flügels sitzet, und hilft den Vogel heben. Zweytens lenket er den Vogel schnell herum. Denn wenn die Luft mit Macht ihm entgegen ströhmet, und er findet nöthig, sich schnell herum zu wenden; so stellet er denjenigen Fittig, um welchen er sich drehen will, dem Winde senkrecht entgegen; denn wird er das Centrum, um welches sich der andere Flügel, dessen Fittig eingezogen liegen blieb, wie eine Windmühlenflügel herum drehet. Raubvögel müssen sich oft kurz wenden, um den Winkelzügen ihres Raubes zu folgen, daher haben sie grössere Lenkfittige als die übrigen. Viel weitschweifiger und langsamer würde sich ein Vogel lenken, wenn er mit seinen Flügeln und Schwanze solches allein bewerkstelligen müßte. Dieser Anhang mässiget aber auch die Schnelligkeit des Schusses, welches sich an den Raben besonders wahrnehmen lässet, wenn sie bey einem zu schnellen Fluge sich auf ein Dach setzen wollen. Augenblicklich kommen beyde Fittige zum Vorscheine, dann hemmet sich nicht nur ihr Schuß, sondern sie heben sich auch, wie mit einem Sprunge in die Höhe, ziehen die Flügel etwas zusammen, und so erhalten sie den Vortheil, sich langsam auf das Dach niederzulassen, ohne ihre Füße durch einen jähen Anstoß zu verletzen.

1. **Anmerkung.** Der schlagende Flügel Tab. VIII. Fig. 2. beweget sich um eine Axe a e, welche Linie am Körper des Vogels anzunehmen ist. Da frägt es sich nun, wo das Centrum oscillationis hinfalle. Verlängerte sich nicht die Schwinge f über den Fecher hinaus; so würde, wie in solchen Fällen gewöhnlich, der Mittelpunkt, wo man sich die ganze Kraft des Flügels vereiniget vorstellen kann, $\frac{2}{3}$ der Länge des Flügels n o von der Axe a e entfernet seyn. Weil aber die Schwinge die Flügelfläche verlängert: so fället er in p, da, wo die Fecherlinie c d, die Mittellinie n o durchschneidet.

2. An-

2. Anmerkung. Der Adler scheinet einen doppelten Fecher zu besitzen, indem die Federn bey h etwas eingezogen sind. In der Hauptsache kann solches wenig verschlagen. Vielleicht gehöret dieser Umstand zur Verzierung des Flügels.

§. 21. Was die übrigen verschiedenen Stellungen und Richtungen der Flügel zur Veränderung der Flugbahn, so wol in Ansehung der Richtung, als auch der Geschwindigkeit beytragen, wird sich erst bey Erörterung der einzelen Flugarten sagen lassen. Vor jetzo sind nur noch einige andere allgemeine Eigenschaften des Flügels zu erwägen übrig. Der Flügel ist leicht, und leicht muß er seyn, theils die Last des Vogels zu verringern, theils seine Kräfte bey dem Aufheben möglichst zu schonen. Daher sind die Flügelknochen sehr hohl, fast ohne Mark, aber von solcher Vestigkeit, als kein Knochen anderer Thiere von gleicher Dicke. Die Spulen der Federn sind gleichfalls hohl, und der Stiel bestehet aus einem leichten schwammichten Wesen mit einer elastischen Scheide überzogen. Die Fahne bestehet aus dünnen Blättchen, die am Stiele breiter sind als am Ende, damit sie desto mehr widerstehen, überdem haben sie auf der Schärfe unzählige Häcklein, mit denen sie sich in einander schliessen, damit die Luft sie nicht zu leicht von einander trenne, und sie mit vereinigten Kräften ihr Widerstand leisten mögen. Hier ist nichts versäumet, was den Flügel bey aller seiner übrigen Steifigkeit leicht machen kann.

§. 22. Es verstehet sich von selbst, daß die Bewegung eines so glatten und elastischen Körpers durch die in so hohen Grade elastische Luft, ein Sausen, Pfeiffen und Getöne verursachen müsse.

Die Taube pfeift, als ob sie lachte; der Flug eines Schwans ist so laut, als hörete man in der Ferne kleine Hunde bellen; und der Raubvogel erreget mit seinen Flügeln ein zischendes Sausen. Bey Gevögel, das seine Flügel nur zum Fluge, oder auch zum Fangen bey Tage gebrauchet, ist wenig daran gelegen, mit was für einem Geräusche sie die Luft theilen; es giebt aber andere, auf deren stillen und unhörbaren Flug die Möglichkeit beruhet, sich Nahrung zu verschaffen. Es sind die Eulen, diese müssen Mäuse auch andere mit einem sehr leisen Gehör begabte Thiere erwischen, und dieses zu einer Zeit, da die einbrechende Nacht eine melancholische Stille der Natur gebietet, bey welcher man auch den schwächsten Laut in der Ferne hören kann; wie würden diese Thiere bey ihrem Mausefange zurechte kommen, wenn ihre Flügel diese scheuen Thierchen für die Ankunft ihres gefährlichen Feindes warneten? Die Weisheit des Schöpfers hat Mittel gewußt, den Flug der Nachtvögel unmerklich zu machen, indem sie jede Flügelfeder mit einen Brem besetzet hat, der das Geräusch der unter selbigen hervordringenden Luft so fort dämpft: und so weiß die Maus nicht eher, daß ihr Feind vorhanden sey, als bis sie sich von seinen Fängen ergriffen fühlet.

§. 23. Wir gelangen nun zu den verschiedenen Gattungen von Flügeln, deren Endzwecke sich bald aus der vorhin angeführten Theorie entwickeln lassen. Zugvögel, welche schwebend weite Reisen zurück zu legen haben, müssen einen lang gedehnten Fecher besitzen, damit sie desto bequemer von der Luft getragen werden, desgleichen auch die Raubvögel, welche sich mit einer fremden Last beladen, und für solche mit fliegen müssen. Den längsten Fecher haben Möven und

und Seeraben, weil sie oft Fische mit sich durch die Luft führen, die ihrer eigenen Schwere wenig nachgeben. Alle übrigen Vögel, die weder Züge vornehmen, noch mehr, als sich selbst zu tragen haben, lassen sich an kurzen Fechern begnügen, die insgemein in Ansehung ihres übrigen Leibes desto breiter sind. Vögel, die in der Luft haschen, haben sehr spitze und lange Schwingen, denn sie müssen schießen, und die Behendigkeit ihres Schusses hänget von der Krümmung ihrer Schwingenspitze ab; hingegen diejenigen, denen dergleichen Fechterkünste nicht nöthig sind, haben kürzere Schwingen, die sie wie ein Rad ausbreiten, und schweben langsamer, um jener ihrer Speise zu werden. Damit ich alles in einem Satze zusammen fasse; so wird man durchgängig bemerken, daß die Figur und Größe der Flügel sich theils nach der Schwere und Größe des Vogels, theils nach der Art und Weise, wie er sich ernähret, jedesmal richte.

§. 24. Will man nicht, daß ein in unsrer Gefangenschaft lebender Vogel sich durch seine Flügel wieder in Freyheit setze: so darf man nur die Schwinge eines einzigen Flügels bis zum Fecher verkürzen. Denn in diesem Zustande kann er nicht weit entwischen, er drehet sich nicht nur stets im Kreise herum, sondern kann sich auch nicht im Fluge das Gleichgewicht geben. Verkürzet man aber beyde Schwingen, so kann er sich wieder im Gleichgewichte erhalten; er entfliehet, wiewol ungleich langsamer, als bey unverstümmelten Schwingen, auch muß er heftiger schlagen, damit der Schwung der Fecherfedern ihn forttreibe. Da nun aber die Federn eine so große Gewalt auszustehen haben, und ihre Scheiden, in welchen sie stecken, nicht unterhalb, sondern über dem Knochen anzutreffen sind; so ist es zu bewundern, wie es zugehe, daß diese Scheiden nicht zuweilen aufreissen. Es hat die Güte Gottes auf eine besondere Art dafür gesorget: denn diese Flügelhaut ist nicht nur ungemein nervigt, sondern es schlingen sich auch Schleifen um die Posen, mit welchen sie scharf auf die Knochen angezogen, und gleichsam aufgeheftet stehen.

§. 25. Im vorigen Paragraphe habe ich gewarnet, beyde Schwingen zu verkürzen, weil man des gesuchten Endzweckes verfehlet; jetzt muß ich noch aus einem andern Grunde warnen, diesen Fehler zu begehen. Manche schneiden auch den halben Fecher weg, und verunstalten dadurch nicht nur ein so edles Geschöpfe auf das häßlichste, sondern machen es auch krank. Kein Vogel schwitzt, auch diejenigen nicht, welche saufen: bekannt ist es, daß die Raubvögel, welche roh Fleisch fressen und Blut verschlingen, sich des Saufens enthalten. Wo bleiben denn ihre Ausdünstungen? Wie übel würde ein Vogel dran seyn, wenn er in seinem Bette, welches er stets mit sich herum führet, in heißer Sommerzeit bey so heftigen Bewegungen, vom Schweiße triefen sollte? Er muß ausdunsten, allein seine Ausdünstungen gehen nicht nur durch die Federspitzen; sondern so gar durch die Fahnen derselben fort, ohngefähr so wie Pflanzen ihre überflüßige Feuchtigkeiten aushauchen. Die Federn der Wasservögel schwitzen so gar ölichte Dünste aus, daher kein Wasser an ihnen haftet; und ihr Baden, das oft nicht die Haut berühret, hat zur Absicht, die Oberfläche vom Schmutze zu reinigen, damit er nicht seine Ausdünstung verhindere. Vielen mögte dieses höchstens nur als eine wahrscheinliche Muthmassung vorkommen; wenn ich

aber

aber beweisen kann, daß ein Vogel durch die Federn so gar Wasser in seinen Leib ziehe; so wird man auch zugeben müssen, daß durch eben diese Gänge Dunst aus ihm herausfahren könne, dessen Hemmung durch die auf Beschneidung der Federn erfolgende Vertrocknung der Spitzen, dem Vogel Krankheiten zuziehet. Mein Adler, dessen ich vorher Erwähnung that, hatte eine nie trügende Ahndung von jedem bevorstehenden Regen. Einige Tage vorher, oft war es nur ein Tag, verließ er seinen Stall und schwung sich auf den höchsten Ort, den er mit seiner am Fuße hangenden eisernen Kugel erreichen konnte. Da sahe er sich mit begierigen Blicken nach jeder kommenden Wolke um. Fieng es an zu regnen, so breitete er seinen Flug aus, damit ihn ja kein Tropfen verfehlen mögte, der ihn irgends erreichen könnte. War er durch und durch naßgeregnet; zufrieden mit diesem Bade des Himmels, verfügte er sich in seinen Auffenthalt und blieb ruhig. Anfangs befremdete es mich, als ich sahe, daß er sehr bald wieder trocken wurde. Zuweilen kam er gar bey anhaltenden Regen wieder heraus, um wieder vom Regen begossen zu werden. Endlich bemerkte ich, welche Bemerkung nachmals oft wiederholet wurde, daß nach gänzlich verschwundener Näße, Wasser aus seinem krumgebogenen Schnabel heraustreufelte. Nun hätte das Wasser an seinen Leibe Berg an lauffen müssen, wenn es zum Schnabel gelangen sollen, wofern sich nicht solches durch die Federn in den Körper hineingezogen hätte, bis der Ueberfluß aus dem Schnabel wieder herausgelassen wurde.

§. 26. Die Geschlechter der Vögel zu unterscheiden, bedienet man sich unterandern der Anzahl der Flügelfedern. Diese zu zählen, muß man den todten

todten Vogel erst auf dem Tische vor sich liegen haben, und den Lebendigen zwingen, so lange still zu halten, bis man seine Federn gezählet hat. Wäre es nicht schicklicher, die Gestalt seiner Flügel zum Unterscheidungszeichen zu wählen? Die Kennzeichen könnten ohnmaßgeblich also geordnet werden:

I. Kurze Flügel.

1. mit spitzen {kurzen / langen} Schwingen.

2. mit stumpfen {kurzen / langen} Schwingen.

II. Lange Flügel.

1. mit breiten Fechern.

a. spitzen {kurzen / langen} Schwingen.

b. stumpfen {kurzen / langen} Schwingen.

2. mit schmalen Fechern.

a. spitzen {kurzen / langen} Schwingen.

b. stumpfen {kurzen / langen} Schwingen.

Diese Kennzeichen würden wenigstens so gar bey dem Fluge in die Augen fallen. Noch mehrere Unterscheidungszeichen würden die Schnäbel, Schwänze und Füße an die Hand geben, diese Geschöpfe in eine systematische Ordnung zu bringen. Doch genug hievon.

§. 27. Wir gelangen zur Betrachtung des Schwanzes. Man kann nicht sagen, daß dieser Theil des Vogels zu seinem Fluge schlechterdings unentbehrlich sey. Die Wachteln und manche andere Gattungen, können ziemlich weit und schnell ohne Schwanz durch die Luft ziehen. Wie unbedentend

ist

ist in dieser Absicht der Schwanz der Schwimm-Vögel; und die übrigen Wasser-Vögel, ob sie gleich nicht schwimmen, doch aber im Wasser ihre Nahrung suchen, die Möve nemlich, die Schnepfe, der Reyher, der Storch, der Kranich und mehrere von diesen Claßen, haben bey ihren Wendungen sich wenig Beystand von ihren Schwänzen zu versprechen. Andere, welche nur zur Pracht mit diesem Schmucke begabet sind: dem Pfau, dem Huhn, dem Fasan, dem Birkhahn und mehreren, gereichet der Schwanz sogar zum Hinderniße im Fluge. Diese alle gehören also nicht zu dieser Betrachtung: wir haben es nur mit solchen zu thun, die sich ihres Schwanzes zur Richtung ihres Fluges bedienen; und da entstehen die Fragen: wie ist dieses Glied beschaffen? und was für einen Einfluß haben diese Werkzeuge des Vogels in seine Flugbahn?

§. 28. Es giebt vier Sorten, Tab. VIII. Fig. 4. die nach ihrer Figur auch verschieden wirken. Einige enden sich mit einem geraden Schnitte, a. andere sind abgerundet, b. andere sind nach der Mitte hin ausgeschnitten, und sehen aus wie eine Gabel. c. und endlich giebt es auch solche, die an beyden Enden mit Ruder-Federn versehen sind. d. Insgesammt vertreten diese Schwänze bey dem Fluge die Stelle eines Ruders, welches der Vogel bald zusammenziehet, bald ausbreitet, bald auf- bald niederschläget; bald schräge rechts, bald schräge links, wendet, je nachdem er deßelben zur Veränderung seiner Flugbahn bedarf.

§. 29. Der Schwanz der Vögel dienet also zur Veränderung der Flugbahn, und wir sehen an Gänsen, Schwänen, Störchen, Reyhern, Kranichen und mehrern, welche die Natur mit diesem Steuer nicht begabet hat, daß sie weder steil in die

Huhe

Höhe steigen, noch schnell herabschiessen, noch gar zu geschwinde sich rechts oder links wenden; sie lenken sich nur mit ihren Flügeln, welches dann nicht anders, als durch Umschweife geschehen kann. Von allen besondern Gestalten der Schwänze abgesehen; befördert derselbe, wenn er mit den gleich weit ausgespanneten Flügeln in einerley Horizontalfläche lieget, den geraden Flug, indem keine Ursache, oder kein, der neben, oben und unter dem Vogel, vorbey schießenden Luft, entgegen gesetzter Wiederstand vorhanden, welcher seinem Körper eine andere als gerade linigte Richtung zu geben fähig wäre.

§. 30. Sobald aber der Vogel den Schwanz erhebt, sinkt er vorwärts nieder; schläget er ihn aber nieder, so erhebt sich seine Brust. Anfangs versuchte ich diese Wahrnehmung aus der Wirkung der entgegenden streichenden Luft zu erklären, fand aber zuviele Schwierigkeiten, als daß ich mich davon hätte überzeugen können. Zuletzt entdeckte ich die Ursachen dieses Mechanismi in dem Vogel selbst. Die Muskeln, so von dem Schwanze an längst dem hintern Theile seines Beingerüstes herauf laufen, sind dergestalt angeleget, daß bey der Niederbeugung seines Schwanzes, sein Körper sich aufrichtet, und bey Erhebung des letzteren, sich vorwärts niedersenket; beweget er den Schwanz rechts, so wendet sein Leib sich links, und dieser wendet sich rechts, wenn er den Schwanz links steuret. Es ist nicht nöthig, den Vogel zu zergliedern, diese Anlage seiner Schwanzmuskeln zu finden; man nehme nur eine lebendige Taube, und schwenke ihren Körper auf und nieder, rechts oder links: so wird ihr Schwanz von selbst alle diese Bewegungen zeigen. Nun muß ein Wiederstand vorhanden seyn, gegen welchen der Vogel sich sträben kann, um sich

wie

wie eine lebendige Springfeder nach der entgegen gesetzten Richtung hinzuschnellen. Diesen findet er an der rings um ihn herum vorbeyschiessenden Luft; mithin darf er nur seinen Schwanz derselben entgegen setzen, um sich eine Richtung zu geben, die seiner Absicht gemäß ist. Ja, er kann sogar diesen Wiederstand durch Ausbreitung seines Schwanzes vermehren, welches besonders alsdenn geschiehet und geschehen muß, wenn er langsam oder nicht gegen den Wind flieget, weil alsdenn der Wiederstand der Luft geringer ist.

Anmerkung. Die Vögel fliegen am liebsten gegen den Wind, nicht nur deswegen, damit sich nicht der Wind in ihre Federn setze, sie aufhebe und die kahle Haut berühre; sondern auch um eine bequemere Lenkung ihres Körpers zu haben, und mit wenigerer Anstrengung ihrer Kräfte die Flügel zu schlagen, und zum Theil von dem Winde getragen zu werden.

§. 31. Die Gabelschwänze haben den Mittelpunkt des Wiederstandes desto näher am Ende des Schwanzes, je weiter die Gabelfedern hervor ragen; können sich also desto schneller und mit einem desto spitzigern Winkel wenden.

Die Schwalbe muß Insekten erhaschen, die in der Luft auf und nieder rechts und links springen; die Natur hat ihren Schwanz auf den Seiten mit ein paar Schnellfedern versehen, eben so schnell sich zu lenken, damit ihnen ihr Fang gelinge. Vögel, mit gerade abgestutzten oder auswärts gerundeten Schwänzen, können sich diese augenblickliche Wendung nicht geben, ob sie gleich mit mehrerer Kraft sich lenken, weil sie eine größere Fläche der Luft entgegen stellen; das ist: sie können desto schneller schießen, einen sitzenden, oder doch auf der Erde nur lauffenden Raub zu ergreifen; jene aber sind geschickter ihn in der Luft zu fangen. Wie sehr verherlichet sich schon wieder auch in diesem Punkte die Weisheit des Schöpfers! Jeder Raubvogel sollte nur der gar zu großen Ausbreitung einer gewißen Ordnung von Geschöpfen Einhalt thun, und nur im Nothfalle sich in ein fremdes Gebiet wagen, damit nicht eine und eben dieselbe Gattung an Thieren von allen heimgesuchet würde. Es sollte auch hier heissen: Non omnia possumus omnes; diesen Endzweck beförderte er auf eine so leichte und begreifliche Art, durch die ihren Schwänzen ertheilte Figur.

Zugabe. Zuweilen bedienen sich die Vögel ihrer Schwänze, ihre schnelle Bewegung zu mäßigen und sich im Schuße aufzuhalten, alsdenn breiten sie dieses Ruder aus, hangen es stark nieder, und bedienen sich deßelben an statt eines Ankers, welches man bemerket, wenn der Vogel sich setzen will.

§. 32. Die verschiedene Richtung des steurenden Schwanzes, gewähret seinem Besitzer noch einen andern Vortheil, als sich auf und nieder, rechts und lincks zu lenken: er kann sich auch, vermittelst desselben, in der Luft dergestalt drehen, daß ein Flügel hoch und der andere niedrig zu stehen kommet. Man beobachte nur die Milane bey dem Reviren, wie arbeitet da ihr Schwanz, daß ihre Flügel gegen ihren Umkreis die rechte Stellung bekommen, und nachmals sich in derselben erhalten! Soll der Flug sich schräge rechts stellen; so richtet sie den Schwanz schräge links, und so wieder umgekehrt. Damit hat es folgende Bewandtniß: a b sey (Fig. 4.) Tab. VIII. der ausgebreitete Flug, c der Mittelpunkt der Schwere, e d die Richtung des Schwanzes. Indem der

der

der Vogel denselben schräge nach der Richtnng i h stellet: so findet der Schwanz so vielen Wiederstand, besonders an der vorbeyfahrenden Luft, daß nach §. 28. sich sein Körper drehen kann, darüber verändern auch die Flügel ihre Lage, und kommen in die Richtung f g zu stehen.

Dieses wiederholet der Vogel so oft, bis ihm eine Gelegenheit vorkommet, die ihn reitzt seine Flügel entgegengesetzt zu drehen, alsdenn richtet er auch den Schwanz gegenseitig.

§. 31. Vögel, deren Schwanz zum Steuer nicht lang genug ist: als die Steltzenläuffer, strecken die Füße hinter sich hinaus, und schrenken die Krallen in einander. Auf solche Art machen sie einen Pendul oder Schwunkarm, mit welchen sie sich hin und her, auf- und niederschleudern. Wenn diese Reviren, so verstellen sie die Flügel, durch die Kraft ihrer Brustmuskeln, darüber es mit der Verdrehung etwas langsame zugehet, woran ihnen auch wenig gelegen, da sie keinen Raub zu verfolgen haben.

§. 32. Nun ist bey unserer allgemeinen vorläufigen Abhandlung, in welcher wir die zum fliegen dienenden Gliedmaßen nach ihrer Struktur und Wirkung betrachten, nur noch die Erforschung des Mittelpunkts der Schwere übrig. Ein fliegender Vogel hat denselben jederzeit in der Mitte zwischen beyden Flügeln. Wie könnte es auch anders seyn, wenn er nicht hinten oder vorne überschlagen soll, welches entweder ein beständiges Fallen oder beständiges Steigen nach sich ziehen würde; und bey allen Thierkörpern, die sich bewegen sollen, muß der Schwerpunkt da seyn, wo er entweder unterstützet, oder nach Bedürfniß auf das bequemste fortgeschoben werden kann. Bey den Erdthieren ist er insgemein an einen steten Ort hinbeschieden, und die Füße sind so gestellet, daß sie ihn unterstützen können. Aber bey Vögeln ist es ganz anders beschaffen; diese müßen sowol fliegen, als auch auf der Erde fortschreiten können. Soll dieses geschehen, so muß der Mittelpunkt der Schwere wenigstens bey denjenigen Arten veränderlich seyn, die sowol zum Fliegen als auch zum Wandeln bestimmet sind. Diese Veränderung des Schwerpunkts, muß überdem auch willkürlich seyn. Gehen sie, so müßen sie ihn zwischen die Füße verlegen; fliegen sie, so müßen sie ihn zu den Flügeln hinaufschieben können.

Im Körper selbst findet sich hierzu keine Anlage, aber wol in den äußern Gliedmaßen, die sie bald ausstrecken, bald zurücke ziehen, und dadurch das Gleichgewicht des ganzen Körpers in jeder Lage herzustellen vermögend sind.

§. 33. Dieses vorausgesetzet, haben wir nun zu untersuchen; durch was für Mittel der fliegende Vogel seinen Schwerpunkt bald zwischen die Füße, bald zwischen die Flügel verlege. Es sind folgende: Einigen ist ein langer Hals verliehen worden, diesen tragen sie bey dem Fortschreiten hoch, alsdenn fället ihr Schwerpunkt zwischen die Füße; bey dem Fluge strecken sie ihn wie einen Häbel vor sich weg, dann fället dieser Punkt zwischen die Flügel, so hilft sich Ente, Gans, Kranich und dergleichen. Vielen ist ein längerer Hals nöthiger als jenen, sie müssen, ohneselbst schwimmen zu können, ihren Schnabel tief ins Waßer stecken, um Waßerinsekten, Fische, und Frösche zu fangen; als Reyher, Rohrdommel u. a. m. diese fliegen mit einem gekrümmeten Halse, den sie willkürlich ausdehnen; und im übrigen ziehen sie die Füße bald mehr, bald weniger nach sich, um bald auf die eine, bald auf die andere Weise; oft aber durch beyde zugleich, den Schwerpunkt dahin zu versetzen, wo es die Beschaffenheit ihres Fluges erfordert. Die mehresten Raubvögel haben kurze Hälse, sie sind also nicht im Stande ihren Schwerpunkt sonderlich zu verrücken: daher sind sie zum herumlaufen weniger geschickt als jene; sitzen sie, so sitzen sie steil aufgericht; gehen sie, so stolpern sie. Daher brauchen sie ihre Füße mehr zum Fange, als zum Schritte, der ihnen wenig helfen kann. Nur der listige Rabe hat ein Mittel in seiner Gewalt die Langsamkeit seines Schrittes durch Springen und Hüpfen zu ersetzen; gleichwol muß er sehr steil gehen, damit er nicht vorwärts niederstürze. Hat der Raubvogel seine Beute erhaschet, alsdenn drücket er sie vest gegen die Brust. Nun wird zwar dadurch der gemeinschaftliche Schwerpunkt merklich zurückgezogen, der Körper bekommt gegen die Flügel eine schräge Lage, dieses aber kommet ihn wieder bey dem Auffliegen zu statten. Man siehet auch hier, wie weislich alles in dieser Abtheilung des Thierreiches geordnet ist. Da wir nun Stoff genug zur Erklärung des Vogelfluges zusammen gebracht: so wollen wir hiermit den ersten Abschnitt gegenwärtiger Abhandlung beschliessen.

Zweyter Abschnitt.

Von dem verschiedenen Verhalten der Vögel bey dem Fluge.

§. 34.

Billig fangen wir da an das verschiedene Verhalten der Vögel bey ihrer Luftreise zu erklären, wo dieselben den Anfang machen sie anzutreten, worunter das Aufsteigen zuerst in Betrachtung kommet. Wirft der Vogel sich von einem erhabenen Orte herab in die Luft, was hat er denn weiter nöthig, als die Flügel auszubreiten? Er wird zwar erst ein wenig sinken, aber gar bald hat er so viel Luft durch seine Schwere zusammen gedrücket, als nöthig war zu schweben und im Zug zu kommen. Das Auffliegen von der Erde aber wird ihm beschwerlicher. Denn er springt erst in die Höhe, damit er nicht die Schwingen auf der harten Erde zerschlage; die durch den Schuß ihm entgegen streichende verdichtete Luft hebt ihn noch nicht, weil er noch nicht zum Zuge gelanget ist, er muß also seine Flügel sehr schnell und heftig auf- und niederschlagen, bis er sich einigermaßen gehoben und im Gang gebracht hat. Gern schwinget er sich daher gegen den Wind empor, weil ihn derselbe bey ausgebreiteten Flügeln hebet. Wäre sein Flügel nicht hohl sondern flach; so würde er gar nicht auf diese Art sich zu heben im Stande seyn. Allein, indem er den Flügel hebr, krümmen sich die Fecher und Schwingfedern noch mehr, als sie schon von Natur gekrümmet sind; er schlägt mit einer kleiner Fläche aufwärts gegen die Luft als niederwärts: worzu noch kommet, daß eine auswärts gebogene Fläche weniger Wiederstand in einem flüßigen Elemente leidet, als eine ebene oder hohle. Gleichwol beugen sich bey dem Aufschlage alle Federn, sowol des Fächers als der Schwinge niederwärts, und schnellen ihn schräge fort. Oft schlagen die Flügel, besonders bey den Tauben, oben gar zusammen und klappen. Steil kann indeßen kein Vogel von der Erde in die Höhe fahren. Dieses wissen die Falkenfänger: Sie binden auf der Erde eine weisse Taube irgend wo an, und stellen in einiger Entfernung ein auf 10 Fuß hohes weitläuftig gestricktes Netz rings um sie herum. Der Falke kann durch den Stoß von oben herab steil auf die Taube fallen, weil er aber nur schräge auf steiget: so fähret er gegen das Netz und ist gefangen.

§. 35. Damit nicht mein Vortrag von hieran dunkel oder zweydeutig werde, finde ich nöthig einige Wörter, die im gemeinen Leben nicht immer einerley bedeuten, bestimmter zu erklären. **Der Vogel schwinget sich:** hierunter verstehe ich denjenigen Flug, den er mit auf- und niederschlagenden Flügeln verrichtet. **Er schwebt:** soll bedeuten, er flieget ohne die Flügel zu bewegen. **Er steiget:** wenn er in die Höhe, und **er fället:** wenn er herab flieget. Wenn der Vogel mit schwebendeu Flügeln in Kreisen herum schweifet; so werde ich solches **Reviren** nennen. **Ziehen** hingegen bedeutet: wenn er in unveränderlicher Richtung forteilet; er schwebe übrigens oder schwinge seine Flügel. **Er steht:** wenn er an einem und eben demselben Ort, eine Zeitlang in der Luft sich aufhält. **Er**

 schießt:

schießt: wenn er mit größester Geschwindigkeit nach einen Ort sich mit den Flügeln wie ein abgeschoßener Pfeil hinschnellet; und er stürzt: wenn er sich blos seiner Schwere bedienet, aus der Luft herabzufallen. Bey allen diesen verschiedenen Bewegungen, beweiset dieses Geschöpf Künste, welche es nicht gelernet, sondern so die Natur ihm eingeflößet und bey Verlaßung seines Nestes damit, wie mit einer Mitgabe ausgestattet hat. An Kunst übertrift der Vogel alle übrige Geschöpfe, und wir werden bey Entwickelung seiner Masregeln, nach welchen er ihm selbst unwissend verfähret, Schwierigkeiten genug finden, deren Auflösung uns Mühe machen wird, indem sich der Vogel oft ganz verschiedener Mittel bedienet seinen Zweck zu erreichen.

§. 36. Der Vogel schwinget sich, wenn er mit seinen Flügeln auf und niederschläget. Man sollte vermuthen, daß die Aufhebung der Flügel ihm eben so weit herabtreiben würde, als das Niederschlagen ihn hebet, zumal da seine Schwere ihn beständig niederziehet. Allein, sein Flügel ist durchaus mit Federn besetzet, die sich bey dem Hube mehr nach unterwärts zusambiegen als bey dem Schlage. Die Fläche des sich aufhebenden Flügels ist daher beynahe um $\frac{1}{3}$ geringer, als die Fläche des niederschlagenden; und da die so sehr zusammen gebeugten Federn, des Fechers sowol als der Schwinge, den Vogel schräge in die Höhe schnellen, so wird dadurch sein Fall verhütet, und zugleich sein Fortziehn in der Luft befördert. Mithin sind beyde Bewegungen des sich schwingenden Flügels die Ursach, theils seines Fluges, theils seiner Erhaltung in der Luft, und man siehet den Grund, warum die Federn des Fächers besonders einwärts gekrümmet stehen. So lange weiter nichts geschiehet, als daß beyde Flügel mit gleicher Behendigkeit auf- und niedergeschlaschlagen werden, ziehet der Vogel in der geraden Horizontallinie fort, und er weiß die Geschwindigkeit des Flügelschlages so genau einzurichten, daß er eine ganz vollkommene gerade Linie durchwandert, welches man deutlich beobachtet, wenn Vögel über der Oberfläche eines Sees oder längst einem Strohme hinfliegen. Will er sich aber heben: so giebt er sich durch Niederbeugung des Schwanzes eine schräge Lage: dann kommet es auf die Heftigkeit der Schwingung seiner Flügel an, wie schnell oder wie langsam er sich zu heben gedenket. Bey dem Niederlaßen hebt er den Schwanz in die Höhe, und der Cörper erhält dadurch eine schräge herabhängende Lage; insgemein läßet er die Flügel schweben, damit die Luft unter ihm nach und nach ausweiche. Zu weilen verlängert er die Falllinie mit untermischten langsamen Schwingungen. Vögel, die des Vortheils des Schwanzes sich begeben müssen, behelfen sich nur mit stärkeren oder schwächeren Flügelschlage, wenn sie steigen oder fallen wollen, welches denn sehr langsam von statten gehet. Ueberdem habe ich oft bemerket, daß ein Vogel, der allemal beyde Flügel entweder zugleich hebet, oder zugleich ruhen läßet, gleichwol die Geschicklichkeit besitze, mit einem Flügel stärker zu schlagen, als mit dem anderen; und dann krümmet sich die Bahn, wie leicht zu begreiffen stehet, nach derjenigen Seite hin, wo der Flügel am schwächesten sich schwinget. Hierin ist besonders der Kiebitz ein großer Meister, der sich ein Vergnügen daraus machet, im Fluge beständig von einer Seite zu der andern zu wanken, und eine geschlängelte Bahn zu durchfliegen: so wie die Bachstelze durch das auf- und niederschwenken ihres Schwanzes, durch immerwährendes Steigen und Fallen, eine schlangenförmige Linie beschreibet. Lange habe ich die

Absichten des Schöpfers bey dieser besondern Anlage des Schwanzes nicht begreifen können, bis ich einst einen solchen Vogel von einem mittelmäßigen Falken verfolget sahe, und bemerkte, daß das oscilliren des Schwanzes sein Rettungsmittel wurde: Ein Schauspiel, das meine ganze Aufmerksamkeit auf sich zog. Der verfolgte Vogel flog in einer wellenförmigen Bahn so schnell, daß mein Auge Mühe hatte ihm zu folgen: Der Falke schoß hinter ihu her mit eingezogenen Flügelu, fuhr gleichfals auf und nieder; beyde schoßen durch ganz kurze aber ungemein heftige Flügelschläge, und jeder Schlag war dem Vogel das, was dem Pfeile der Schlag der Sehne ist; beyde hoben sich und fielen durch das auf- und niederschlagen der Schwänze. Das Sonderbarste aber war die Behutsamkeit des Falken, sich nicht zu hoch oder zu niedrig zu schwenken, damit er nicht über oder unter seinen Raub, bey einem so schnellen und unaufhaltbaren Schuße, über oder unter demselben hinfuhre. Endlich nahm der Verfolgte seine Zuflucht zu einem Dache, wo sich Bachstelze und Falke aus meinen Augen verlohren. Indeßen bewunderte ich die Genauigkeit, mit welcher der Falke die sich von Augenblick zu Augenblick verändernde Laufbahn des kleinen Vogels traf, aber gleichwol ihn uicht erreichen konnte. Diesem war das auf und niederfahren bey dem vonselbst erfolgenden elastischen Schwanken seines Schwanzes natürlich; und jener mußte seinen Flug gekünstelt nachahmen.

§. 37. Der Vogel schwebt, das ist: er seegelt mit steif ausgespanneten Flügeln durch die Luft. Etwas träget allerdings die Größe seiner Flügel hierzu bey; Vögel, von kurzen Flügeln und Schwingen, können sich nicht lange im Schweben erhalten, sondern müssen gar bald zur Schwingung der Flügel ihre Zuflucht

flucht nehmen, wenn sie nicht so frühe aus der Luft herabsinken wollen. Hauptsächlich kommet dem schwebenden Vogel die ihn allenthalben umringende und mit großer Gewalt vor ihm vorbeyschießende Luft zu statten. Denn, indem er mit ausgedehnten Flügeln in derselben hänget: so weichet sie zwar unter ihm aus, die Flügel mögen übrigens so breit und lang seyn, wie sie immer wollen; weil aber die Schwingfedern sich durch die hervorschiessende Luft sehr krümmen, wie man solches bey den Raben deutlich sehen kann, wenn sie sich niederlassen; so wird der Vogel nach vornzu fortgeschnellet, und die unter seinen Flügeln hinfahrende verdichtete Luft, welche noch dazu von seiner sinkenden Schwere zusammengepreßet wird, in den holen Fächer sich fänget, und durch ihre Schnellkraft seinem Falle entgegen wirket, verhütet nicht nur seinen Fall, sondern hebt ihn sogar. Wie genau dieses mit der Erfahrung übereinstimmet, läßet sich bemerken, wenn man auf einen langsam fortschwebenden Vogel Achtung giebet: dieser senket sich beständig, und fähret in einer Digonallinie herab; hat er sich mit Schwingung seiner Flügel in einen schnellen Zug versetzet; so kann er lange in einer geraden Linie hinziehen, ehe er nöthig hat mit neuen Schwingnngen sich einen neuen Stoß zu geben. Ja, was das besonderste ist, bey entgegen kommenden Winde ist er so gar im Stande, sich durch blosses Schweben zu heben, nachdem er vermittelst des Schwanzes, zuvor seinen Körper in eine schräge aufwärts gerichtete Lage versetzet hat. Kein Vogel kann daher schwebend stille stehen, und wenn bey stark entgegen kommenden Winden, es scheinet, als ob er unbeweglich in der Luft hinge, so rühret solches daher, daß er dem Winde eben so schnell entgegen schwebt, als dieser ihn mit sich zurückführet.

Man siehet, wie er zurückgeschleudert wird, wenn er im mindesten den Strich des Windes verfehlet, und denn hat er Mühe sich wieder in Positur zu setzen. Oft siehet er gar sich genöthiget gegen die Luft zu schiessen, will er anders sich nicht zurückgetrieben sehen. Dieses ist der Fall, da man bemerken kann, wie ein Vogel die Flügel hält wenn er schießen will. Denn, erfolget ein Windstoß, so ziehet er die Flügel bis zur Hälfte und oft noch mehr als die Hälfte, zusammen, giebt sich vermittelst des Schwanzes eine schräge abwärtslaufende Richtung, da würde er denn fallen; aber der starke Wind hebet ihn und er bleibt an demselben Orte ruhig schweben wo er vorhergestanden. Bey einer stillen Luft hingegen, ist es ihm völlig unmöglich diese Kunststücke anzubringen.

§. 38. Bey dieser Gelegenheit werde ich die Kraft der Brustmuskeln berechnen, mit welcher der Vogel schwebt, oder was einerley ist: die er anzuwenden hat sich zu schwingen. Mein Adler wog mit der Kugel 12 ℔, also kommen auf jeden Flügel 6 ℔. Das Centrum vibrationis. (§. 18. 1. Anmerk.) war 19 Zoll von dem Ruhepunkte in der Pfanne entfernet; Der Ort, wo die Brustmuskeln mit ihren Sehnen an dem Schenkel des Flügels angewachsen sind, war $\frac{3}{4}$ Zoll von diesem Ruhepunkt entfernet; dieses sind die Angaben. Nach der Lehre der Mechanik von dem Hebel, muß man nun schließen, wie $\frac{3}{4}''$: $19'' = 6$ ℔ : 152 ℔, und zur Absteiffung oder Schwingung beyder Flügel 304 ℔. Nun kommen zwar die neben beyden Flügeln liegenden Luftbälge §. 10. der Absteiffung der Flügel sehr zu statten; aber diese verursachen nur, daß er das Schweben desto länger aushalten kann; jeder Flügelschlag kostet ihm gleichwol einen Aufwand von 304 ℔. Beyläufig kann hier die Frage beantwortet werden:

werden: ob ein Mensch fliegen könnte, wenn man ihm die seinem Leibe gemäßen Flügel ertheilen würde? Wir wollen dem Hebel seiner Flügel die Proportion des Adlerflügels geben, also wie $\frac{3}{4} : 19$. Es sey übrigens der Flügel noch so lang und breit, als er immer wolle, nur mußte das Verhältniß der Entfernung des Last- und Kraftpunkts von dem Hypomochlio unverändert bleiben. Man nehme einen mittelmäßigen Menschen von 120 ℔ an, der gewiß noch lange nicht zu den schwerbeleibten gehöret: so schließet denn $\frac{3}{4} : 19 = 60$ ℔: 1520 ℔, der zur Bewegung eines jeden Flügels erforderliche Kraft der Brustmuskeln, und zur zweckmäßigen Bewegung beyder Flügel werden also 3040 ℔ nöthig seyn. Wem dieses unglaublich vorkommet, der setze zwey mit Brettern bedeckte Rüstungen zusammen, die etwas höher sind als er selbst, trete auf eine Unterlage, breite beyde Arme über die Bretter hin, hierauf laße er den Tritt unter sich wegziehen, so hat er sich in die Umstände versezzet, in welchen er fliegen würde: und alsdenn wird er inne werden, ob er die Kraft zum Fliegen besitze oder nicht. Gefiele es Jemanden diesen Versuch mit sich anzustellen, den bitte ich, alle Behutsamkeit zu beobachten, damit er nicht Schaden nehme. Man kann das Unvermögen zu fliegen schon wahrnehmen, wenn man nur ein wenig die Knie sinken läßet. Ob nun gleich unter diesen Umständen dem Menschen die Kunst zu fliegen versaget ist: so folget doch daraus noch lange nicht, daß derselbe unter keinerley Umständen in der Luft schweben könne. Wir wollen indeßen nicht wünschen, das jemand diese Kunst erfinde. Wer könnte denn sein Haus für fliegende Diebe verwahren.

§. 39. Das Steigen und Fallen eines Vogels gehet sehr langsam vor sich, wenn er sich desfalls nur auf seine Flügel verlassen muß. Schläget er heftiger mit seinen Flügeln, als es seiner Schwere wegen nöthig wäre; so hält er sich: wo nicht; so sinket er. Kann er aber mit seinem Schwanze seine Lage ändern, so gehet diese Arbeit ungleich leichter von statten. Der Schwanz schläget nieder; so richten sich Brust, Hals und Kopf in die Höhe; selbst die Flügel bekommen diese schräge Richtung, und durch ihre Schwingung krümmen sich die Schwingfedern dergestalt, daß sie den Vogel nach dieser Richtung in die Höhe schnellen. Bey dem Fallen geschiehet gerade das Gegentheil; der Vogel steuret den Schwanz in die Höhe, der vordere Leib sinkt, und die Flügel stoßen ihn in der genommenen Richtung fort. Ich habe vorhin geläugnet, daß ein Vogel steil in die Höhe fahren könne, denn er giebt in einer senkrechten Stellung der Luft keine Fläche, die ihn tragen könnte, er würde rückwärts aus der Luft herab fallen. Gleichwol hat es das Ansehen, als verstünde er die Kunst, diesen Widerspruch möglich zu machen. Die Raben fliegen zuweilen mit der grössesten Geschwindigkeit einem Dache zu; kommen sie über den Forst und sehen etwas, das ihnen eingiebt, sich auf dem Dache nieder zu lassen, augenblicklich schwingen sie sich wol auf 6 Fuß steil in die Höhe, ziehen alsdenn die Flügel zusammen, und lassen sich langsam auf ihren Ruheplatz herab. Man wird aber bey dieser Gelegenheit wahrnehmen können, daß dieser Luftsprung nur alsdenn geschehe, wenn sie mit einem schnellen Fluge anlangen. Wenn sie sich nun vermittelst des Schwanzes steil aufrichten, so wirket ihr Schuß gerade gegen die Luft, die sie denn nicht nur aufhält, sondern auch

auf

auf einige Fuß in die Höhe treibet, ja oft in etwas zurücke stoßet. Nachher ist es ihnen möglich, sich wieder horizontal zu richten, und durch das Zusammenfalten der Flügel sich gemächlich nieder zu setzen. Das ganze Kunststück ist in dem vorhergehenden Schusse ihres Flügels gegründet, und bey einer langsamen Ankunft völlig unmöglich. Ueberhaupt ist jeder Vogel bey dem Niedersetzen überaus behutsam, daß er nicht seine Füße zerstosse, welches sonst bey seinem schnellen Fluge sehr oft geschehen würde. Seine Flügel ziehet er verhältnißmäßig gegen seinen vorhergegangenen Schuß zusammen, seinen Schwanz machet er breit, und schläget ihn nieder, damit ihm die Luft noch trage und nicht zu schnell entwische, und so setzet er sich sanft nieder. Ueberdem geschiehet dieses alles mit solcher Genauigkeit, daß er jeden Zweig auf jeden Baume auf das zuverläßigste zu treffen weiß. Junge Vögel versehen es hierinn oft, aber kaum sind sie einige Wochen in der Dummheit herumgeflattert: so legen sie die kühnsten Meisterstücke im Fluge ab. Wie weit kann es nicht die Natur mit ihren Instinkten bringen! Man setze, der Vogel hätte Vernunft, und müßte sich vorher in der Kunst zu fliegen mathematisch unterrichten lassen, was für eine weitläuftige Mechanik, was für eine Algebra würde hierzu erfodert werden! und doch würde er gegen jeden selbst gelernten Raben, vom Adler oder von der Schwalbe will ich nicht einmal sagen, ein elender Stümper bleiben. Ich war Anfangs willens, so wie ich angefangen hatte, die, jeder Lage der Flügel, und jeder Erweiterung und Zusammenziehung derselben, und jeder Richtung des Schwanzes zukommende Wirkung zu berechnen, aber wozu? Dem Vogel hat man eben so wenig nöthig das Fliegen,

als

als dem Fische das Schwimmen zu lehren, und Menschen sollen nicht fliegen lernen. Es sey also genug, überhaupt die Kräfte angezeiget zu haben, die in seinen Flug würken, das übrige, das ist, das schwereste Kapitel in der Wissenschaft zu fliegen, sey dem Vogel selbst überlassen, zumal, da es uns in der Steuermannskunst wenig zu statten kommen würde. Der Vogel bedienet sich selbst seiner Schwere durch die Luft zu segeln; aber die Schwere des Schiffes gehet durch die Unterstützung des Wassers gänzlich verlohren: Der Vogel flieget hoch und niedrig, das Schiff beweget sich blos in der Horizontalfläche: der Vogel kann durch Schwanz und Flügel seinen Flug plötzlich hemmen; das Schiff hat desfalls nichts als die Einziehung seiner Segel und den Anker in seiner Gewalt, zur Noth kann es sich auf die Seite wenden: der Vogel flieget am liebsten gegen den Wind, das Schiff hingegen kann niemals dem Winde entgegen segeln, höchstens laviret es. Welch ein Unterscheid!

§. 40. Das Reviren, zu dessen Untersuchung wir nunmehr gelangen, ist besonders den Raubvögeln eigen; diese schweifen mit weiten Kreisen in der Luft herum, ihren Raub auszuspähen; keiner aber vergnüget sich mehr am Reviren, als die Milane, welche oft halbe Tage lang, wie ein Corsar, in der Luft herum kreuzet, ohne sich auszuruhen. Adler, Geyer, Falken reviren wenig: vielmehr streichen sie, von dem Hunger getrieben, über die Fluren hin, und fallen auf alles, was ihnen zuerst aufstosset. Die Milane hingegen scheinet nur aus Lust herum zu schweifen, sich alle nur mögliche Beute gleichsam auszusuchen, um bey anwandelnden Hunger die Wahl zu haben, und zu prüfen, wovon es ihr zu fressen allen-

allenfalls gefallen mögte. Da man nun bey dem Reviren, die Art und Weise, wie die Flügel in die Luft, und diese wieder in die Flügel zurücke wirket, auf das deutlichste wahrnehmen könne; so werde ich mich besonders bemühen, diesen Flug gründlich zu erklären.

§. 41. Der revirende Vogel spannet seine Flügel steif von sich aus, und wird in dieser Stellung theils von der Luft getragen, theils von ihr im Kreise herum getrieben. Indessen muß er gleichwol allmählig schräge herabsinken, wenn ihm nicht noch andere Kunstgriffe beywohneten, weil die Luft, die beständig von der Schwere seines Körpers gedrückt wird, unter seinen Flügeln zerfließet. Tab. VIIII. Fig. 6. Lägen seine Flügel in einer Horizontalfläche ACB, so würden die Spitzen seiner Schwingfedern ihn nach einer geradlinigen Direction DE fortschnellen. Aber er hebt den Flügel CF schräge in die Höhe, und weil die Luft nicht anders als unter einem rechten Winkel ihm entgegen wirken kann; so wird sie nach der Direction BG sich seinem Drucke wiedersetzen. Man kann sich die Kraft BG als eine solche vorstellen, die aus HB und IB entstanden.

Die Kraft IF wiederstehet dem senkrechten Falle des Vogels, und HB schiebt ihn seitwärts. Jene verhielt sich zur letztern wie die Hypothenuse BF zur Cathete GF oder wie der Sinus totus zum Sinus des Winkels GBF. Nun ist der Triangel GFB ähnlich dem Triangel BFC. Folglich verhält sich die seitwärts schiebende Kraft: wie der Sinus des Winkels FCB, welcher durch die schräge Richtung des Flügels verursacht worden. Je höher nun der Flügel CF sich erhebt, das ist: je größer der Winkel FCB wird, desto mehr wird der Vogel seitwärts getrieben, und desto kleiner wird der Umkreis, welchen er im Revieren beschreibt.

schreibt. Denn DC ist die Direction, welche der Flügel AC dem Vogel nach E hin ertheilet: man mache also EC = AC: man trage von C nach K die Cathete BF, und formire das Parallelogramm CKLE, dessen Diagonallinie CL eine Chorde desjenigen Bogens CML seyn wird, welchen der Vogel beschrieben, indem er sonst mit einem geraden Zuge von C nach E gelanget wäre.

§. 42. Tab. VIIII. Fig. 6. Auch schwingend kann der Vogel im Kreise herumschweifen, wenn er mit seinem Schwanze den Körper so steuert, daß er in der Lage FN sich erhält, wie wir solches an den Tauben und Raben wahrnehmen können. Wenn aber ein schwebender Vogel seinen Kreis erweitern, oder sonst nur wenig ändern will, so steuert er den Schwanz nach entgegengesetzter Richtung, z. B. nach ab, dann erweitert sich sein Kreis. Wirft er aber schnell den Schwanz nach dieser Richtung, so wendet sich mit seinem Leibe sein Flug, der erhabene Flügel gehet nieder, der Horizontalflügel erhebt sich, und nun beschreibt er einen Kreis nach entgegengesetzter Richtung. Wechselt er mehrmals mit dieser Schwenkung ab, so fliegt er eine Schlangenlinie, in welcher er seine Flügel bald erhebt, bald gegenseitig ernidriget.

§. 43. Weil bey dem Reviren der Vogel die Flügel nicht schwinget, so sollte daraus folgen, daß er in einer Schraubenlinie sich der Erde nähern müsse, welches auch zuweilen wirklich geschiehet. Z. B. dienen die Kraniche, welche sich herabreviren, wenn sie sich setzen wollen. Demohngeachtet kann er bey schnellen Reviren steigen, wenn er mit seinem Schwanze den Körper schräge in die Höhe richtet, alsdenn hebt ihn die Luft, bis sich sein Schuß geschwächt hat.

Fast unglaublich scheinet es, daß ein Vogel durch das Reviren sich auch in die Höhe schrauben könne, und doch geschiehet es. Das wenige Steigen, dessen eben jetzt erwähnet worden, ist nur von geringer Bedeutung, und wird gar bald durch das darauf folgende Fallen wieder vernichtet. Dieses Steigen aber in der Schraubenlinie verdienet mehr Aufmerksamkeit. Man hat bemerket, daß es einmal nur alsdenn angehe, wenn ein mäßiger Wind wehet; zweytens, daß die Axe der Schraubengänge, welche der Vogel beschreibet, mit dem Horizonte einen Winkel machet. Man stelle sich eine Schraubenspindel vor, die vom Winde sich abneiget, so bezeichnen die Schraubengänge die Bahn, deren sich der Vogel bedienet, um sich bis zu einer fast unabsehlichen Höhe hinauf zu reviren. Es hat damit folgende Bewandniß: Wenn der Vogel den Wind hinter sich hat, so kommt die Bewegung der Luft ihm in so fern zu statten, daß er schneller flieget, als ihn seine Schwingen treiben würden. Indessen schwebet er in einer dünnern Luft, als er sich befinden würde, wenn ihm der Wind entgegen striche, denn er flieget mit dem Winde, er muß in etwas sinken. Allein dieses Sinken, der Wind und die Elasticität seiner Schwingen vermehren seine Geschwindigkeit bis zu einem hohen Grade. So bald er nun merket, daß der Wind ihm bey der Wendung wieder entgegen kommt, so giebt er seinem Körper eine steilere Richtung, und damit fängt der Wind an ihn so lange zu heben, und desto mehr zu heben, je stärker er wehet, bis seine erlangte Geschwindigkeit wieder merklich abgenommen hat; dann fängt er wieder an zu sinken. Es hat also derselbe sein Steigen lediglich dem entgegen kommenden Winde und seiner Klugheit zu verdanken, die ihn eingiebt, sich desselben zu seinem Vortheile zu bedienen.

 §. 43.

§. 43. Es giebt Vogelgeschlechter, welche aus einem Lande in das andere ziehen, theils der Kälte und Hitze wegen, um beständig in einer ihrer Natur gemäßen Temperatur des Himmels zu leben, theils der Nahrung halber, welche ihnen ihr Vaterland im Winter versaget, und sie nöthiget, das, was ihnen gebricht, unter einem andern Himmelsstriche wieder zu finden. Kraniche, Störche und Reiher sollen so gar aus Europa nach Africa hin, und wiederum zurücke ziehen, und einige Seefahrer wollen sowohl auf dem Mittelländischen Meere, als auf der Ostsee, ganze Züge bemerkt haben, die in eben der Ordnung ertrunken sind, in welcher sie es gewaget über diese Meere zu ziehen, von wiedrigen Winden aber ergriffen, zuletzt kraftlos aus der Luft in die See gestürzt sind. Man hat geglaubt, daß die Zugvögel einen Wind abwarteten, der sie mit sich fortrisse. Allein sie ziehen, aus schon mehrmals angeführten Ursachen, lieber gegen, als mit dem Winde, obgleich nicht zu läugnen, daß sie bey einem entgegen kommenden zu starken Winde die Flucht über das Meer nicht wagen werden. Man hat mich versichert, daß die Geschwader der Zugvögel so lange in der Nähe der Ufer verweileten, bis entweder eine anhaltende Windstille, oder ein sanftes Wehen von dem Lande her, wohin sie zu ziehen gedenken, ihnen die Lösung zum Aufbruche giebt. Es hat Leute gegeben, welche die weiten Züge der Vögel aus der Umdrehung der Erdkugel herleiten wollten, indem sie vorgaben, der Vogel habe weiter nichts nöthig, als sich in einer mäßigen Entfernung von der Oberfläche der Erdkugel schwebend zu erhalten, alsdenn laufe die Erdkugel unter ihrem Standpunkte fort, und so bald, als ihnen das Land, wo sie sich nieder zu setzen gedächten, entgegen komme, so ließen sie sich in

dasselbe

dasselbe nieder. Ob diese mögen bedacht haben, wie schnell sich die Erde um ihre Axe drehe? Ob sie so gar nicht auf die Frage gekommen, was für Mittel vorhanden, den Vogel von der allgemeinen Bewegung aller zur Erde gehörigen Körper zu befreyen? Und am wenigsten nachgedacht haben, wo bey dieser Voraussetzung der Vogel hingerathen würde? Die Erde bewegt sich von Abend gegen Morgen, alle Zugvögel müßten demnach von Morgen gegen Abend fliegen, und siehe, sie reisen nach den Mittagsländern, entweder hin, oder kommen von dannen wieder zurück. Wenn nun weder Wind noch die Umdrehung der Erdkugel dem ziehenden Gefieder zu statten kommen: so bleibet ihm nichts zur Beförderung seiner Wanderschaft übrig, als die Flügel.

§. 44. Gewöhnlicher Weise ziehet der Wanderer mit Schwingung der Flügel, und dann fliegt er am geschwindesten, langsamer aber, wenn er schwebt, womit er abwechselt, wenn er sich müde geschwungen hat. Er schwinge seinen Flug, oder schwebe, so geschieht beydes in gerader Bahn, und die Reisegesellschaft pflegt nur alsdenn schwebend zu reviren, wenn sie entweder den Anführer ändern, oder sich niederlassen will, um von einer halben Tagereise, denn so lange währet ein Flug, auszuruhen. Bey nächtlichen Reisen, zur Zeit des Vogelzugs, hört man oft Kraniche ziehen, die durch ihre Stimme einander die Losung geben, um sich nicht von einander zu verlieren. Mir ist solches allemal bey gestirnten Himmel vorgekommen, ich kann aber nicht wissen, ob sie auch unter einem bewölkten ziehen. Oft ist der Zug hoch über den Brocken weggegangen; also schwebten sie über dreytausend Fuß, ohngefähr viertausend Fuß hoch in einer Luftgegend, die um die Zeit ihrer Wanderschaft sehr kalt ist. Von dieser Höhe herab übersehen sie jedesmal ein Segment der Erdkugel, dessen Radius über zwanzig Meilen beträgt. Sie können also Meere und Inseln weit vorher sehen.

§. 45. Wenn die kleinern Zugvögel in ganzen Völkern wild zu den wärmern Gegenden hinfliegen, so beobachten hingegen die größern, besonders Kraniche und Störche, eine gewisse Ordnung. Einer fliegt voran, und wenn dieser der Anführung überdrüßig wird, so vertritt ein anderer seine Stelle. Die übrigen fliegen bald in einer, bald in zwo wie ein griechisches Λ sich ausbreitenden Linien, zuweilen fliegen sie auch in einem förmlichen Δ. Eine Figur, in welcher jeder gerade vor sich ausfliegen, und zugleich, ohne den Kopf zu verwenden, seinen Anführer sehen kann. Dieser, ob er gleich bey einer Nachtwanderung einen bestirnten Himmel über sich hat, müßte entweder die Astronomie verstehen, oder durch die Verrückung der Sterne sehr von seiner Bahn abgeleitet werden. Ich vermuthe daher, daß sich des Nachts der Zug nach dem Winde richte. Bey Tage können sie nach dem Anblicke der Länder ihre Flugbahn richten, und daß dem also sey, bemerket man daran, daß jährlich (von den Störchen weiß man es gewiß) ein jeder sein vorjähriges Nest wieder zu finden weiß.

§. 46. Bey dieser Gelegenheit werde ich um Erlaubniß bitten, eine kleine Ausschweifung zu begehen. Man hatte mir erzählet, daß die Störche, wenn sie ihre Jungen ausgebrütet, dem Hausherrn ein Geschenk, bald mit einem Ey, bald mit einem jungen Storche, bald mit einer ausgerupften Schwingfeder, machten. Mir kam diese Dankbarkeit von unvernünftigen Thieren so lange unglaublich vor, bis eine viertehalbjährige Erfahrung in der Nähe mich davon

über=

überzeugte. Einsmals gefiel es den alten Störchen, dem Wirthe, der ihr Nest beherbergte, einen jungen Storch zu schenken. Beyde Alten ergriffen ihr Junges bey dem Flügel, und leiteten es zum Dache hinab, von da ließen sie dasselbe ganz behutsam auf einen weichen Misthaufen niederfallen, und beschlossen diese Ceremonie mit einem lauten Geklapper ihrer Schnäbel. Wenig Augenblicke hernach flogen sie davon. Man band um den Fuß des Jungen einen Faden, und setzte es während der Abwesenheit der Alten wieder ins Nest. Der Storch kam zuerst wieder, gieng traurig um das Nest herum, und erwartete seine Gattin. Auch diese kam endlich herbeygeflogen, und sahe mit eben der Bedenklichkeit bald auf das Nest, bald auf ihren Gatten. Endlich wurde wieder geklappert, das Junge von neuen ergriffen, und eben so, wie vorhin zum Dache herabgeleitet. Diesesmal gaben sie sich nicht eher wieder zufrieden, als bis der Wirth den jungen Storch vor ihren Augen aufhub und ins Haus trug, da entstand bey den alten Störchen Freude, welche sie durch Schlagen der Flügel und Klappern mit den Schnäbeln bezeichneten.

§. 47. Ein andermal kamen die Störche zu einer Zeit wieder, da es noch fror, und sie fanden auf der nahen Wiese nichts, womit sie ihr Nest ausfüttern konnten, welche Zubereitung des Lagers jährlich von neuem wiederholet wird. Die Störche berupften das Scheundach, und zogen aus demselben so viel mürbes Stroh heraus, als erforderlich war, ihr neues Lager zurechte zu machen Wie die jungen Störche so weit erwachsen waren, daß sie auf dem Dache schon spazieren gehen konnten, holeten die Alten eine Menge abgebrochenes Reißholz zusammen, und steckten es in die Löcher, welche sie durch Ausraufung des Strohes entblösset hatten. Da sahe das Dach aus, als wäre es mit lauter Reisern gespicket. Dieſesmal erfolgte zur überflüßigen Dankbarkeit, noch ein Präsent von einer Schwingfeder. Dieses alles geschahe zu Wolmirsleben bey Egeln im Herzogthum Magdeburg auf dem Bedauischen Bauerhofe.

§. 48. Einige Jahre vorher, setzte ich einen Storch in den Klosterbergischen Garten; um die vielen Kröten und Schlangen, die sich in demselben fanden, einigermaßen zu vertilgen. Zu einer Zeit, da die Zugvögel herumschweifen, und ihre Caravane sammlen, bemerkte ich, daß einige Abend hindurch sich Storchgesellschaften bey meinem Eremiten einfanden, einige Tage vorerst über ihn herumschweiften, und durch Klappern ihn zum Aufbruche auffoderten. Mein Storch hatte einen gelähmten Flügel, er klapperte zwar dreiste mit, aber sein Versuch zum fliegen schlug fehl. Endlich ließen sich die wilden Störche zu den zahmen nieder, und besuchten ihn in der Nähe. Man glaubte, dieses geschähe aus Freundschaft, um ihm die lange Weile zu vertreiben. Aber endlich brachte mir der Gärtner den armen Storch jämmerlich zerzauset, mit der Nachricht, daß er kaum im Stande gewesen, sein Leben für den wütendenden Anfall der wilden Störche zu retten. Es scheinet also, daß diese Thiere bey dem Abzuge, ihre zur Wallfahrt untüchtige Mitbrüder aus Mitleiden tödten.

§. 49. Noch mehr wurde davon versichert, als man bey einem Spaziergange jenseit der Elbe, ohnweit Pechau, einem dem Kloster zugehörigen Dorfe, einen Zug neu angekommener Störche sich niederlassen sahe. Bald darauf kam langsam hinten nach ein Storch geflogen, an dessen Fluge man bemerken

konnte,

konnte, daß er entweder krank, oder schwach, oder verwundet seyn müsse. Dieser setzte sich in die Mitte der anderen. Man blieb in der Ferne, um diese ermüdete Reisegesellschaft nicht zu verscheuchen. Unerwartet erhub sich ein lermendes Geklapper, alle stürmten auf den kranken Storch zu, und ehe man ihm zu Hülfe kommen konnte, ward er zerrissen, so, daß die Federn, an der abgerissenen Haut sitzend, vom Winde auf der Wiese herum getrieben wurden. Ein abermaliger Beweis, daß diese Vögel die Invaliden tödten, damit sie mit einem langwierigen Elende verschonet bleiben mögen. Eben so findet man, daß verwundete Hüner auf dem Hofe von den übrigen zu tode gehacket werden. Es giebt aber auch Menschen, welche die Regel wenig bedenken: Adflictis non est addenda miseria, und dasjenige aus Bosheit begehen, was diese Thiere aus einem Instinkt eines, von keiner Vernunft geleiteten Mitleids verrichten.

§. 50. Es ist Zeit, daß wir zu unserer Hauptsache wieder zurücke kehren, und das Verhalten des Vogels betrachten, wenn er in der Luft stehet. Meven, Falken, Sperber, zuweilen auch andere Vögel, finden manchmal für gut, sich an einem und eben demselben Orte in der Luft zu verweilen, um recht genau das Verhalten ihres bezielten Raubes auszukundschaften, wozu aber eine Bewegung der Flügel erfodert wird, welche kein Vogel gar zu lange ausstehen kann. Denn einmal muß der Flügel eine solche Richtung bekommen, in welcher er eben so stark gegen die Luft, als in dieselbe wirket, das ist: seine Flügelfläche muß mit der horizontalen Lage Tab. VIIII. Fig. 7. seines Leibes a b einen Winkel von 45 Graden c d machen, damit sein Schlag den Vogel eben so stark gegen a als gegen b treibe; und da die Luft an dieser Lage der

Flügel wenig Fläche findet, ihn zu tragen: so muß er ungemein schnell flattern, und noch dazu die Krümmung des Schwanzes und Halses zu Hülfe nehmen, um nothdürftig in der Luft so viel Widerstand zu finden, als erforderlich ist, seine Last zu tragen. Man siehet aus der Figur 7. wie solches zugehe, a b die horizontale Lage des Leibes, a der gesenkte Kopf und Hals, b der niedergeschlagene Schwanz, damit die nach der Direktion v entgegen wirkende Luft sein Fortbewegen verhindere, c d die Richtung seiner Flügel, deren Schlagen ihn nach der Direktion x in die Höhe treibt, y die Direktion, welche er mit z parallel durch die Krümmung seiner Schwingfedern währenden Flügelschlagens empfänget. Da er nun weder nach x noch z zugleich fahren kann; so treiben ihn beyde Kräfte x und z nach t senkrecht in die Höhe. Seine Schwere ziehet ihn senkrecht nieder. Ist nun dieser Trieb seiner Schwere gleich; so muß der Vogel flatternd in der Luft stillstehen. Hievon ist der Stillstand, dessen §. 37. gedacht worden, sehr verschieden. Denn dieser entstehet, wenn der Vogel eben so stark gegen den Wind schwebt, als dieser ihn wieder mit sich zurück nimmt. Da scheinet der Vogel still zu stehen, ob er gleich in der That flieget. Dieses ist eine erwünschte Gelegenheit, manches von dieser Materie zu entdecken. Ich habe unter andern bemerket, daß bey einem heftigeren Anfalle des Windes, oder bey einem schnellen Windstosse, der Vogel schnell seine Flügel zusammenziehet, als wollte er schießen, ja er schießet auch wirklich gegen den Wind, um seine Stellung zu behaupten; versiehet er es aber im geringsten, und verlieret auf einer oder der andern Seite das Gleichgewicht; so drehet ihn der Wind augenblicklich um, und reißet ihn wider seinen Willen

mit

mit sich fort, daß er Mühe hat, sich wieder zu sammlen und in Ordnung zu bringen, wie auch solches bereits §. 37. berühret worden. Sonst glaubte ich, daß das Gevögel sich dergleichen Fälle bediente mit dem Winde zu spielen; es ist aber ein dem Vogel selbst verhaßter Kampf, dessen er nicht überhoben seyn kann, wenn er sich vom Winde überfallen siehet, und nicht Meilen weit von dem Orte seiner Zuflucht sich verschlagen lassen will.

§. 51. Endlich gelangen wir zu dem Verhalten eines Vogels wenn er schießet. Die kleinen Vögel schießen am allerhäufigsten, wenn sie fliehen; und die Lerche, wenn sie ausgesungen hat, stürzet wie ein Pfeil aus der Luft, flieget aber nachmals noch auf hundert Schritte längst der Erde hin, um dem Verfolger glaubend zu machen, als ob sie da zu finden sey, wo sie niedergefahren, in der That aber um sich an einem ganz andern Orte zu verbergen. Die Raubvögel hingegen schießen nur, wenn sie ihren Raub verfolgen. Eine geringe Aufmerksamkeit auf die Flügel entdecket uns das ganze Geheimniß. Nehmlich: der Vogel ziehet plötzlich seine Flügel zusammen, und in demselben Augenblick peitscht er damit so heftig die Luft, daß sich die Schwingfedern bis über die Hälfte krümmen, daraus denn nichts anders erfolgen kann, als daß sie den Vogel fortschnellen, wie der Bogen den Pfeil. Hievon ist das Herabstürzen noch verschieden. Die Meve stürzt wie die Lerche, senkrecht herab, aber so, daß sie ihre langen Flügel oberwärts zusammenschläget, dann kann sie die Luft nicht mehr tragen, und sie fällt durch ihre Schwere wie ein Stein dergestalt ins Wasser auf den Fisch, daß das Wasser hoch über sie in die Höhe spritzt. Sie achtet es auch nicht, wenn sie unter das Wasser fähret, wenn sie nur den Fisch verfolgen und sich seiner bemächtigen kann: sie kann schwimmen, und ihre Federn werden vom Wasser nicht naß.

§. 52. Anders stürzen die Raubvögel nieder. Diese bedienen sich zwar auch der Schwere ihres Leibes, ziehen aber die Flügel mehr oder weniger zusammen, je nachdem sie steil oder schräge herab zu fahren willens sind, die sie wieder ausbreiten, wenn sie ihre Schußlinie verändern müssen. Es verstehet sich von selbst, daß sie sich ihres Schwanzes bedienen, sich die Richtung zu geben, die ihrer Absicht gemäß ist. Tab. VIIII. Fig. 8. Es sey Fig. 8. A. ein niederschießender Raubvogel. BC die Lage seines Körpers, in welche er sich, vermittelst seines Schwanzes, versetzet hat; y die Direktion seiner Schwere, so also senkrecht anzunehmen ist, x die Direktion der Schnellkraft seiner Schwingfedern = z, so daß x und z parallel laufen. Alsdenn erfolget der Schuß nach der Diagonallinie BD, und die Geschwindigkeit nimmt von Punkt zu Punkt nach den Fallgesetzen zu.

§. 53. Es ist Erstaunenswürdig, wie sicher, wie genau diese Thiere den Ort treffen, auf welchen sie zielen, da der geringste Fehlschlag mit Flügeln oder Schwanze, sie nicht nur zu Fehlschüssen verleiten, sondern auch zuweilen in Lebensgefahr stürzen würde. Ich werde ein Beyspiel von dieser beynahe unbegreiflichen Genauigkeit erzählen. Einst gieng ich zu Kloster Lehnin am dortigen See, der anmuthigen Gegend zu genießen. Zween Adler revirten über denselben herum, ohngefähr in einer Höhe von 400 Fuß. Nach einer lange genossenen Belustigung über ihren prächtigen Flug, trenneten sie sich, und jeder gieng für sich auf die Jagd. Derjenige, der mir der nächste war, erblickte einen Fisch, augenblicklich zog er seine weit

ausge-

ausgedehnten Flügel zusammen, und stürzte etwa unter einem Winkel von 20 Graden herab, so schnell, daß man kaum die Gestalt eines Vogels an diesem fallenden Klumpen entdecken konnte. Man erwäge, daß man hier nicht nur auf die dem schrägen Falle angemessene Einziehung der Flügel, sondern auch auf die Geschwindigkeit, die er von seinem vorigen Fluge noch übrig behalten, rechnen müßte, wenn man durch einen Kalkul die Bahn bestimmen wollte. Wie leicht würde man da fehlen. Nur mein Adler verfehlte den Fisch nicht. Zugleich bedenke man die Lebensgefahr, in welche er sich stürzte. Wie leicht hätte es geschehen können, zumal bey so kurzen Füssen, mit welchen er den Fisch fangen mußte, daß er unter das Wasser geschossen wäre, denn wurden seine Flügel naß geworden seyn, und dann war es um den ganzen Adler, der nicht schwimmen konnte, geschehen. Allein sehr nahe über dem Wasser breitete er seine Flügel, schneller als ein Blitz wieder aus, griff den Fisch, der so groß war, als etwa ein Karpfe, und flog mit langsamer Schwingung seinem Aufenthalte zu. Was für Richtungen! was für eine Aufmerksamkeit auf die entgegen kommenden Dinge! was für plötzliche Abänderungen der Maaßregeln treffen wir hier bey einem Thiere beysammen an, bey einem Vogel, der des Nachdenkens unfähig ist.

§. 54. Man sagt, der Adler sey der grösseste Meister im Fliegen, und in der That, er flieget mit mehreren Anstande, flieget kühner, schwinget sich auch höher, als alle übrigen Vögel. Einst sahe ich ein paar Adler über eine niedrige Wolke wegfliegen, die ohngefähr 3000 Fuß hoch stand. Aber in der Geschwindigkeit alle nur mögliche Schwenkungen herfür zu bringen, übertrift ihn die Schwalbe weit.

Ihr

Ihr Flug ist ein würdiger Gegenstand des Naturforschers; sie fliegt, sie schwebt, sie springt, sie schießt, sie fällt, sie stürzt, sie wendet sich mit dem kürzesten Winkel, mit allen Gattungen von Linien, mit allen nur möglichen Lagen ihres Körpers durchflieget sie die Luft, und das alles mit der grösseſten Leichtigkeit, und bey dieser großen Geschwindigkeit verfehlet ihr Auge so wenig, als ihr Schnabel des geringsten Insekts, das ihr begegnet. Ich würde demjenigen ohne alles Bedenken den Preis in der Mechanik zuerkennen, der im Stande wäre, den Flug einer Schwalbe in allen seinen Mannigfaltigkeiten zu entziefern. Vieles kommet dabey auf die Springfedern ihres Schwanzes an; ich gestehe es, allein, eben diese machen die Erklärung ihrer Künste ungemein schwer und verworren. Glaubt man, etwas entdecket zu haben; so siehet man, daß das nächstemal dieser Vogel sich wieder ganz anderer Maaßregeln bedienet, eben dieselbe Wirkung hervor zu bringen, und zu jedem Endzwecke mehr wie ein Mittel in seiner Gewalt hat, in welchen er sich niemals irret. Groß sind die Werke des Herrn, wer sie achtet, hat eitel Lust daran.

§. 55. Der Nutzen dieser Abhandlung würde die darauf verwandte Mühe schon belohnen, wenn sie auch weiter nichts, als eine Bestätigung des Lehrsatzes enthielte, daß der Widerstand der elastischen Luft sich verhalte, wie die Cubi der Geschwindigkeiten gegen dieselbe sich bewegender Körper, und uns in den Stand setzte, den Verstand bey Beobachtung der beständig um uns herum fliegenden Vögel zu ergötzen, den Schöpfer zu bewundern, und uns mit allerhand zu seiner Zeit brauchbaren Einsichten zu bereichern. Allein ich entdecke bey dieser Materie die allergrösseste Vollkommenheit des analogi rationis bey Thieren, und wie weit sinnliche Triebe durch die Uebung es bringen können. Schnell folgen die Gedanken bey einem Menschen auf einander, wenn er aber die Vernunft anwenden will, so muß er mehr als einen Satz denken, und über den Zusammenhang des Grundes mit dem Schlußsatze, oder der Ursache mit ihren Wirkungen reflektiren, darüber gehet die Vernunft am Stabe der Logik mit langsamen Schritten fort. Der Schöpfer versagte nach seiner unerforschlichen Weisheit, dem Vogelreiche das Vermögen willkührlich zu denken, mithin die Vernunft und die Moral, der Vernunft ihr Resultat; begabte sie aber mit einer desto grösseren Feinheit der Sinne, aus diesen entstehen desto fühlbarere sinnliche Triebe oder Instinkte. Die sinnliche Empfindung ist bey ihnen das, was bey dem menschlichen Verstande der Grundsatz ist, und der Instinkt vertritt die Stelle des Schlußsatzes, als eine Folge der Empfindung. Jeder Eindruck in die Organen der Empfindung, erreget einen ihm gemäßen, und mit dem Nervenbau des Thieres übereinstimmenden Trieb, der so schnell sich erzeuget, daß zwischen Empfindung und Trieb sich kein merklicher Zeitraum denken lässet, daher die schnellen Verrichtungen und Abwechselungen der Stellung der zum Fliegen bestimmten Gliedmaßen, und die Untrüglichkeit in der Richtung derselben.

§. 56. Wir treffen bey uns etwas ähnliches an, wenn wir bey einer erlangten großen Fertigkeit im Spielen eines musikalischen Instruments auf uns Acht geben. Das Auge erblicket die Figur der Noten eines Takts, denken wir dann wie die Noten heißen? überlegen wir, was die Zeichen für eine Länge ihres Klangs ankündigen? Fragen wir, wie

die

die Finger gestellet werden müssen, damit nicht der Ausdruck eines Schalles den Ausdruck des folgenden unmöglich mache? Nichts weniger. Wir sind schon längst gewohnt, bey dem Anblicke der Figur der Noten, im Ganzen die Hand und die Finger so und nicht anders zu bewegen. So wie einem Virtuosen zu Muthe ist, wenn er ein Concert spielet; eben so, dünkt mich, sey einem Vogel zu Muthe, wenn er flieget. Wenigstens lassen sich hieraus sein Verhalten und die überaus schnellen Veränderungen seines Verhaltens am leichtesten herleiten. So weit.

XI.

Zusatz

zu

des seel. Martini Abhandlung

über die

zwoschalichten Konchylien

mit viel gekerbtem Schloße

von

Prof. Hermann in Straßburg.

Tab. VIIII.

Der Auffsatz unseres allzu frühe uns entrissenen Martini im dritten Bande der Beschäftigungen S. 273. erinnerte mich an einige Versteinerungen, die ich aus dem Elsaß besitze, und die allerdings zu dieser nehmlichen Klasse der Konchylien mit gekerbtem Schloße gehören. Sie sind um desto merkwürdiger, da sie uns in der Stufenfolge der Dinge wiederum einen deutlichen Uebergang von einem Muschelgeschlecht zu dem andern zeigen. Sie haben von außen vollkommen die Gestalt wie Mytuli, und zwar ohngefähr die vom Mytulus barbatus *L.* dem sie in Ansehung ihrer bauchichten Bildung am nächsten kommen; und wer das Schloß nicht betrachtet, würde

sie

sie zu dieser bauchichten Familie rechnen. Aber dieses Schloß verhält sich wie bey der Ostrea Isognomum und Ephippium *Linn.* und meine Versteinerungen verdienen mit diesen beyden und der Ostrea Perna allerdings ein besonderes Geschlecht auszumachen, oder wenn man dem System des Ritters ganz getreu bleiben will, wenigstens eine besondre Unterabtheilung in dem Austergeschlecht. Ich will sie so kurz als möglich beschreiben, denn die, gewissen Schriftstellern eigene wortreiche Beredtsamkeit, will mir, der ich die Versteinerungen nur in so fern schätze, als sie uns die Geschichte des Thierreiches ergänzen, und uns die Veränderungen unsers Erdballs lehren, nicht gefallen.

Sie kommen aus der Gegend von Gundershofen, wo sie nur einzeln und sparsam gefunden werden. Sie sind, wie alle Versteinerungen von daher, in einen schwarzgrauen Stinkstein verwandelt, und die Schale hat im Bruch eine spatichte Textur. Ich weiß nicht, ob ich die fünf Exemplare, die ich davon besitze, zu drey verschiedenen Arten bringen darf, oder ob sie nur zu einer gehören, oder allenfalls zu zweyen, welches mir noch am besten gefiele. Ich wollte gerne von allen dreyen Abbildungen vorlegen, um die Kenner selbst urtheilen zu lassen, wenn ich nur so glücklich gewesen wäre, von meinen Zeichnern richtige und genaue Vorstellungen zu erhalten. Ich ließ sie zwar verschiedentlich abzeichnen, es wollte aber keinem gelingen, den eigentlichen Unterschied deutlich und auf eine mich befriedigende Art zu treffen. Ich muß mich also begnügen, nur eine Abbildung vorzulegen, um von der Hauptsache, nehmlich dem Schloß, wenigstens im allgemeinen, einen deutlichern Begriff zu geben. Den Unterschied will ich suchen nur mit Worten auszudrücken. Und, um es bequemer thun zu können,

können, will ich die drey Arten die man allenfalls annehmen könnte, mit den Buchstaben A. B. C. bezeichnen, welche alle in der Hauptsache mit Fig. 9. Tab. VIIII. übereinkommen. Das Schloß verhält sich bey allen dreyen überhaupt auf folgende Weise: daß da die beyden Schalen am vordern oder dem Schlosse entgegen gesetzten Rand völlig schließen, sie im Gegentheil am Schloßrand von einander abstehen, und eine Frutche bilden, davon die Seiten unten in einen Winkel von ungefähr 60° zusammenstoßen. Auf diesen beyden Seiten nun bemerkt man abwechselnde Vertiefungen, deren Grund beynahe flach ist, so wie auch die beyden Seiten oder Wände der Furche, worinn die Vertiefungen eingegraben sind, in einer Fläche fortlaufen, ohne daß die Zwischenräume der Vertiefungen sich im mindesten erhöhen oder wölben sollten. Die Breite dieser Seiten ist, wie man auch aus der Abbildung sehen kann, ungefähr von einem viertel Zoll. Ob aber hier die Schale völlig diese Dicke habe, und nach und nach gegen den entgegengesetzten Rand abnehme, welcher allerdings viel dünner wird, wie ich an den beschädigten Stellen sehe, oder ob dieser Theil nur als eine eingebogene Kante anzusehen sey, wie bey den Archen, dieses kann ich nicht sagen, weil ich keine einzelne Schale besitze. Uebrigens scheinen diese Vertiefungen bey der Muschel in ihrem natürlichen Zustande mit einem Knorpel ausgefüllt zu seyn, wie bey Ostr. Isognomum und Ephippium *).

Was

*) Bey dieser Vergleichung versteht es sich ohnerinnert, daß die Vertiefungen einander gerade entgegen stehen, und auf einander passen. Ob sich an meinen Muscheln dieses

Was nun jede von den drey Arten in Ansehung des Schlosses besonderes hat, scheinet eben nicht wesentlich zu seyn. A hat sechs Vertiefungen, davon die erste die schmäleste, die zweyte und vierte die breitesten sind, als welche die doppelte Breite der ersten haben: die drey übrigen sind etwas veniges schmäler. Von den Zwischenräumen ist derjenige der längste, welcher zwischen dem obern Ende und der ersten Vertiefung ist; drauf folgt der zwischen der dritten und vierten Vertiefung, dann der unmittelbar unter ihm folgende, alsdann die beyden die über ihm sind, und der schmälste ist der letzte. In einem andern, diesem sonst völlig gleichen und eben so großen, aber an einer Schale bey dem Schloß etwas eingedrückten Exemplar, zähle ich nur vier Vertiefungen, indem die beyden äußersten zu fehlen scheinen. An beyden sind die Vertiefungen sowol, als auch natürlicher Weise die Zwischenräume, nicht rhomboidalisch, sondern rechtwinklicht.

B. hat seine Vertiefungen, etwas schief nach unten gehend; die zwo letzten sind die schmälsten, die drey ersten sind doppelt so breit, und wohl noch um ein Drittheil breiter ist die vierte. Der Zwischenraum über dieser Vertiefung ist von der nehmlichen Breite mit ihr, der darunter ist etwas breiter: die zween obersten sind nur halb so breit, und der unterste ist

dieses vielzahnichte Schloß, auch auf eine zweyte, innere, schmälere Fläche verbreitet, welche mit derjenigen, so man von außen sehen kann, wenn beyde Schalen auf einander liegen, einen sehr stumpfen Winkel macht, wie an den beyden Muscheln, mit deren Schloß ich das meinige verglichen habe, kann ich nicht bestimmen.

ist noch schmäler. Von den beyden, welche die äusserste Vertiefungen einschließen, kann ich nichts sagen, weil die Muschel daselbst beschädigt ist.

C. hat seine Vertiefungen auch schief. Die fünfte und die sechste, welche zwar etwas undeutlich ist, sind die schmälsten, und kaum einer Linie breit: drauf folgen die erste, die vierte, die zwote, die dritte, welche allmählig und immer nur wenig an Breite zunehmen. Der Zwischenraum unter der vierten Vertiefung ist der schmäleste, kaum einer Linie breit: der, oberhalb und unterhalb der ersten Vertiefung ist noch einmal so breit: um ein Drittheil breiter ist der dritte und sechste: der vierte ist unter allen der breiteste, und beynahe doppelt so breit als die auf beyden Seiten anstoßenden Furchen. Der unterste, oder der, welcher die letzte Furche einschließt, ist undeutlich.

Was die äußere Gestalt betrift, so kommt die Schale in Ansehung ihres erhabenen Bauches, wie schon gesagt, so ziemlich mit dem Mytilus barbatus L. überein, und das obere Ende der Schale erhebt sich, wie an jenem, über den Wirbel (Umbo oder Nates) hinaus, so daß dieser etwas an der Seite sitzt. A hat die Schalen etwas mehr ungleich, so, daß wenn man das Schloß gegen sich hält, die linke Schale sich einwenig bauchichter erhebt, und dieser Bauch vom Wirbel an eine etwas schiefere Richtung hat. Wo sich das Schloß endigt, ragt der Rand etwas mehr in die Höhe, und beyde Schalen scheinen ein wenig mehr an einander gedrückt, und sich in den Anfang eines Flügels, ungefehr wie bey dem Mytilus Hirundo, zu verlängern; so daß die krummen Linen, welche das Wachsthum der Schale anzeigen, wann sie sich dem Schloßrande nähern, sich herumschlagen, und eine entgegengesetzte Richtung, nach Art eines S annehmen. Es ist dieses insonderheit an dem Exemplar deutlich, welches, wie ich oben gemeldet habe, nur vier kenntliche Vertiefungen zeiget; und auf der rechten Schale zwischen dem Bauch und dem Schloßrand einen Eindruck hat, welches vielleicht widernatürlich ist. Ob sich die Muschel in ihrem natürlichen Zustande würklich in einen Flügel verlängert hat, wie es, nach der Bildung der Schale zu urtheilen, möglich gewesen wäre, kann ich, da sie in dieser Gegend etwas beschädigt ist, nicht bestimmen.

B. ist um einen starken halben Zoll größer, undeutlicher, die Schalen an vielen Stellen geborsten, der Bauch von beyden Seiten gleicher, und mehr gerade laufend. Von einem Anfang eines Flügels, ist keine Spur vorhanden. Ich glaube aber nicht, daß sie verdient als eine besondere Art angesehn zu werden.

C. könnte eher als eine verschiedene Art gelten. Der Rand, worinnen die Schloßvertiefungen sind, ist länger, und wo diese ein Ende haben, dreht er sich gegen die rechte Hand herum, so daß die ganze Muschel ein gedrehtes Ansehn bekommt, und die Schale, welche man rechter Hand hat, wann man das Schloß gegen sich kehrt, vielweniger bauchicht, und im ganzen genommen concav ist. Sie kommt in dieser Bildung mit einem kleinen versteinten Mytilus, aus der Gegend von Weimar, den ich noch von dem seel. Walch herhabe, überein.

Linne' würde die bisher beschriebene Arten etwan so bestimmt haben:

A. und B. Ostrea (mytiloides) testa subæquivalvi, ovata, ventricosa, recta; cardine multisulcato.

C. Ostrea (torta) testa inæquivalvi, intorta; cardine multisulcato.

XII.

Beschreibung eines zu astronomischen und geometrischen Ausmessungen bequemen Instruments vom Herrn Doctor Pelisson.

Tab. X.

Das Instrument welches auf der zehnten Kupfertafel in allen seinen Theilen perspectivisch vorgestellet ist, habe ich nach meinen eigenen Angaben und zu meinem Vergnügen, von dem hiesigen Mechanikus Herrn Elkner dem älteren von Meßing verfertigen lassen, und da ich hoffe, Liebhabern einen Gefallen damit zu erweisen, so will ich hier die Einrichtung desselben bekannt machen:

ACB ist eine meßingene Platte, in Gestalt eines gleichschenklichten Dreyecks, 14 Zoll Rheinl. hoch, und $10\frac{1}{2}$ Zoll breit, welche vermittelst der drey Stellschrauben DDD in die horizontale Lage gebracht werden kann. Senkrecht auf AB ist von C aus auf derselben eine Linie CV gezogen, auf welcher bey V und C zwey kleine Knöpfgen eingeschraubt sind, von welchen an seidenen Fäden kleine untenzugespitzte Bleylothe M und N herabhängen. In K ist ein

 starkes

starkes Gewirbe, in welchem sich eine runde Axe oder ein holer Cylinder L 11 Linien im Durchmeßer, und von K bis O 5 Zoll lang, auf- und niederwärts neigen läßt. Die Flügelschraube U dient, um diese Axe in K gedrängt anzuschliessen. Am Ende derselben bey O ist ein Rad N a F b, gegen 9 Zoll im Durchmesser, und $\frac{3}{4}$ Zoll breit senkrecht angelöthet, dessen Umkreis in Viertelgrade abgetheilet ist. In E und G sind zwey Quadranten E F und G H senkrecht aufgestellt, wovon der Rand des ersten von E an, in Viertelgrade abgetheilet worden. Die Ränder beyder Quadranten, werden vom Umkreise des Randes in N und P berühret, und um selbiges mit der Axe L unter einem jeden verlangten Winkel gegen ACB neigen zu können, sind in N und F zwey kleine Platten angebracht, die die Seiten der Quadranten fassen, und durch Schrauben an dieselben befestiget werden können, wovon in der Abbildung die eine Schraube I zu sehen ist. In den holen Cylinder L ist oben bey O, da, wo die Mitte des Rades gleich weit durchbohrt ist, der untere cylindrische Theil der viereckigten Axe M O eingelassen. M O hat in der Länge $6\frac{1}{4}$ Zoll. Bey M ist ein Gelenke W, von welchem ein Arm W Q 5 Zoll lang ausgehet; an dessen Ende bey Q ein Halbcircul Q r R befestiget, und gleichfals in Viertelgrade abgetheilet ist; s r ist an der Axe ein etwas hervorstehendes Stück Meßing, innerhalb dessen Einschnitt s r der Halbcircul eingelassen ist, und gedrang sich verschieben läßt. Eine an der Seite der Axe mittendurchgehende Linie M s r, dienet um einen oder den andern Grad des Gradbogens an selbigem zu stellen. Die beyden Punkte 90 Grad bey R und Q, liegen mit dem Mittelpunkt W genau in einer Linie. Die Alidade O Z ist bey O an der Axe M O befestigt,

liegt

liegt mit dem Halbcircul QrR und dem Fernrohr TS genau in einer Ebene, und dreht sich folglich an dem Umkreis des Rades NaPb mit der Axe MO herum. Bey Z ist diese Alidade durchbrochen, um die Grade des Umkreises dadurch zu erkennen; und mitten durch selbige geht eine Linie, die den eigentlichen Theilungspunkt jedesmal abschneidet. Die Umwendung der Axe MO geschiehet zu mehrerer Sicherheit des Instruments, vermittelst einer kleinen Handhabe x. Vom Mittelspunkt W aus, hängt eine andere Alidade WX, die als ein Pendul dienet, wenn der Halbcirkul QrR eine senkrechte Stellung hat. Sie ist bey X durchbrochen, und schneidet alsdann durch eine mitten durch sie gehende Linie den niedrigsten Punkt des Gradbogens ab. Endlich liegt vollkommen in der Ebene des Halbcirculs QrR und der Alidade OZ ein Fernrohr TS von Ramsden $11\frac{1}{2}$ Zoll lang, das bey der terrestrischen Einrichtung etwa 40mal vergrößert. Innerhalb desselben ist eine Glasscale als ein Mikrometer aufgestelt. Das Feld des Fernrohrs ist durch diese Scale in 36 gleiche Theile im Durchmesser abgetheilt, und Beobachtungen haben gelehrt, daß jede Abtheilung 2 Min. 49 Sec. im Werth habe; und daß man folglich durch das Fernrohr 1 Grad 41 Min. übersieht. Dies Fernrohr wird oberhalb W in eine Art von Schlitten Y eingeschoben, und solchergestalt gehörig an dem Arm WQ befestiget, durch welchen es sich gemeinschaftlich mit dem Halbcircul in eine jede Neigung bringen läßt.

Um dieses Instrument zum astronomischen Gebrauch, in eine richtige horizontale und verticale Lage zu bringen, und nach den Weltgegenden zu stellen, wird selbiges auf eine bereits gezogene Meridianlinie dergestalt gesetzt, daß solche von den Spitzen der

Bleylothe M und N berührt wird, und der Punkt N gegen Süden kommt. Dann wird die Axe L mit dem Rade N P an dem Quadranten aufwärts geneigt, so daß der Punkt N bey F 90°. berührt, und mit der Schraube I dort befestiget. Damit soll die Axe L O M eine verticale, und das Rad N P eine horizontale Lage haben; und um dieses zu prüfen, wird am Punkt r der Punkt 0°. des Halbcirculs Q r R gebracht, so liegt das Fernrohr horizontal, und das Pendul W X muß bey einer ganzen horizontalen Umwendung der Axe M O nebst dem Halbcircul und Fernrohr, beständig 0°. abschneiden, und an r sanft anliegen; geschiehet dieses nicht, so läßt sich solches vermittelst der Stellschrauben DDD leicht bewerkstelligen.

Will man hierauf dieses Instrumt als eine paralacktische Maschine am Himmel brauchen, so wird die Axe L unter den Winkel der Polhöhe des Ortes der Beobachtung gegen die Fläche A B C geneigt, und dieser Winkel wird am Quadranten von E nach F gezählt. Man befestigt alsdann das Rad N P mit der Axe L an beyden Quadranten mit den Schrauben. Bey der Zeichnung ist das Instrument zufälligerweise auf den 50sten Grad der Polhöhe bey I gestellt. Die Axe L geht alsdenn am Himmel zum Pol, und die Ebene des Rades N P liegt in der Ebene des Aequators, oder neigt sich mit A B C unter einem eben so grossen Winkel, als dieser Kreis mit dem Horizont. Wird der Punkt o des Halbcirculs Q r R an r gebracht, und die Alidade O Z kommt bey einer Wendung der Axe auf O a, so schneidet das Pendul W X die Höhe des Aequators, welche dem Complement der Polhöhe, also hier 40°. gleich ist, ab. Das Fernrohr ist alsdann gerade auf den Aequator am Himmel gerichtet, und ein Stern der in diesem Kreis steht,

folg-

folglich keine Abweichung hat, wird beständig im Felde des Fernrohrs erscheinen, wenn man dasselbe an der Axe M O umwendet, indem es hierbey dem Tagescircul des Sterns genau folgt. Eben dies geschiehet, wenn bey einer südlichen Abweichung des Sterns, der Grad derselben am Gradbogen von o nach Q, und bey einer nordlichen Abweichung von o nach R genommen, und an den Punkt r gebracht wird. Das Pendul WX zeigt hiebey: wenn OZ auf Oa liegt, jedesmal die mittägige oder größte Höhe des Sterns über den Horizont an.

Ein jeder Stern wird bey der Wendung der Axe von seinem Auf- bis Untergang mitten im Felde des Fernrohrs bleiben, wenn er bey seinem Durchgange durch den Meridian, das ist, bey seiner Culmination oder zu einer jeden andern Zeit einmal darin gestellt worden, weil das Fernrohr vermittelst der Stellung der Axe nach der Polhöhe des Ortes der Beobachtung die Tagescircul aller Sterne, die in dessen Mittelpunct erscheinen, genau befolgt. Die Alidade OZ dient um den Abstand des Sterns vom Meridian in Graden und Zeit, oder den Stundenwinkel am Pol zu finden; b a liegt mit der Mittagslinie VC in einer Ebene, wenn also die Alidade OZ auf O a liegt, und der Stern mitten im Fernrohr erscheint, so culminirt er; von a nach N herum, ist der Stern noch vor dem Meridian oder nach Osten; und von a nach P ist er bereits den Meridian paßirt, und steht nach Westen. Gesetzt nun, OZ zeigt bey einer Beobachtung des Sterns mitten im Fernrohr wie in der Abbildung 20°. oder 1 Stunde 20′. (15°. auf eine Stunde oder 1°. auf 4 Min. gerechnet) vom Meridian westwärts, oder es sind 1 Stund. 20 Min. nach seiner Culmination verflossen. Jeder Viertelgrad giebt genau 1 Min. Zeit;

daher ist die Reducirung der Grade in Zeit sehr leicht, und z. b. 20¾°. werden 1 St. 23 Min. geben.

Wenn demnach die Abweichung eines Sterns und die Zeit seines Durchganges durch den Meridian bekannt ist, so kann man solchen durch dieses Instrument leicht zu einer jeden Zeit am Himmel aufsuchen; oder wenn man ihn in einer gewissen Gegend beobachtet, läßt sich im Gegentheil dessen Culminationszeit, Abweichung und Höhe im Meridian finden. Im ersten Fall stellt man zuerst den Grad der nordlichen oder südlichen Abweichung des Sterns vom Gradbogen Q r R abgezählt an den Punkt r, wendet hierauf die Axe daß die Alidade OZ auf O a liegt, so schneidet selbige die mittägige Höhe des Sterns ab. Man wendet alsdann die Axe wieder um, bis daß die Alidade OZ den in Graden verwandelten Zeitunterschied zwischen der Culmination und der vorgegebenen Zeit weiset, so wird der gesuchte Stern im Fernrohr sich zeigen müssen. Dies giebt auch Gelegenheit einen Planeten wie etwa die Venus bey Tage aufzusuchen, und in seiner scheinbaren Fortrückung am Himmel durch die Umwendung der Axe zu verfolgen. Wenn das Fernrohr alsdann eine horizontale Lage gegen den östlichen und westlichen Himmel bekömmt, so geht der mitten in demselben erscheinende Himmelskörper auf und unter, und die Alidade OZ zeigt zugleich die Größe des halben Tagescircul in Graden, welche in Zeit verwandelt, und von der Culmination abgezogen, oder dazu addirt, die Zeit des Auf- und Unterganges giebt. Im zweyten Fall wird das Fernrohr auf den Stern, dessen Culminationszeit, Abweichung und Mittagshöhe man sucht, gerichtet; so steht unter r der Grad der Abweichung, und die Alidade OZ zeigt zugleich den Abstand des Sterns vom Meridian in Graden, welche in Zeit verwandelt, und nach dem der Stern am westlichen oder östlichen Himmel steht, von der Zeit der Beobachtung abgezogen oder zu derselben addirt, die Zeit der Culmination giebt. Hierauf wendet man die Axe mit dem Fernrohr herum, bis die Alidade auf O a liegt, so schneidet das Pendul WX die Mittagshöhe des Sterns ab. Da das Pendul WX eigentlich nur im Meridian zu gebrauchen ist, so wird es in einer schräge Lage des Halbcriculs bey X an demselben völlig angeschraubt, oder völlig abgenommen.

Es läßt sich dieses Instrument auch noch zur Ausmeßung des Azimuths und der Höhe der Sterne, zu einer jeden gegebenen Zeit brauchen. In dieser Absicht wird der Punkt N des Rades NP am 90sten Grad des Quadranten bey F befestigt, und damit in einer horizontalen so wie die Axe LOM in einer verticalen Lage gebracht, und mit der Schraube I befestigt. Das Pendul WX hängt alsdenn beständig längst Wr herunter. Die Grade am Umkreise des Rades geben alsdann Azimuthalwinkel, die zwischen dem Meridian und einem jeden andern Verticalkreis ost- und westwärts desselben am Zenith, oder an den zwischen ihnen liegenden Bögen am Horizont sich ergeben. Der Quadrant des Halbcirculs rR, mißt die Höhe der Himmelskörper, an dem Grad der unter r oder dem Pendul liegt, sobald das Fernrohr auf demselben gerichtet ist. Und die Alidade OZ zeigt zugleich ihr Azimuth oder ihren Abstand vom Meridian nach Osten und Westen, nach Scheitelwinkel. In dem Halbcircul a P b hat der Stern ein westliches und in b N a ein östliches Azimuth. Bey 0°. und 180°. steht der Stern genau

in

in Süden oder Norden, und bey 90°. nach P und N in Westen oder Osten.

Endlich kann auch dieses Instrument bey geometrischen Ausmessungen auf dem Felde dienen. Das horizontalliegende und in Viertelgraden abgetheilte Rad NP', ist vermittelst des gleichfals Horizontal gestellten Fernrohrs, und der Alidade OZ als ein astrolabium zu gebrauchen, um Horizontalwinkel dadurch zu messen, und durch den Quadranten r R des Halbcirculs Q r R, lassen sich Höhenmessungen der auf der Erde befindlichen Gegenstände anstellen.

XIII.

Etwas von der Bienenzucht.

Vom Herrn Inspector Sybel zu Cleve.

Als ich ohnlängst die vortrefliche Gartenkunst womit Herr Hirschfeld im verwichenenen Jahre Teutschland beschenket hat, durchsahe, glaubte ich, es würde diesem gelehrten Mann angenehm gewesen seyn, zu wissen, daß man einen grossen herschaftlichen Garten, wenn er auch nicht zur Oekonomie, sondern nur zur Vergnügung der Sinne angeleget worden, mit einen wohlgebaueten Bienenhause verherrlichen könnte. Er würde gewiß die meisten der vielen schönen Risse und Aufzüge von Gartenhäusern in seinem Buche dazu bequem gefunden und empfohlen haben. Dies ist nicht blosse Phantasie oder gar etwas Zweckwidriges für einen Lustgarten. Denn schon seit 6 Jahren ist ein Bienenhaus die Hauptzierde und das allerangenehmste mitten in meinem ökonomischen Garten. Es stehet auf einer Erhöhung, und ist inwendig so räumlich eingerichtet, daß nicht allein eine grosse Gesellschaft darin Platz hat, sondern auch noch ein langer Spatziergang frey bleibt. Man hat darin die Aussicht über den ganzen Garten, und geniesset allezeit eine gemäßigte Luft. Wozu noch der edle und balsamische Geruch kommt, der nicht

nicht allein das Bienenhaus, sondern auch einen ziemlichen Theil des Gartens in den Sommermonaten erfüllet, wodurch einige in Brustbeschwerden Erleichterung gemerkt zu haben bezeugen, nachdem sie denselben einige Stunden eingeathmet hatten. Man kann sich leicht vorstellen, was das frohe Gesumse so vieler hunderttausend, ja Millionen Bienen und ihre sichtbare lebhafte Geschäftigkeit, in Herbeyholung ihrer Baumaterialien und des Honigs, dem Auge und dem Ohre für Vergnügen verschaffe. Jedermann aber wird hierbey vermuthen, daß die Furcht vor dem Zorn und Stachel der Bienen, alles Vergnügen im Garten und Bienenhause stöhren müsse; allein, die Erfahrung wiederleget diese Sorge gar bald. Denn, so lange draussen auf den Feldern etwas zu holen ist, achtet keine Biene auch die honigreichsten Blumen im Garten und in der Nähe; als worauf nur diejenigen Nahrung suchen, die wegen Alter und Schwachheit keinen weiten Flug wagen dürfen. Und überhaupt ist die Biene ausser dem Ort der Ausflucht, der etwa 2 Ruthen breit, mit einer Hecke abgekleidet seyn muß, ein verzagtes Thier, das niemand eintzeln anfällt, und das man dreist verscheuchen kann, aber nicht drücken muß. Ju das Bienenhaus selbst aber, weil es etwas dunkel seyn muß, kommt keine Biene, wie denn auch noch niemand darin gestochen worden ist. Sie gewöhnen sich bald daran, viel Menschen in der Nähe zu wissen, und lassen sich dadurch in ihrem Fleisse gar nicht stöhren. Des Sommers bin ich oft vom Morgen bis an den Abend bey ihnen, esse, trinke, studire, und nehme daselbst allen Zuspruch an; finde auch, daß sie es gar nicht übel nehmen, wenn gleich viel Taback geraucht wird. Es wäre auch ein geringes, es so einzurichten, daß ich daselbst, wegen des sehr

gesun-

gesunden Geruchs schlafen könnte, wenn nicht meine Schlafkammer in der Nähe wäre, so daß ich bey der ersten Oefnung der Augen, die Geschäftigkeit derselben nebst dem ganzen Garten beobachten kann. Diese Einrichtung eines Bienenhauses, so daß dadurch ein räumlicher Garten verschönert, und mancherley Annehmlichkeit verschaffet wird, hat gleich Anfangs allgemeinen Beyfall, und gar bald hier herum und im Holländischen, in verschiedenen herrschaftlichen Gärten Nachahmung gefunden. Doch dies alles betrift nur die Seite des Vergnügens, die uns der Schöpfer auch in seinen Kreaturen zu genießen erlaubt, das aber von dem daraus zu ziehenden Nutzen weit übertroffen wird.

Es kommt mir überhaupt als eine Geringschätzung oder Undankbarkeit gegen vielerley Gaben Gottes vor, wenn Herrschaften eine große Gegend von ergiebigem Grunde mit unfruchtbarem Gebüsche besetzen lassen, und nach englischem Geschmack mit so vielen Kosten zu nichts weiter, als zur bloßen Augenweide anlegen und unterhalten. Gleich, als ob das Auge nicht auch von dem Anblick nützlicher Gewächse, Bäume und Sträucher, wenn sie mit Wahl und Ordnung gepflanzet werden, ein eben so großes, ja noch grösseres Vergnügen schöpfen konnte. Ist jemand so begütert, daß er den möglichen Ertrag eines solchen Stücks seiner Gründe gar nicht vermisset; so sind doch noch immer bedürftige Mitmenschen genug, die den Grundherrn für dessen freye Nutzung bey vorgeschriebener Wartung segnen werden. Auf gleiche Art könnten es Herrschaften mit dem Vortheil der Bienenzucht halten, und sie einem Gärtner, für die nicht viel Zeit erfodernde Pflege genießen lassen, wenn die Selbstnutzung zu geringe scheinen sollte. Indessen dürfte es

auch

auch Herrschaften nicht gereuen, wenn sie zugleich des oekonomischen Nutzens wegen, einen Bienenstand anlegen wollten; wie uns so viele gründliche Anweisungen zur Bienenzucht, die nach dem letzten Kriege ans Licht gekommen sind, überzeugend belehren.

Denen aber, die sich darauf legen wollen, wäre wohlmeinend zu rathen, sich im Anfange nicht nach einem gedruckten Bienenbuche zu richten; sondern sich erst von einem erfahrnen Bienenmann ihrer Gegend Unterricht geben zu lassen, wie er es bisher mit seiner Bienenzucht gehalten, und in welchen Monathen die Hauptveränderungen mit denselben vorgehen; besonders aber, was für Gewächse und Blüthen in der Nähe sind, von welchen die Bienen Honig holen. Hat man dieses gefasset und anfänglich befolget; so kann man sich, was die neuern Erfindungen und bequemern Behandlungen betrift, aus gedruckten Büchern, jedoch mit reifer Ueberlegung und eigener Beurtheilung Raths erholen. Denn da jedes Bienenbuch eigentlich nur in der Gegend gilt, wo es geschrieben ist, und schon etliche Stunden weiter, in einigen wichtigen Zeitpunkten des Schwärmens oder Ablegens fehlschlagen dürfte, welches von den verschiedenen Honighaltenden Gewächsen der Gegend, und deren frühen oder spätern Blüthe herrühret: so wäre zu wünschen, daß in jedem Bienenbuche eine genaue Beschreibung des nehmlichen Orts und der Gewächse vorkäme, die im Bezirk einer Stunde blühen, als wonach man sich in andern Gegenden verhältnißmäßig richten könnte. Das Herzogthum Cleve schickt sich vor allen benachbarten Provinzen zur ergiebigen Bienenzucht durchgehends sehr wohl; aber die verschiedenen Gegenden, die kaum eine oder zwey Meilen von einander liegen, erfodern einen Unterschied der Zeit in der Behandlung kung, der oft etliche Wochen betrift. Das ganze Land aber würde, in Ansehung des Ertrags der Bienenzucht, beträchtlich gewinnen, wenn die Eigner bey der großen Menge der Weidenbäume auf ihren Gründen, dahin zu bringen wären, nur allein Weiden vom männlichen Geschlecht zu pflanzen, weil dieselben im Frühjahr das reichste Futter für die Bienen geben, die weiblichen aber gar nichts, deren Zahl doch gemeiniglich die grösseste ist. Man kann sie im März und April an der gelben Blüthe oder an den Kätzgen kennen und zeichnen, um davon die neuen Stämme oder Pflanzen zu nehmen. Da der Weidenbäume so vielerley Arten sind, deren einige früh, andere aber später blühen; so könnte dadurch der Verfolg des Bienenfutters erhalten werden, worauf überhaupt mehr ankommt, als man denken möchte; indem dis die Ursache ist, warum in verschiedenen Gegenden die Bienenkörbe im Frühjahr anfänglich schwer, hernach aber wieder leichter werden, mithin was sie in einem Monath gewonnen, im folgenden wieder aufzehren. Auch würde die mehrere Aussaat des weißen so genannten wilden Klees, den Bienen sehr vortheilhaft seyn, da der gemeine rothe Klee, der doch mehrentheils gesäet wird, für sie gar keinen Nutzen bringt. Eignern von weitläuftigen Herrlichkeiten und Gründen, könnte man die Anpflanzung vieler, aber nur blühenden Lindenbäume, und mehr Aussaat des Buchweizens zu diesem Zweck zuverläßig empfehlen; obgleich letzterer auf einigen Feldern und Gegenden ungleich Honigreicher als auf andern ist. In den Wäldern und Gebüschen geben die Waldbeeren und der Faulbaum den allermeisten Honig.

Die Pflege, so meine Bienen empfahen, ist die so oft schon beschriebene, mithin genugsam bekannte

Magazinmäßige, die nebst andern Vorzügen des grössern und gewissern Nutzens, auch diesen hat, daß man dabey des mühsamen Futterns, beschwerlichen Schwärmens, und undankbaren Erstickens wohlverdienter Bienen überhoben ist, und immer ein sauberes Bienenhaus behält. Zu welcher Reinlichkeit auch besonders dienet, wenn man anstatt der Körbe und ihrer Untersätze, lauter hölzerne Kasten, 4, 5 oder 6 Zoll hoch, und 12 Quadrat braucht, die bloß aus 4 Brettchen zusammen genagelt, und oben mit 2 Querstöcken versehen sind, die Wachs- und Honigkuchen zu tragen, bey welchen man keine Schmiererey nöthig hat, da sie so wol auf dem Standbrett, als unter sich auf einander schließen, und über dies nicht so viel kosten, auch ungleich länger dauren, als die von Stroh; zumal wenn sie zierlich angestrichen sind.

Wer des Sommers so gemächlich bey den Bienen seyn kann, sie immer vor Augen hat, und die Pflege selber bestreitet, findet wohl etwas, so zur bequemern Wartung derselben dienet. Und auf solche Vortheile habe ich sonderlich aus folgender Ursache geachtet. Ich treibe, so viel mir möglich darauf, und gebe gerne alle Anweisung dazu, daß alle Landprediger dieses Herzogthums sich auf die Bienenzucht legen, und ihre Frauen allmählig dazu anführen mögen, daß sie allein einen Bienenstand regieren, und damit nach dem Tode des Mannes fortfahren können; da eine Haushaltung auf dem Lande von einem guten Bienenstande beynahe bestehen kann. Dergleichen Haushaltungen, die oft nur schwache Personen ausmachen, muß es zu statten kommen, wenn die Bienenzucht weder ihre körperliche Kräfte übersteiget, noch zu viel Zeit und Wartung bey reicherm Ertrage erfodert.

Hierhin

Hierhin möchten unter andern folgende, mir wohl gelungene Versuche gerechnet werden. Meine Bienen werden alle, wegen des genugsamen Raums im Bienenhause, von hinten regieret, ohne jemahls vorn in die Ausflucht oder Fronte zu treten, welches ihnen niemals angenehm ist, auch nicht allezeit für den, den sie kennen, rathsam seyn dürfte.

Demnächst habe ich in jedem Bienenkasten oder Untersatze an der Rückenseite eine Oefnung machen lassen, die mit jeder Materie, die man bald ausheben und wieder einsetzen, besonders mit verbrauchten Korken zu stopfen, und dadurch täglich die Arbeit der Bienen und derselben Fortgang, auch wenn es Zeit ist, zu erhöhen, ohne Mühe beobachten kann.

Ferner gebe ich einem jeden Bienenkorbe, oder Kasten, oder Magazin, ein besonderes Standbrett, Tab. IX. Fig. 9. in welches, da es 1 Zoll dicke ist, an der Vorderseite ein Triangel ½ Zoll tief ein- oder ausgehauen seyn muß, welches zu mannigfaltigem Nutzen dienet. a. b. c. d. das Standbrett, E. der ½ Zoll eingehauene Triangel; f. g. h. i. der Bienenkasten oder Magazin, das von hinten verschoben werden kann. Denn, da das Standbrett immer zum Theil hervorraget, so ist es nicht allein zugleich eine beständige Flugschiene, worauf die beladenen Bienen bey der Wiederkunft sicher fallen und ruhen, sondern auch vermittelst des eingegrabenen Triangels, ein beständiges Flugloch, welches bey jeder Erhöhung oder jeden Untersatze das nehmliche bleibt. Wodurch denn erspahret wird, daß man an jedem Kasten oder Untersatze nicht ein besonderes Flugloch und Schieber machen zu lassen braucht. Man kann auch mit einem kleinen Ruck oder Zug von hinten auf dem Standbrett die Ausflucht nach Erfoderung der Zeit und

Umstände vergrössern oder verkleinern, oder gar verschliessen. Auch dienet das bey aller Verhöhung bleibende Flugloch in dem Standbrett, weil es niedriger ist, dazu, daß die Bienen den Unrath, Abfall, Gewürme und ihre Todten aus dem Korbe oder Magazin viel gemächlicher herausschleppen, und dadurch ihre Wohnung viel reiner halten, als es geschehen kann, wenn die Fluglöcher höher sind als der Boden, mithin alles erst in die Höhe getragen werden muß. Die Bienen bleiben auch bey unten gelassener offenen Luft im Winter viel reiner und gesunder, und sind nicht so viel Krankheiten unterworfen, als diejenigen, die das Flugloch oben oder in der Mitte haben. Man kann auch vermittelst des Lochs an der Rückseite, und des Lichts durch das niedrigere Flugloch gegen über viel genauer an dem Abfall aus dem Bienenneste entdecken, was den Bienen fehlet, und womit ihnen zu helfen sey. Dieses in das Standbrett ausgetiefte Flugloch hat hier herum auch bey alten bloß mechanisch handelnden Bienenmännern, Beyfall und Nachahmung gefunden.

Da man aber in einem solchen Bienenhause die Körbe oder Magazine nur von hinten siehet, mithin die Aus- und Einflucht nicht unmittelbar beobachten kann, so habe ich mit gutem Erfolg einige Körbe oder Kasten zusammt dem Standbrett in die Quere gesetzt, so daß sie sich, da das Bienenhaus nach Süden stehet, nach Osten richten. Wodurch nicht allein die heisse Mittagssonne gemäßiget, sondern auch das Vergnügen erhalten wird, daß man im Bienenhause, entweder sitzend oder wandelnd, die geschäftige Flucht vor Augen hat, und so viel geschwinder wahrnehmen kann, ob das Bienenvolk noch im Wohlstande,

stande, oder etwa krank oder schwach und der Hülfe bedürftig sey.

Da sichs oft zuträgt, daß die Körbe oder Magazine so schwer werden, daß sie auch der stärkste Mann nicht weiter regieren kann, und dies das Untersetzen fast unmöglich macht; so habe ich die alte Aegyptische Art von Bienenkörben, die noch daselbst üblich ist, und in so genannten platten Liegern bestehet, mit den neuern Vortheilen der Bienenzucht glücklich zu verbinden gesucht. Tab. IX. Fig. 10. Man nimmt nehmlich platt liegende hölzerne Kasten, jeden zu 12 Zoll breit, 6 hoch und 6 tief, legt deren 2 und 3 auf ein Brett horizontal aneinander, so daß sie ein einziger Kasten zu seyn scheinen, hinten mit einem Deckel geschlossen, und vorn desgleichen, doch mit einem Flugloch versehen. Sind diese vollgebauet, so nimmt man den vordern Deckel ab, setzet einen leeren Kasten vor, und verschliesset ihn wieder mit dem abgenommenen Deckel, und so fort an, so oft es nöthig ist. Im Herbst schneidet man einen oder mehr von den hintern Kasten, die so dann voll Honig sind, als eine reine Ausbeute weg, und verschliesset dieses Bienenmagazin wieder mit dem hintersten Deckel. Zu diesem allen wird keine besondere Stärke der Arme erfodert, und auch schwache Personen können es bequem verrichten. Es scheinet auch, daß die Bienen in solcher Art von Werkstätten, worinnen keine Querstöcke, wie in andern Magazinen nöthig sind, viel fleißiger arbeiten, weil ihnen darinn eine grössere Fläche gegeben wird, wo mehrere Bienen zugleich an die Arbeit kommen können, und dabey nicht nöthig haben, mit ihrer Ladung erst empor zu klimmen.

Die Haupternte von dem ganzen Bienenstande wird im Oktober vorgenommen, da an einem kühlen

Morgen von jedem Magazin ein oder mehr von den oberen Kasten abgenommen werden, nachdem sie vermittelst einer Klaviersaite in den Fugen durchgeschnitten worden. Das Magazin wird mit einem andern Deckel oben wieder geschlossen, und es gehet dies alles so gemächlich zu, daß auch keine einzige Biene dabey zu Schaden, oder gar bey der ganzen Operation zum Vorschein kommt; indem sie in solcher Jahrszeit nicht mehr oben, sondern in der Mitte der Kasten ganz stille bey einander sitzen.

Der Honig, der auf solche Art erbeutet wird, ist allezeit rein, frisch und gelb, weil er selten über zwey Jahr in dem Magazin sitzet. Es verstehet sich aber von selbst, daß ein Jahr bey weitem nicht so Honigreich als das andere; wie auch, daß der Honig an sich, nicht alle Jahr von gleicher Güte ist. Er wird sodann in ein blechernes Gefäß, dessen Boden durchlöchert ist, oft durchgeschnitten, gelegt, da er denn, theils durch sein eigen Gewicht, theils durch eine gelinde Wärme getrieben, in einen steinernen Behälter oder Topf tropfet, worinnen er sich ausnehmend gut erhält.

Das, was auf solche Art nicht von selber fliesset, wird in lauem Wasser rein ausgewaschen, welches man so dann entweder auf dem Feuer wieder abrauchen lassen, und wieder zum steifen Honig machen, oder sonst in der Haushaltung nützlich gebrauchen kann.

Zur Wachspresse kann man solche Stücke, die sonst in jeder Haushaltung auf dem Lande nöthig sind, so lange die kurze Zeit der Operation dauret, an einander setzen, außer 2 eisernen Platten, die der Schmid dazu leicht verfertigen kann, die aber Jahrhunderte aushalten. Es kann sich also jeder Landmann dieselbe zusammen setzen, und hernach jedes

Stück

Stück wieder an seinen Ort bringen; so daß er keine kostbare Maschine dazu nöthig hat, die den Wachs oft nicht so gänzlich, gemächlich und geschwinde, als die meinige, aus den Hülsen treibt.

Das Wachs ist zwar ein beträchtlicher Gewinn, und bezahlet die Interessen des zum Bienenstande verwandten Capitals schon zur Gnüge; allein es ist doch nur ein Kleines gegen den Nutzen, den ich aus dem Honig ziehe. Nicht allein wie andere in der Wirthschaft; sondern hauptsächllch durch den daraus bereiteten Meth. Es ist aber kein solcher Meth, wie er gemeiniglich verfertiget wird, der widerlich süß, dicke, braun, trübe und berauschend ist; sondern der die Klarheit und Farbe des Rheinweins hat, gar nicht mehr nach Honig schmeckt, sondern einen so angenehmen fast aromatischen Geschmack angenommen hat, der da macht, daß ihn auch Liebhaber und Kenner von Wein, allen Weinen vorziehen, und wohl so gute, ja bessere Wirkung davon zu erfahren bezeugen. Es kann seyn, daß der deutsche Honig dazu von besonderer Güte ist. Wie ich dann Gelegenheit gehabt, den Honig von der Insel Cyprus zu kosten, aber ich habe ihn nicht so angenehm, wie den deutschen, gefunden, ob er gleich für den besten in der ganzen Levante gehalten wird. Ich habe eine Quantität von dem berühmten Honig aus der Provence in Frankreich von Marseille bekommen, und die Kenner halten ihn so wenig als den Cyprischen für so gut als den hiesigen, ob gleich so viel edle Kräuter, als Roßmarin, Thymian ꝛc. darinnen zu schmecken sind; so daß der Ruhm der Alten vom Honig des Hybla und Hymettus nur Vergleichungsweise gegen ihre schlechtern Sorten zu nehmen seyn dürfte. Ich habe von dem Marseillischen Honig mit der genauesten Aufsicht, wie bey dem meinigen,

nigen, Meth bereitet. Die Kenner aber machen daraus nicht viel Werk. Ich habe Meth aus Frankreich in zugepichten Flaschen erhalten, der aber den Kennern noch weniger gefallen wollte, ob er gleich mit andern Ingredientien gegohren hatte. Vielleicht aber hatte er durch die weite Reise gelitten, indem der Meth überhaupt das Versenden nicht wohl leiden kann. Der Englische Honig kommt auch dem deutschen nicht bey, und der davon gebrauete Meth wird von niemand besonders gerühmet. Wenn wollen wir Deutschen einmahl anfangen, den Werth unserer einländischen Gaben Gottes gebührend zu schätzen? Wenn Ausländer von ihrem Honig Meth bereiten, der irgend Geschmack haben soll, so müssen sie mancherley Gewürze und Kräuter daran thun, und bringen doch nichts rechts dadurch an das Licht. Daher michs nicht wundert, daß Plinius so wenig Werk von dem Meth macht. Die Deutschen thun auch viel fremde Sachen zum Meth, und verderben dadurch die Güte ihres einländischen Honigs, der, wenn er reine ist, gar keiner Zuthat bedarf, sondern schon aus so vielerley Blumen Ingredientien genug in der natürlichsten Mischung hat, die nur durch genugsames Kochen und Gähren entwickelt werden dürfen, um vollkommen angenehm zu seyn. Mein Meth bestehet aus gar nichts anders, als klarem Wasser und guten reinen Honig, davon jedesmahl Verhältnißmäßig so viel genommen wird, als man ihn stark und schwach zu haben begehret. Es sind nun 3 Jahr, daß ich täglich keinen andern Trank, als meinen Meth mit dem besten Erfolg zu mir nehme; wobey mir aller Wein sehr gleichgültig geworden. Ich wünschte, daß auch in andern Provinzen Deutschlandes, Kenner sich Mühe geben möchten, diesen edlen Trank näher zu untersuchen, und die Bereitung desselben, uns durch zuverläßige Vorschriften lehren möchten, die ich, wegen zu kurzer Erfahrung, noch nicht wagen darf.

XIV.

XIV.

Beytrag
zur
Naturgeschichte
des
Salmo Alpinus Lin.
der Schwarzreuterischen Bergforelle

Müller Linn. Natursf. vierter Theil.

Roding, Schwedisch.

Raud, Lappländisch.

von

Franz von Paula Schrank.

Ich habe im ersten Bande unserer Schriften einige Nachricht von einer gewissen Fischart gegeben, die im Berchtoldgadischen St. Bartholomäussee angetroffen wird, und in dieser Gegend unter dem Namen Schwarzreuterl bekannt ist. Diese Nachricht hatte ich blos aus fremden Erzählungen geschöpfet, selbst aber habe ich bisher noch keine Gelegenheit gehabt, mich über die Naturgeschichte dieses Fisches durch meine Sinnen zu unterrichten. Gleichwol suchte

suchte ich jede Gelegenheit zu benutzen, mir darüber nach und nach einiges Licht zu verschaffen.

Endlich gelang es mir, zwey Stücke zu erhalten, davon das eine dem Vorgeben nach ein Männchen, (Milchner): das andere ein Weibchen (Rogner) seyn sollte. Der ganze Körperbau sagte mirs, daß ich diesen Fisch unter den Salmarten, und zwar in der Nachbarschaft der Salblinge zu suchen hätte. Die Behauptungen einiger Fischer, daß dieses die Brut der Salblinge sey, erleichterte mir das Nachsuchen noch mehr. Kurz, ich fand daß meine Fischart der Salmo alpinus des **Linnäus** sey. Dieser grosse Mann beschreibt ihn in seiner schwedischen Fauna sehr umständlich; gleichwol glaube ich den Naturforschern einen Dienst zu erweisen, wenn ich sie mit dem, was mir die Natur bey diesem sehr wenig bekannten Fische sehen ließ, unterhalte. Sie werden manches lesen, was dem Ritter anzumerken nicht beliebet hat; und manches hat der Ritter anders gesehen als ich.

Gleich Anfangs muß ich die Anmerkung machen: daß die Nachricht, die ich von diesem Naturkörper im vorigen Bande ertheilet habe, größtentheils falsch sey, wie aus dem Erfolg des gegenwärtigen Aufsazzes erhellen wird. So wenig ist dem Hörensagen zu trauen!

Herr Pastor **Frisch** macht im neunten Stücke des **Naturforschers** die Anmerkung: daß bey dem männlichen Geschlechte die Farben bey vielen weit übertreffender, schöner und vielfacher, als bey den Weibchen, oder doch abgesetzter und dunkler sind. Diese Beobachtung wird durch das Zeugniß fast der ganzen Natur bestärket. Er selbst hat seinen Satz nur auf die säugenden Thiere und Vögel angewandt;

Entomologen wissen, daß er bey den Insekten eben so wahr sey; und gegenwärtige Fischart beweiset, daß er auch in der Ichthyologie Platz finde. Schon das äussere Ansehen sagt es dem Fischer, ob er ein Männchen oder ein Weibchen unter der Hand habe. Wie viel höher und schöner sind die Farben des erstern als die des letztern! Wir wollen aber ein jedes besonders beschreiben.

Männchen.

Die Maßen. *

Länge von der Spitze des Mauls bis ans Ende des Schwanzes —	11'' 9'''
Von der Spitze des Mauls bis ans Ende des Kiemendeckels — —	2'' 6'''
Vom Kopfe (oben gemessen) bis zur Rükkenfinne — — —	2'' 9'''
Von der Rückenfinne bis zur Fettfinne	2'' 0'''
Von der Afterfinne bis zum Schweif, (untengemessen) — —	0'' 8'''
Höhe des Fisches — —	1'' 7'''

Die Stralenzahl:

Stralen	der Kieferhaut , ,	11.
—	der Rückenfinne , ,	12.
—	der Brustfinne , ,	14.
—	der Bauchfinne ,	8.
—	der Afterfinne , ,	11.
—	des Schwanzes ,	20.

Der

* Ich bediene mich in meinen Schriften allezeit des Wienermaßes, wenn ich es nicht besonders erinnere; welches ich ein- für allemal angemerkt haben will. Es verhält sich aber der Wiener- zu dem Berlinerfuß, wie 14012 zu 13730.

Der Augenring ist gelb; der Augenstern aber gagat schwarz; der Kopf, der Rücken, sammt der Rücken- und Fettfinne; und der Schwanz sind schwärzlich; der Rücken neben der Seitenlinie, ist mit weißlichten Punkten, von der Grösse eines Hirsekorns, besäet; gegen die Seitenlinie zu, werden die Punkte grösser und sind Orangenfarbig. Unter der Seitenlinie verliert sich die schwärzliche Farbe allmählich in ein helles Orangenroth, und enthält zerstreuete wie verwischte Flecken, von einem gesättigten Orangenroth. Der Bauch ist vorne im Grunde weiß, aber ein blasses sehr angenehmes Roth, wie das von der Krebsbutter, überzieht dieses Weiß. Dieses Krebsbutterroth aber sehr gesättiget, ist auch die Farbe der Brust- Bauch- und Afterfinnen. Doch ist an allen diesen Finnen der äusserste Stral Milchweiß. Die Stralen der Kieferhaut sind weiß, und mit ganz kleinen schwarzen Punkten dichte besprengt.

Der Unterschied zwischen der Farbe, wie sie der Ritter von Linne' angiebt, und wie ich sie beschreibe, rührt ganz zuverläßig daher, daß er den Fisch im Wasser und lebendig, ich aber tod und schon trocken beschreibe. Ich habe es selber gesehen, daß die Seiten bläulich werden, wenn man ihn ins Wasser leget.

Die Seitenlinie entspringt am Obertheil des Kiemendeckels, senkt sich sachte herunter, und läuft an der halben Höhe des Fisches fast gerade fort; nur zwischen der Bauch- und Afterflosse macht sie unterwärts eine ganz kleine Beugung, die sie gleich wieder verläßt um die vorige Richtung anzunehmen.

Die Schuppen sind ungemein klein, wie bey den Forellen (Salmo Fario Lin.).

Von den Stralen der Rückenfinne sind die drey ersten ungetheilt; auch ist der erste kürzer als der

zweyte,

zweyte, und dieser ist kürzer als der dritte; der dritte und vierte sind die längsten. Neben jeder Bauchfinne liegt eine ganz kurze einstralige Finne an der äussern Seite, die zwischen die Bauchfinne und den Körper hineintritt. Der Schwanz ist zweytheilig oder Gabelförmig.

Beyde Kiefer sind rund herum mit krummen scharfen und feinen Zähnen besetzt. Der Gaum ist gleichfals in seiner ganzen Ründuug gezähnelt, und die Zähne stehen hier noch enger an einander, als am Kiefer. Auch die Zunge hat zwo Reihen von Zähnen, die obenauf weit aus einander stehen. Der Ritter Linne' sagt, in jeder Reihe stünden 6 Zähne. Ich habe die Sache anders befunden: In der einen Reihe habe ich 7, in der andern nur 4 gezählt; sie sind zu deutlich, als daß ich mich im zählen hätte irren können; gleichwol habe ich sie öfter abgezählt. Sie stehen folgendermaßen gegenüber:

d d
d
d
d d

d d
d d

Am Schlunde, wo diese beyden Reihen aufhören, heben zwo andere in der Mitte an; die aber viel kleinere und feinere Zähnchen haben, und so enge aneinander stehen, daß man sie für eine einzige halten könnte; auch diese zwo Reihen haben eine ungleiche Anzahl von Zähnen; ich hielte aber die Mühe für überflüßig, sie genau abzuzählen, aber ich konnte deutlich sehen, daß

daß nicht allemal ein Zahn dem andern gerade gegenüber stånd. Zwischen den vordern zwo Zungenzähnreihen und den Schlundzähnen, befindet sich ein ziemlicher Mittelraum, der ohne alle Zähne ist. Die Knochen der Kiemen haben auf der einen Seite biegsame Stacheln, die den Kiemen gegenüber liegen.

Der Knochen, der unter den Augen herum liegt, und mit der Deckhaut (Membrana branchiostega) bekleidet ist, hat 7 eingegrabene Punkte, die in die Länge hinliegen, und die Richtung einer krummen Linie haben. In eben diesen Knochen sind rückwärts, wo er an den Kiemendeckel anschließt, drey andere eingegrabene Punkte, die gleichfals die Richtung einer krummen Linie haben, mithin nicht, wie **Linne'** sagt, eine Perpendicularlinie bilden.

Das Weibchen.

Das Weibchen ist dem ganzen Bauche nach dem Männchen gleich; ich werde daher nichts weiter von ihm anführen, als diejenigen Stücke, in denen er von diesem abweicht.

Die Maßen:

Länge von der Spitze des Mauls bis ans Ende des Schwanzes —	8'' 6'''
Von der Spitze des Mauls bis ans Ende des Kiemendeckels — —	1'' 8¾'''
Vom Kopfe (oben gemessen) bis an die Rückenfinne — —	2'' 5'''
Von der Rückenfinne bis zur Fettfinne	1'' 9½'''
Von der Afterfinne bis zum Schwanz, (unten gemessen) — —	0'' 6½'''
Höhe des Fisches — —	1'' 4'''

Die

Die Strahlenzahl.

Stralen	der Kieferhaut	9.
—	der Rückenfinne	11.
—	der Brustfinne	14.
—	der Afterfinne	10.
—	des Schwanzes	20.

An der Seitenlinie befinden sich weißgelbe Punkte, von der Grösse eines Hirsekorns, diese sind aber unter der Seitenlinie, wo sie etwas grösser werden, ganz verwischt, und kaum sichtbar. Die schwärzliche Farbe des Rückens verliert sich um die Gegend der Seitenlinien allmählich in die gewöhnliche Bleyfarbe der Fische. Der Bauch ist ganz weiß. Die Brust- Bauch- und Afterfinne äusserst blasröthlich, besonders die Afterfinne; an allen aber ist die Aussenseite, oder der erste Stral, der zugleich der stärkste ist, ganz weiß.

Die Seitenlinie, die fast oben am Kiemendeckel anfängt, beugt sich kaum merklich, liegt überhaupt etwas näher am Rücken, als bey dem Männchen, und geht in schnurgrader, etwas weniger abhängender Richtung bis an den Schwanz, nachdem sie die Gegend hinter der Afterfinne in zween gleiche Theile getheilet hat.

Auf der Zunge habe ich nur vier Paar Zähne gezählet; sie stehen folgendermaßen:

d d
d d

d d
d d

Kiefer,

Kiefer, Gaumen, Schlund und Kiemenknochen, sind wie bey dem Männchen.

Dieser Fisch läßt höchstwahrscheinlich seinem Rogen zu verschiedenen Jahreszeiten von sich, und fängt damit schon im Januarius oder Hornung an. Ich habe in dem Exemplar, daß ich vor mir habe, den 20sten des Christmonats, Eyer von der Grösse einer kleinen Erbse bis ins Unendliche verkleinert angetroffen. Die grossen waren hell, durchsichtig, weinfarbig, und hatten obenauf eine kleine gelbe Wolke, die beweglich schien; und unter dem Suchglase einer Maße ganz kleiner Luftblasen ähnlich war. Ins Wasser gelegt, wurden sie bald Milchweiß, und undurchsichtig. Jedes Ey war in eine besondere Haut eingewickelt, die eine hole Halbkugel vorstellte, und sich von selbst zwischen den Fingern ablösete.

Man trift bey Menschen und Thieren Mißgeburten an, die aus zweyen zusammengewachsenen Individuen entstanden sind; bey den eyerlegenden Thieren sind sie seltner; gleichwol hat man zuweilen Schlangen mit zween Köpfen gesehen. Aber Fische? — nein; hiervon ist noch kein Beyspiel vorhanden. Vielleicht wäre aus einem Paar Eyerchen, desjenigen Schwarzreuterchens, das ich vor mir habe, ebenfals ein mißgestalteter Fisch entstanden; wenigstens fand ich unter den grossen Eyern ein Paar, das zusammengewachsen und nur durch eine seichte Nath unterschieden war.

Linne' führt sowol in seiner Fauna, als im Systema naturæ den **Artedi** an, welcher für ein unterscheidendes Kennzeichen dieses Fisches, unter andern den etwas längeren Unterkiefer angiebt. Allein, hier ist ein optischer Betrug mit untergelaufen. Da sich der Oberkiefer in einer schiefen Richtung herunterzieht, der aufgesperrte Unterkiefer aber wagrecht liegt, so läßt

es

es allerdings, als wäre sie länger; bringt man aber beyde Kiefer an einander, so findet man, daß sie gleich lang sind.

Aus dem bisshergesagten ist es zuverläßig, daß die Schwarzreuterchen des Bartholomäussee im Berchtoldsgadischen der Salmo alpinus des Herrn von Linne' seyn. Aber sein Character, der von der Farbe hergenommen ist, taugt nicht viel. Dieser grosse Mann räth es selber, daß man die Kennzeichen von der Farbe nicht hernehme, wenn andere vorhanden sind. Ich enthalte mich aber inzwischen, bis ich auch den Salbling untersucht habe, einen andern Character vorzuschlagen.

So viel scheint indessen gewiß, daß die Schwarzreuterchen oder der Salmo alpinus, eine eigene, von dem Salblinge verschiedene Art ausmachen. Die Punkte und Flecken, die man beym Salblinge in keinem Alter bemerket, hätten unsere Fischer schon überzeugen sollen; der beständige Unterschied der Grösse, (er wird nicht leicht über einen Fuß lang) hätte wenigstens ihr Urtheil behutsamer machen sollen. Freylich hat das Schwarzreuterchen den rothen Bauch und die rothe Farbe an den untern Finnen, mit den Salblinge gemein; allein dieses läßt wohl auf eine nahe Anverwandtschaft, aber noch auf keine Identität der Art schliessen. Unterdessen legen ihm unsere Fischer ausser demjenigen Namen, dessen wir uns bisher bedienet haben, gerne auch den Namen Salbling bey, der ihm höchst wahrscheinlicher Weise nicht zukömmt.

Dieser Fisch ist sehr schmackhaft. Zu St. Bartholomäus siedet man ihn bloß aus dem Seewasser ab, aus dem man ihn gefangen hat. In entfernten Küchen bedient man sich gleichfalls nur des Wassers, man thut aber zuvor etwas Salz darein, ehe man es über das Feuer setzt. Sonst verkauft man die Schwarzreuterchen in Salzburg auch geräuchert.

Es scheinet dem Ritter von **Linne'** unbegreiflich, woher dieser Fisch seine Nahrung bekomme. Die vielen Zähne lassen uns vermuthen, daß er nicht vom Pflanzenreiche, sondern vom Raube lebe, und dieser kann ihm in Seen unmöglich fehlen, da sich wenigstens eine grosse Menge Insekten in demselben aufzuhalten pflegen.

Ich habe zwar kein Recht, die Naturforscher zu verbinden, daß sie gerade diejenige deutsche Benennung dieses Fisches annehmen sollten, die ich ihnen vorschlage; allein ich glaube, man könne ihm nicht leicht einen schicklichern Namen geben, als derjenige ist, den er in seiner Heimath hat, welche bisher die einzige deutsche Provinz ist, wo man ihn angetroffen hat. Ich finde in der schwedischen und lappländischen Benennung so vieles, das mit unserm hierländischen Namen übereinkommet, daß mirs dünket man würde sehr Unrecht thun, wenn man ihm einen andern Namen geben wollte. Das Müllersche Wort! **Bergforelle**, ist nach dem Lateinischen des **Linnäus** geformt, und kömmt ihm nicht allein zu; weis man doch, daß auch die gemeine Forelle vorzüglich in Gebirgwässern zu Hause sey; und ich bin überhaupt der Meinung, Provincialnamen natürlicher Cörper, sind den selbst gemachten weit vorzuziehen.

XV.

XV.

Kleine entomologische Anmerkungen

von

Franz von Paula Schrank.

Es giebt in der Naturgeschichte kleine Bemerkungen, die für den Naturforscher von Wichtigkeit sind. Man hat ehedessen einer kleinen Sammlung solcher Bemerkungen wegen, ganze Bücher geschrieben; man hätte aber besser gethan, wenn man sie einzeln gesammelt, und ohne unnütze Wiederholung schon bekannter Sachen gesammelt hätte. Gegenwärtiger Aufsatz soll eine solche Sammlung über einige Gegenstände der Entomologie enthalten. Ich werde mich dabey an keine Ordnung binden. Wie mir der Naturkörper vorgekommen ist, oder wie ich eine entomologische Anmerkung in meinem Tagebuche finde, so wird sie hier stehen.

§. 1.

Coelogaster.

Ich habe dieses Insekt in dem ersten Bande der Schriften der naturforschenden Freunde beschrieben, und eine Abbildung davon geliefert. Ich finde aber in dem Magazine des Herrn Fueßly, daß es schon vor mir Herr Prof. Fabricius unter dem Namen Leucospis dorsigera beschrieben, und Herr Sulzer in in seiner abgekürzten Geschichte der Insekten auf der 27sten Tafel Fig. 11. abgebildet habe. Ich habe weder die Beschreibung noch die Abbildung dieser beyden Gelehrten gesehen; ich weiß daher nicht, ob mein Insekt genau damit überein komme; aber von derjenigen Beschreibung, die Herr **Fueßly** am angezeigten Orte liefert, weicht es etwas ab.

Es ist viel kleiner als die gemeine Wespe; diejenige Abbildung, die ich am angezeigten Orte geliefert habe, ist wirklich um ein beträchtliches größer ausgefallen, als das Insekt in der Natur ist. — Der Kopf hat keine gelben Flecken an der Stirne. — Die Augen sind schwarz. — Das schwarze Brustschild hat hinter dem gelben Kragen noch eine gelbe Binde; keine gelbe Punkte, auch nicht vor der Einlenkung der Flügel. — Die braune Lamelle, unter welcher der Stachel entspringt, reichet kaum über den halben Hinterleib (Abdomen) hinaus. — Der gelben Bänder an den Seiten des Hinterleibes sind bey meinem Insekte nur zwey. — Die dicken Hinterschenkel sind auch bey meinem Insekte gezähnelt, welches ich eher nicht wahrgenommen zu haben bekenne.

Ist es wahrscheinlich, daß die Herren **Fabricius** und **Sulzer** mit mir einerley Insekt beobachtet haben?

§. 2.

Phalaena V. nigrum.

PHAL. *B.* alis omnibus immaculatis integerrimis, anticis lunula disci, oculisque atris.

So nennet Herr **Fabricius** eine Spinnenart, welche Herr Dokt. **Kühn** im 2ten Stücke des Naturforschers Taf. 1. Fig. 1. vorgestellet hat. Dieser

letztere

letztere beschreibt sie aber nicht weiter, als daß er von ihr sagt: **sie unterscheide sich besonders durch die zwey schwarzen Haken auf den Oberflügeln, und die schwarzgefleckten Füße.**

Ich besitze durch die Güte des Herrn **Anton Steinkelners**, der jetzt dem Seminarium zu Linz mit vielem Ruhme vorsteht, und zu dem Wiener Verzeichnisse beträchtliche Beyträge geliefert hat, einen Schmetterling, der mit diesem viele Aehnlichkeit hat. Er erhielt ihn aus Sachsen.

Die Füsse und der Kamm der Fühlhörner sind Fuchsroth; die Spule (Rachis) des letztern ist weiß, und die Füße sind schwarz gefleckt. Der Leib und die Flügel sind Schneeweiß, letztere ungefähr gleich groß, vollkommen ganz (nicht schwach ausgeschweift, wie die Kühnische Abbildung weiset), vom Baue wie bey der Phalaena Bombyx quercus. Auf den Oberflügeln befindet sich ein feines Mondchen schwarz gezeichnet, da das Kühnische Exemplar ein ziemlich starkes hat. Die Grösse ist so, wie sie Herr **Kühn** abgebildet hat, oder wie Phalaena Caja gemeiniglich zu seyn pflegt.

Ich glaube Ursache zu haben, die Abbildung, die im Naturforscher steht, für etwas fehlerhaft zu halten, so weit sie am Flügelrande und an der Größe des Mondchens von meiner Phaläne abweichet; denn Herr von **Hufnagel**, Churfürstl. Regierungsrath zu Burghausen, der seine freyen Stunden der Naturgeschichte der Schmetterlinge widmet, hat mich versichert, er habe diesen Spinner in der Gegend München etliche male erhalten, und erfahren, daß er frisch von der Puppe her, blaßgrün, blässer als in der Kühnischen Abbildung sey; aber nachmals bey zunehmendem Alter ganz schneeweiß werde; eine Beob-

 achtung

achtung, welche diejenige bestätiget, die Herr Hofrath Walch schon im 12ten Stücke des Naturforschers gemacht hat.

§. 3.
Sphinx oenotherae.

Im entomologischen Magazin des Herrn Fueßly (2tem Bande 1stes Stück) wird gesagt, die erste Entdeckung und Bekanntmachung dieses niedlichen kleinen Schwärmers, haben wir den Herren Verfassern des Verzeichnisses der Schmetterlinge der Wiener Gegend zu verdanken. — Die Sache ist, wenigstens so viel die Bekanntmachung betrift, nicht richtig. Herr Dokt. Pallas hat ihn schon 1772 im neunten Fascikel seiner Spicilegia zoologica unter dem Namen Sphinx Proserpina beschrieben und abgebildet. Dies ist wahr, daß die Wienerischen Entomologen tiefer in die Naturgeschichte dieses Insekts eingedrungen haben; da dem Herrn Pallas nichts als der Schmetterling bekannt war.

§. 4.
Phalaena parthenii.

Unter diesem Namen liefert uns Herr Prof. Bergsträsser im ersten Bande der Schriften der Gesellschaft naturforschender Freunde, die Naturgeschichte einer artigen Phaläne, die schon Herr Kühn im neunten Stücke des Naturforschers hat abzeichnen lassen. In den Hufnagelischen Schmetterlingstabellen ist sie unter dem Namen Phalaena domiduca abgebildet, wie ich aus den Anmerkungen des Herrn von Rottemburg ersehe, denn die Tabellen habe ich niemals zu Gesicht bekommen. Sie gehört nach dem Wienerischen Verzeichniß der Schmetterlinge

ganz

ganz sicher in die Familie M. welche die schwarz gezeichneten Eulen enthält. Der nach der Länge dreylappigt getheilte Rückenschopf, wie bey Phal. Pronuba, die zween Sammet schwarzen Punkte am Aussenrande der Oberflügel unweit der Spitze, der weiße Streif an den Seiten über den Füßen bey der Raupe, beweisen diese Behauptung. In diese Familie selbst gehört sie in die dritte Abtheilung, und kann, wofern sie anders den Wienerischen Entomologen bekannt gewesen, keine andere, als Phalaena linogrisea seyn. Ich habe kurz vorher angeführt, daß ich die Hufnagelischen Tabellen nicht gesehen habe; aber mit den beyden Abbildungen, die uns die Herren Kühn und Bergsträsser geliefert haben, habe ich die Natur zusammen gehalten. Hier ist das Resultat meiner Vergleichungen. —

Die Kühnische Abbildung ist unstreitig schöner und treffender, als die von dem Herrn Prof. Bergsträsser, obwohl diese hinreichend genug ist, das Insekt kenntlich zu machen. Aber beyde gehen von der Zeichnung desjenigen Schmetterlings, den ich vor mir habe, und den ich im vorigen Sommer auf dem hiesigen Schloßberge noch unverflattert gefunden, in einigen Stücken ab, die nicht alle ganz unerheblich sind. Da dieses das einzige Exemplar ist, das ich besitze, so kann ich freylich nicht schlechterdings behaupten, daß es in dieser Art nicht beträchtliche Spielarten gebe.

Die Farbe der Oberflügel fällt bey meinem Exemplar mehr ins Olivengrüne, als ins Rothbraune, aber vielleicht ist gerade hier zu manchen Spielarten Gelegenheit. Auch Herr von Rottemburg sagt von seiner Phalaena domiduca, die Grundfarbe der Oberflügel sey blaßröthlicht braun. Ueberhaupt

 nüan-

nüanciren die Farben der Oberflügel ungemein wohl, welches Herrn Kühns Mahler besser, als Herrn Bergsträssers seiner, ausgedrücket hat. Auf eben diesen Oberflügeln befinden sich im letzten Querbande ganz am Aussenrande des Flügels zween weiße Punkte, und noch etwas weiter hinein an der äussern Gränze dieses Querbandes zween schwarze Punkte von ungleicher Grösse, davon derjenige, der der Mitte des Flügels näher steht, grösser ist. Diesen Charakter hat keiner der oft angeführten beyden Gelehrten bemerket, und dennoch entscheidet er für den Platz, der dieser Phaläne im Systeme zukömmt. — Die große schwarze Binde der Unterflügel ist nach Herrn Dr. **Kühn** dunkel indigblau; nach Herrn von **Rottemburg** und Herrn Prof. **Bergsträsser**, schwarz; in meiner Eule ist sie schön sammetschwarz, läßt aber bey näherer Betrachtung, einen goldgelben Schein durchblicken. — Die Oberflügel sind an ihrem Aussenwinkel gezähnelt, und die Unterflügel kaum merklich ausgeschweift. Auf der Unterseite sind die Vorderflügel schmutzig weiß mit einem gelben Glanze; die Mitte nimmt ein großer schwarzer Fleck ein, der an seinem Hinterrande abgeschnitten ist, und am Grunde wieder einen fuchsrothen länglichten Fleck hat. Die Hinterflügel sind auf beyden Seiten gleich gezeichnet.

§. 5.
Cerambyx portitor.

Cerambyx thorace mutico transversim oblongo maculis duabus nitentibus, antennis longis; niger, elytris ex nigro rubescentibus.

Frisch Insekt, Deutsch 13ter Th. II. Pl. 17 Taf.

Die

Die Ausmessung.

Vom Kopfe bis zur Spitze der Flügeldecken — — —	1″	10‴
Länge der Flügeldecke — —	1	$3\frac{1}{2}$
Des Rückenschilds — — —	—	$3\frac{2}{3}$
Breite am Grunde der Flügeldecken	—	8
Des Rückenschildes —	—	$7\frac{2}{3}$
Länge eines (abgestuzten) Fühlhorns	1	6

Die Farbe des Insekts ist schwarz ohne Glanz. Der Bauch und die Flügeldecken blicken ins Röthlichte; das ganze Insekt ist mit eingegrabenen Punkten übersäet. Der ziemlich flache Rückenschild ist gerändelt, und hat in der Mitte zween glänzende Flecke, wie Cerambyx bajulus; aber der Rand dieses Gliedes ist nicht glatt, wie bey eben erwehntem Insekte; sondern, wenn man ihn genau betrachtet, sehr fein sägenförmig gezähnelt. Der Kopf hat in der Mitte eine tiefe Furche. Die großen Kiefer haben in der Mitte einen sehr starken Zahn; auch sind sie nicht glänzend, sondern voll eingegrabener Punkte. Die Fühlhörner stehen vor den Augen; das unterste Glied ist sehr kurz, kaum $\frac{1}{3}$ lang und dünne, das darauf folgende nicht dicker, aber lang. Die übrigen nehmen sowohl in der Dicke als Länge allmählig ab. Ich weiß nicht, wie lang die Fühlhörner eigentlich seyn mögen, da sie das Insekt, als ich es fieng, nicht mehr ganz hatte.

Ich habe dem Insekte einen Rebenstock mittelst eines daran befestigten Bandes zwischen die Kiefer gebracht, den es eine halbe Viertelstunde lang trug, der schwankenden Bewegung ungeachtet, die mein Gang in den Stock bringen mußte. Das Gewicht des Stockes war 15 Loth.

Ich habe das Insekt in dem Oettinger Walde auf einer Föhre gefunden; vermuthlich ist die Larve eine Bewohnerinn des Holzes von diesem Baume.

Dieser Käfer hat beym ersten Anblicke sehr das Aeußere des Schröterweibchens, auch seine Stärke und Beißigkeit.

§. 6.
Tinea Salicella.

Herr Dokt. Kühn beschreibt im dritten Bande der Berlinischen Beschäftigungen diesen niedlichen Schmetterling S. 36. und füget auf der ersten Platte Fig. 6. die wohl gerathene Abbildung dazu. Von dem Aufenthalte der Raupen, sagt er, sey ihm nur so viel bekannt, daß sie sich auf Weiden aufhalte.

Herr Regierungsrath von Hufnagel, in dessen Sammlung sich dieser Schmetterling gleichfalls befindet, hat zwar die Raupe niemals gesehen, aber die Puppe fand er in den Löchern der Weidenbäume stecken, daß es also wahrscheinlich ist, daß sich die Raupe, wie die vom Cossus oder von der Phalaena Aesculi vom Holze nähre.

§. 7.
Pediculus Pubis.

Linne' beruft sich bey diesem Insekte auf die Abbildung von Redi's Pediculus inguinalis, die äusserst schlecht ist. Diejenige ist gewiß um kein Haar besser, die uns Statius Müller davon gegeben hat, ob er schon behauptet, sie sey nach dem Leben verfertiget. Vielleicht ist Petivers Abbildung besser; ich habe sie aber selbst nicht gesehen.

Linne' sagt: Pedes 2 et 3. habent calcar et digitum cheliformem. Dies gilt auch vom ersten Paare.

Das

Das kleine Paar Füsse, welches unten am Kopfe befestiget ist, und welches erst Herr Pastor Göze bey den Läusen entdecket hat, ist schwarz; der Hinterleib (Abdomen) ist gleichsam aus zweyen Stücken zusammengesetzet, davon das äußere und kleinere, gleichsam in das vordere eingelenket ist; seine abgerundete Spitze ist etliche (3 bis 4) male eingekerbet. Beyde Theile bestehen aus mehrern Ringen, und sind mäßig haarig. Der Kopf ist breit, vorne, wie bey andern Läusen zugerundet, rückwärts aber dreylappig.

Diese Laus ist unfähig auf einer ebenen Fläche fortzukriechen, ob sie gleich an den Haaren ziemlich behende kriecht.

Man hat diese Laus sonst nur bey Menschen angetroffen; allein auch Hunde werden manchmal von ihr sehr hart mitgenommen, die sich alsdann keine bleibende Stelle wissen. Ich habe ein Beyspiel an einem Spitze selber gesehen, und man hat mir ein ähnliches von einer kleinen Pudelart erzählet.

§. 8.

Elater castaneus.

Linne' beschreibt dieses Insekt im Natursysteme folgendergestalt:

> ELATER thorace testaceo pubescente, elytris flavis apice nigris, corpore atro.

Die etwas weitläuftigere Beschreibung, die er in der schwedischen Fauna davon macht, entspricht vollkommen der im Systeme. Er beruft sich auf **Scopoli** num. 286. der krainerschen Insekten; allein die Beschreibung, die dieser Gelehrte daselbst liefert, stimmt nicht mit der vou des **von Linne'** zusammen. Auch **Geoffroy** wird angeführet, und in der That

ist

ist Geoffroy's Taupin à corcelet velouté der wahre Elater castaneus des Ritters. Derjenige aber, den ich in meiner Enumeratio unter diesem Namen geliefert habe, ist es nicht, sondern ein ganz anderes Insekt, und vollkommen der gleiche mit dem, den Poda (Mus. graec. p. 41.) unter dem Namen Pectinicornis beschreibet. In der That haben diese beyden Insekten so viele Aehnlichkeit unter einander, daß derjenige, der eines von beyden sieht, nothwendig irre werden muß. Ich besitze gegenwärtig durch die Güte des würdigsten Herrn Vicepräsidentens der Churfürstl. ökonomischen Gesellschaft zu Burghausen, Freyherrn von Hartmann, den ächten Elater castaneus, und bin also im Stande, den Irrthum zu heben.

Die Insekten, die Linne', Scopoli, Poda, Geoffroy und ich beschrieben haben, sind zwar vollkommen verschiedene Arten, und die Synonymien, wie sie beysammen stehen, taugen schlechterdings nichts. Ich setze sie gegenwärtig also auseinander.

1. Elater *castaneus*, thorace testaceo-pubescente; elytris flavis simplicibus apice nigris; corpore atro.

Elater castaneus. *Linn.* Faun. suec. n. 727.
Linn. S. N. p. 654. n. 18.

Elater thorace villoso, elytris testaceis apice nigris. *Geoffr.* paris. Tom. I. p. 132.

Die beyden Worte testaceo und pubescente müssen im Linnäischen Synonymon aneinander hangen, und bedeuten im Kontexte einen schwarzen Rückenschild, der mit einer feinen goldgelben Wolle sammetartig schielt.

Aus-

Ausmessungen.

Länge vom Kopfe bis zu den Spitzen der Flügeldecken — —	5'''
Der Flügeldecken — —	$3\frac{1}{2}$
Des Rückenschildes — —	$1\frac{1}{2}$
Breite des Insekts — — —	$1\frac{2}{3}$

Der ganze Körper ist schön gagatschwarz, nur die Flügeldecken sind goldgelb, und der Rückenschild hat eine feine sammetartige Wolle, die goldgelb schielt. Die äußersten Spitzen der Flügeldecken sind gleichfalls gagatschwarz.

Das Insekt ward um Burghausen auf einem Weizenfelde gefunden.

2. ELATER *virens*, thorace viridi, sulco medio exarato; elytris flavis mucronatis: apice macula virescenti - nigra oblonga.

Elater pectinicornis. *Poda* muſ. graec. p. 41. n. 1.

Elater caſtaneus. *Scop.* carn n. 286.
Schrank enum n. 237.

Die Ausmessungen und Beschreibung habe ich am angezeigten Orte geliefert.

§. 9.

Raupe einer Phalaena geometra.

Tab. I. Fig. 16.

Man brachte mir diese Raupe, ohne mir vom Futter eine Nachricht geben zu können. Ich suchte in dem Verzeichnisse der Schmetterlinge der Wiener Gegend nach, in welche Familie sie wohl gehören möchte. Dieses Nachsuchen brachte mich auf die Vermuthung, das Futter dürften wohl Hagebuchenblätter seyn, weil gerade dieser Baum in der Nähe

des

des Orts sich befindet, an welchem man die Raupe gefunden hatte; alle Pflanzenarten hingegen, die als Futter der übrigen bekannten Raupen aus der Familie E, wohin diese Spannraupe gehöret, angeführet werden, entweder gar nicht, oder in einer viel grössern Entfernung davon da sind. Mein Vermuthen hatte mich nicht betrogen. Die Raupe genoß die vorgelegten Blätter mit vieler Begierde, und befand sich wohl dabey.

Die Raupe ist lang, fast linienförmig, ohne schwülstige Erhöhungen; nur an der Schwanzklappe sind zwo kleine rothe Spitzen zu sehen, mit denen sich das Insekt, wenn es nach Art der Spanner schief aufrecht steht, auf dem Zweig, darauf es zu sitzen kommt, zu stützen pfleget. Die Farbe des Leibes ist ein helles weißlichtes Gelb, das sich nach unten zu in ein wässerigtes Grün verliert, von welcher Farbe auch die Brustfüße sind. Der Kopf ist noch blässer. Längst dem Rücken herab sind schöne rothe Zeichnungen.

Erklärung der Abildung.

Taf. I. Fig. 15.

a a, sind die Spitzen an der Schwanzklappe.

b, der eine von den Schwanzfüssen.

c, der eine von dem einzigen Paar der Bauchfüsse.

XVI.

J. C. F. Meyers Beyträge zur Kentniß des Flußspaths.

§. 1.

Für die Chemie ist es allezeit vortheilhaft, wenn neue wichtige Versuche bald nach Bekantmachung derselben angefochten werden.

Sind Fehler dabey vorgegangen, (die so leicht in der Chemie begangen werden können), oder die auf den Versuchen gegründete Theorie wird falsch befunden; so schleppt man sich nicht halbe Jahrhunderte mit dem Irthume und nimt ihn nicht so lange von einem Lehrbuche in das andere auf, bis es einmal einem Zweifler einfält die Sache näher zu untersuchen.

Sind die Versuche, und die darauf gegründete Theorie richtig; so giebt ein solcher Streit gewöhnlich zu neuen Versuchen die Veranlaßung, die ohne ihn nicht angestellet worden wären, und die Sache wird in ein helleres Licht gesetzet.

Zu wünschen wäre es freylich, daß beyde Theile die Wahrheit zum Gesichtspunkte wählten; nie mit falschen Versuchen stritten; nie die Erscheinungen anders beobachteten; nie sie anders erklärten, als es von einem

einem ruhigen in dem Streite nicht verwickelten Freunde der Wahrheit geschehen würde, und Wiedersprüche so behutsam wie möglich vortrügen. Es ist nichts seltenes, daß ein Gegner den andern eines Irthums überführen will, und in eben demselben Versuche, dadurch er es zu thun glaubt, einen ähnlichen Fehler begehet.

Die Wahrheit pflegt jedoch, der Streit werde geführet wie er wolle, dabey zu gewinnen, und dies ist kein geringer Vortheil.

§. 2.

Die Flußspathsäure, welche der um die Chemie so verdiente Herr **Scheele** in den Abhandlungen der Schwedischen Akademie der Wissenschaften bekannt machte, hat dieses Schicksal erfahren.

Sie ward von vielen bezweifelt; die eifrigsten öffentlichen Gegner derselben aber waren, so viel ich weiß, Herr **Boulanger** und **Monnet**. Des letzteren Abhandlung ist in den ersten Bande der zu Leipzig herauskommenden Samlungen zur Physick und Naturgeschichte übersetzt. So wenig ich damals, wie ich sie las, mit dem Flußspate gearbeitet hatte; so leicht bemerkte ich es doch, daß Herr **Monnet** der den Herrn **Scheele** beschuldiget, daß er nicht recht gesehen habe, noch weniger selbst recht gesehen hatte.

Ich nahm es mir vor, den Herrn **Scheele** zu vertheidigen, erfuhr aber von diesem meinem Freunde, daß er selbst daran arbeite, seine Gegner zu wiederlegen, und überließ es also gerne seiner Meisterhand.

Mit Vergnügen las ich die von ihm in dieser Absicht, in dem ersten Quartal der Abhandlungen, der Schwedischen Akademie der Wissenschaften vom Jahre 1780 bekanntgemachten Versuche, übersetzte sie, um sie meinen Landsleuten bald bekant zu machen, und werde sie nächstens in ein Journal einzurücken suchen.

Ich ward dadurch veranlaßet, einige Versuche zu wiederholen, die mich auf neue leiteten, und da ich glaube, das sie zur nähern Kenntniß dieses merkwürdigen Steins etwas beytragen können, so lege ich sie der Gesellschaft hierdurch vor.

§. 3.

Unter den vom Herrn Scheele in seiner Abhandlung vom Flußspathe bekannt gemachten Versuchen, schien mir derjenige besonders merkwürdig; da er bey der Destillirung dieses Steins mit der Vitriolsäure keine erdigte Rinde erhalten, wenn er Weingeist vorgeschlagen hat.

Ich wiederholte diesen Versuch, und hofte dabey zugleich, wenn ich wenig Weingeist vorschlüge, durch die Vereinigung desselben mit der Flußspathsäure, eine neue Naphthe hervorzubringen.

In dieser Absicht also, übergoß ich eine Unze fein geriebenen vorher geglüheten grünen Flußspath, mit drey Unzen weissen englischen Vitrioloele in einer gläsernen Retorte; die Vorlage enthielt drey Unzen höchst rectificirten Franzbandwein.

Mit gelinder Wärme setzte ich die Destillation drey Stunden fort, als mir die Säure den Boden der Retorte durchfressen hatte, und also die Arbeit, weil ein Theil der Mischung in den Sand lief, unterbrach.

Auf der Oberfläche des Weingeistes bemerkte ich nicht das geringste von einer Rinde, aber in der Gegend wo die Vorlage von der Oberfläche des Weingeistes berühret worden war, saß ein schmaler Ring einer durchsichtigen Gallerte.

Dieselbe Mischung von Flußspath und Vitrioldele ward also in einer Retorte von recht starkem Glase nochmals eingelegt, und der beym vorigen Versuch gebrauchte Weingeist wieder vorgeschlagen.

Zuerst mit gelinder, nach und nach aber verstärkter Hitze, setzte ich das Destilliren in einer Sandcapelle 11 Stunden fort.

Wie die Destillation ohngefähr halb vollendet war, fing der Weingeist an, sich in eine dünne Gallerte zu verändern; am Grunde derselben fand ich nach vollenderter Destillation einige festere Stücke.

Diese spülte ich mit Weingeist ab, und goß ihn nebst der dünnen Gallert in eine geräumige Retorte, um den Weingeist mit der Säure rein zu erhalten.

Als die Retorte warm ward, sahe der vorher opalfarbne Weingeist ganz klar aus; er blähete sich auf, und was herüber ging war wieder schleimigt. Ein gut Theil Erde blieb doch zurück, die sich nicht feste an die Retorte gehangen. Diese war inwendig ganz glat, aber voll breiter flacher Höhlen. Auch hier sahe man deutlich, daß es nicht eine blosse Rinde ist, die sich bey der Bearbeitung des Flußspaths mit Vitrioloel am Glase fest anhängt, sondern daß das Glas würklich angefreßen wird, welches Herr **Monnet** wieder alle Erfahrungen leugnet.

§. 4.

Die Säure mit dem Weingeiste zur Naphthe zu vereinigen gab ich auf, übergoß den Schleim, und die beym rektificiren in der Retorte zurück gebliebene Erde mit hinlänglichem Wasser, süßte sie gut aus, und schlug die in dem Wasser aufgelösete Erde mit Salmiackgeiste nieder.

Ich erhielt in allem genau zwo Drachmen Erde, von welcher diejenige, so sich selbst aus dem Weingeiste geschieden hatte, halb durchsichtig war.

Keine

Keine dieser Erden veränderte sich vor dem Löthröhrchen; mit wenigem Weinsteinsalze gemischt floß eine jede leicht zu Glas.

Dieses war viel Erde von zwo Untzen Flußspath! und die erste Untze konnte ich nicht einmal für ganz rechnen, weil die Destillation war unterbrochen worden.

Da diese Erde sich wie Kieselerde verhielt; das Glas welches von der Säure so stark angegriffen worden, mehrentheils aus dieser Erde bestehet; so könte ja, wenigstens der größte Theil derselben vom Glase herrühren, ein Theil auch selbst vielleicht ein Bestandtheil des Flußspaths seyn.

§. 5.

Um dieses zu versuchen, muste ich die Flußspathsäure rein von aller Kieselerde haben. Ich rauchte daher die Lauge, die ich von der Niederschlagung der Erde durch den Salmiackgeist erhalten, in einem leicht verdeckten Glase gelinde ab. Sie hinterlies eine Drachme und sechs und funfzig Gran eines Ammonicalischensalzes; das Glas schien nicht angegriffen worden zu seyn.

Eine halbe Drachme dieses Salmiacks sublimirte ich in einer kleinen Retorte, die ich zuletzt in ein offenes Feuer legte.

Ueber das in der Vorlage befindliche Wasser zeigte sich keine Rinde. Am Boden der Retorte lag etwas hellgraue lockere Erde, über derselben war die Retorte mit einer weissen Regenbogenfarben spielenden Haut bedecket, und im Halse saß ein Sublinat.

Die dünne Haut sprang an vielen Orten leicht vom Glase ab, das darunter ganz glat war, aber kleine ausgehölte Rinnen zeigte.

Alles, sowol den Salmiack als die Rinde übergoß ich mit Wasser, das dadurch sehr scharf schmek-kend ward, und das Lackmuspapier roth färbte.

Die weiße unaufgelöset zurückgebliebene Rinde wog fünf Gran, und floß vors Löthröhrchen ohne Zusatz zu einem grünen Glase.

Dieses war wol nichts anders, als das durch die Flußspathsäure zerfreßene Glas, weil diese Säure sich aber nur bey starkem Feuer losmachen können, so hatte sie das Glas blos zerfressen., ohne mit demselben in Gestalt von Dämpfen überzugehen, und es im Wasser wieder abzusetzen. Denn wie ich eine halbe Drachme dieses etwas feuchtgewordenen Salmiacks in einer gläsernen Retorte mit zwo Drachmen Vitrioloel übergoß, schäumte es sehr, und die häufig aufsteigenden Dämpfe belegten das vorgeschlagene Wasser sogleich mit einer weissen Rinde.

Ein Scrupel dieses Salmiacks hinterlies bey der Auflösung einen Gran Erde, die er meiner Vermuthung nach doch beym Abrauchen im Glase angenommen hatte.

§. 6.

Um dieses zu verhüten destillirte ich eine halbe Untze Flußspath mit einer Untze Vitrioloel fünf Stunden lang. Von dem vorgeschlagenen Wasser sonderte ich die Rinden ab, die gut ausgesüßt und getrocknet eilf Gran wogen, weiß und äusserst locker waren. Aus dem durchgelaufenen Wasser schlug ich mit Salmiackgeist zwey und dreißig Gran Kieselerde nieder. Die Salmiacklauge ward nun in einem bleyernen Kessel abgeraucht, und gab achtzig Gran Salz.

Den gläsernen Gefässen konnte ich nun nicht weiter trauen. Ich wandte daher ein Stück eines eisernen Flintenlaufs, den ich mit einem, sich in eine krumme Röhre, statt des Retorten Halses endigenden

Deckel

Deckel versehen hatte, zu den folgenden Versuchen an, darin ich die Destillation in der Sandcapelle anstellete.

In diesem Gefässe übergoß ich eine halbe Drachme des neu bereiteten Flußspath Salmiacks, mit zwey Drachmen Vitrioloele, und destillirte selbigen zwey Stunden lang in eine, eine Untze Wasser enthaltende gläserne Vorlage herüber.

Keine Spur einer Kruste war über dem Wasser zu sehen, wohl aber bemerkte ich etwas Erde in der Vorlage, wo die aus der eisernen Röhre gekommenen und in die Höhe gestiegenen Dämpfe das feuchte Glas berühret hatten; hier war das Glas aber auch merklich rauh geworden.

Aus dem Wasser schlugen sich durch den Salmiackgeist wenige Flocken Kieselerde nieder, die nur ein Viertel Gran wogen.

Eine halbe Drachme dieses Salmiacks legte ich abermals mit einer Drachme Vitrioloel in dem eisernen Gefässe ein, setzte aber eine bleyerne Vorlage, die eine Untze Wasser enthielt, vor.

Ich fand nach geendigter Destillation keine Kruste auf dem Wasser, welches einen unangenehmen Geruch hatte, und mit Salmiackgeist etwas graue, einen halben Gran wiegende Erde fallen lies.

Ein Scrupel dieses Saltzes mit gleichen Theilen fein geriebenen weissen Sandes gemischt, mit andert-halb Drachmen Vitrioloel übergossen, in dem eisernen Gefäße destilliret, in der bleyernen Vorlage eine Untze Wasser vorgeschlagen; zeigte wieder keine Spur der Rinde. Das Wasser roch faul, hinterlies beym filtriren zwey und einen halben Gran grauer Erde, die vors Lötröhrchen zum Bleykorn lief, und durch den Salmiackgeist wurden fünf Gran einer grauen Erde niedergeschlagen, die für sich nicht, mit wenig Weinsteinsalz aber zu einer schwarzen Kugel vors Löthrörchen schmoltz. Dieses rührte vermuthlich von etwas aufgelösetem Bley her, da hier aber ein weit stärkerer Niederschlag war, als bey der Bearbeitung des Salmiacks ohne Kieselerde, so war dieser wohl unstreitig von der durch die Flußspathsäure aufgelöseten und mit herübergenommenen Kieselerde entstanden.

Mein Salmiack reichte nicht weiter, ich bereitete mir daher von etwas schwacher Flußspathsäure, die ich von einem vormals gemachten Versuche übrig hatte, aufs neue dieses Salz in einem bleyernen Keßel, erhielt aber nur dreyzehn Gran.

Diese übergoß ich in dem erwähnten Gefässe mit einer Drachme Vitrioloel, und warf einige, zween Scrupel wiegende, Stückchen grünes Glas hinein.

Kaum war die eiserne Röhre in der Sandcapelle erwärmt, so fand ich auf dem in der bleyernen Vorlage befindlichen Wasser einen grossen Fleck mit der Kieselhaut belegt, die ich auch an den feuchten Seiten des Kolbens bemerkte. Nach 2 Stunden, so lange ich die Destillation fortsetzte, fand ich dem Augenscheine nach, nicht mehr Kieselhaut. Beym filtriren blieben ein und ein viertel Gran zurück, und dieses war theils graue Erde, theils waren es weisse Blättchens, die vors Löthrörchen zu ein grünliches Glas flossen.

Es schien mir also ausgemacht zu seyn, daß die bey diesen Versuchen übergegangene Erde, nicht aus dem Steine herrühre, keine besondere ihm nur eigene Erde, sondern eine von der Fußspathsäure aufgelösete Kieselerde sey.

Enthielte dieser Stein eine Erde, welche die Säuren so wunderbar verändern soll, so müste sie ja durch die flüchtige Lauge niedergeschlagen worden seyn.

§. 7.

§. 7.

Um es noch in ein helleres Licht zusetzen, bediente ich mich eines andern Flußspaths.

Eine sächsische Druse von gelbem würflichten Flußspathe, geglüet und zerrieben, gab in dem eisernen Gefässe mit doppelter Menge des Vitrioloels destilliret, eine Drachme auf dem in der bleyernen Vorlage befindlichen Wasser, eine dünne wie Bley aussehende Haut, aber keine Kieselhaut, und durch das Niederschlagen mit Salmiakgeist erhielt ich 2¼ Gran grauer Erde.

Eine Drachme mit gleichen Theilen geriebenen Sandes gemischt, gab wieder die Bleyhaut, darunter aber doch einige kleine Stückgen einer weissen Haut, die vor dem Lothröhrchen zu Glas floß, befindlich waren. Der Salmiackgeist fällte acht Gran; ein merklicher Unterschied!

Eine Drachme mit gleichen Theilen zerriebenen grünen Glases gemischt, schwoll sehr auf, und gab eine starke Kieselhaut auf dem Wasser.

§. 8.

Mit diesen Versuchen noch nicht zufrieden, übergoß ich eine Drachme grünen geglüeten und zerriebenen Flußspaths in dem Flintenlaufe mit zwo Drachmen Vitrioloel; hieng eine naßgemachte Kohle hinein, bedeckte es mit einem Deckel, erwärmte den Lauf in einer Sandcapelle, und fand nach einer Viertelstunde da ich ihn öfnete, die Kohle trocken und keine Erde daran.

Ich warf nun noch einen Scrupel fein zerriebenen Sand es dazu, hing die naßgemachte Kohle hinein, und fand nach einer Viertelstunde abermals nichts.

Nun wurden einige Stückchen grünes Glas in die Mischung geworfen; Sie fing so heftig an zu schäumen, daß es überlief. Die nasse Kohle konte ich nun nicht in die oben unrein gewordene Röhre hängen. Es bedurfte dieses auch nicht, denn da ich sie nur einige Secunden über die Oefnung derselben gehalten hatte, war sie schon mit dem weissen Pulver überzogen.

Herr Scheele versichert aber doch in seiner ersten Abhandlung, daß er den weissen Staub an einer naßen, über dem mit Vitrioloele gemischten Flußspathe gethanen Kohle gesehen habe. Da er dieses auch in metallenen Gefässen angestellet, vermuthe ich, daß der Mörser worin er den Spath gerieben, von weichem Glase gewesen, und daß durch das Reiben etwas davon unter das Pulver gekommen sey, und diese Erscheinung verursacht habe. Das Glas war also hauptsächlich die Ursache der Entstehung der Kieselhaut über dem, bey der Destillrung vorgeschlagenen Wasser.

§. 9.

Um zu erforschen, ob die Säure, wenn derselben hinlänglich Glas, um sich damit zu sättigen, zugesetzet würde, viel mehr mit sich herüber nähme;

Ward eine halbe Untze Flußspath mit anderthalb Untzen weissen Vitrioloels übergossen, in einer gläsernen Retorte eingelegt, und drey Untzen Wasser vorgeschlagen. Nach einer Stunde war die Retorte durchfressen, die Rinde über dem Wasser wog zehn Gran. Das durchgelaufene Wasser ward in zwey gleiche Theile getheilt. Die eine Hälfte mit kaustischem Salmiacks niedergeschlagen, gab fünf und zwanzig Gran Kieserde; Die zweyte Hälfte ward mit dem, mit der Luftsäure gesättigten Weinstein niedergeschlagen, und gab acht und sechszig Gran Niederschlag, der vors Löthröhrchen leicht floß, sich in die Kohle zog, und einen starken Flußspathsaurendampf ausstieß.

Auch hier war also die Kieselerde von dem flüchtigen Laugensaltze rein niedergeschlagen worden; der Niederschlag durchs feuerfeste Alkali aber eine Mi-

schung

schung von Kieselerde, Flußspathsäure und Alkali, wie Herr Professor Bergmann es bereits bemerket hat.

§. 10.

Eine halbe Untze Flußspath mit gleichen Theilen zerriebenen Glases gemischt, und mit anderthalb Untzen Vitrioloel in einer Retorte, die damit ohngefehr halb angefüllet war übergossen, wirkte bald so stark auf einander, daß die Mischung znm Halse der Retorte herausstieg. Sie ward des Dampfes wegen in die freye Luft gesetzt, und ich fand den äussern Rand des Halses derselben den Tag darauf mit büschelförmigen Crystallen, wie mit Reif überzogen.

Dieselbe Mischung wiederum in eine recht geräumige Retorte eingelegt, durchs Umschütteln gut gemischt, ward zu einer dicken Maße, schwoll wie ein gährender Brodteig auf, und der Boden der Retorte erhitzte sich sehr; die Kieselhaut zeigte sich gleich über den drey Untzen vorgeschlagenen Wassers.

Nach geendigter drey Stunden lang fortgesetzten Destillation, fand ich sechszehn Gran Kieselerde auf dem Wasser, und der Niederschlag durch den Salmiackgeist wog sechs und funfzig Gran. Die Retorte war bey weiten nicht so angegriffen, wie sie es gewöhnlich zu seyn pflegt.

Von dieser durch den Salmiackgeist niedergeschlagenen Erde dreißig Gran mit anderthalb Drachmen Vitrioloel in einer gläsernen Retorte destilliret, sahe ich beym Destilliren weder auf dem vorgeschlagenen Wasser Kieselerde noch Sublimat, nur der Salmiackgeist wollte weder aus dem vorgeschlagenen Wasser, noch aus dem Wasser mit welchem ich die Erde abspülete, das Geringste fällen.

Die Lauge des Salmiackgeistes mit der Flußspathsäure mischte ich mit einer Auflösung der Kreide in Salpetersäure, so lange bis sich nichts mehr daran niederschlug. Die Mischung ward mit Salpetersäure übersetzt, der Niederschlag ausgesüßt, welcher getrocknet, zwo Drachmen sechs und dreißig Gran wog.

Eine Drachme desselben mit zwo Drachmen Vitrioloel in einer gläsernen Retorte übergossen, ward kalt angegriffen, doch zeigte sich keine Rinde; kaum aber wirkte die Wärme; so war die ganze Oberfläche des Wassers mit der Rinde bedeckt, und man sahe alle Erscheinungen bey diesem wiedererzeugten Flußspathe, die man bey dem natürlichen gewahr wird.

Auch dieses ist ein Beweis, daß die Theorie des Herrn Scheele von der Flußspathsäure fest stehet, und daß es also wircklich eine solche Säure giebt.

§. 11.

Die erstern meiner Versuche hatte ich dem Herrn Scheele gemeldet, und ihn gebeten sie zu wiederholen, damit ich mich desto gewisser vor einem neuen Irrthume hütete.

Dieser würdige Gelehrte antwortete mir; wie er schon vor geraumer Zeit die Bemerkung gemacht habe: daß eine Mischung von klarem wie Bergkrystall aussehenden Flußspathe mit Vitrioloele in einem metallenen Cylinder, an einen hineingehangenen naßen Schwamm keine Kieselerde gezeiget habe.

Auf meine Bitte aber hatte er einen neuen Versuch angestellt, in zwey zinnernen Cylindern eben solchen reinen Flußspath mit Vitrioloele übergossen; in den einen etwas Kieselerde gemischt, einen nassen Schwamm in beyden gehangen, und es verdecket. Den Morgen drauf sey der über der Mischung mit der Kieselerde gehangene Schwamm mit Kieselerde bedeckt

deckt gewesen, der andere Schwamm habe diese Erscheinung nicht gezeiget.

So sehr dieses auch wieder meine Erfahrungen im §. 8. zu seyn schien, so setzte ich in diesen Versuchen doch keinen Zweifel, da ich die Genauigkeit meines Freundes schon so ofte erfahren; ich konnte ja selbst schon geirret haben.

§. 12.

Der Versuch ward also wiederholet, ich erwärmte die Mischungen in dem zinnernen Cylinder gar nicht, fand an beyden Schwämmen wie ich sie nach einer Viertelstunde heraus zog, keine Erde; nachdem sie aber eine ganze Nacht darin gehangen hatten, zeigte es sich genau so, wie es Herr Scheele bemerket hatte.

Hier hatte also die blosse Kieselerde mit dem Spathe gemischt, das trockene Kieselpulver gegeben, welches ich nur, wenn ich Glas dazu mischte, sahe. Es war nöthig deshalb noch einige Versuche anzustellen.

§. 13.

Eine Drachme Flußspath mit zwo Drachmen Vitrioloel in dem eisernen Gefässe übergossen, befand sich nach einer Destillation von zwoen Stunden auf dem in dem Kolben vorgeschlagenen Wasser, wieder die dünne Bleyhaut; keine Kieselhaut. Wie ich es aber heraus spühlte, sahe ich doch einige kleine Stückchen, die der Kieselhaut ähnlich waren, aber nichts am Gewicht betrugen. Wäre diese Mischung in gläsernen Gefässen bearbeitet worden, so hätte die Kieselhaut zwey und einen halben Gran betragen, welches ihrer Leichtigkeit wegen schon eine ziemliche Menge ausmacht.

Um

Um es besser beobachten zu können, ward eben diese Mischung eingelegt, nur anstatt der bleyernen, eine gläserne mit drey und einer halben Untze Wasser angefüllte Vorlage, und zwar so, vorgelegt; daß der Schnabel der eisernen Retorte die Oberfläche des Wassers beynahe berührte. Bey dem Anfange der Destillation zeigte sich unter dem Retortenhalse ein kleiner Fleck, und die Mündung desselben war auch mit weissen Pulver belegt.

Dieses verschwand aber alles bald, und es ließ sich nichts weiter sehen, ob ich gleich diese Arbeit lange fortsetzte.

Der leere Theil der Vorlage ward angefressen, ich erhielt aber, da ich es ausspühlte, nur einen halben Gran Erde.

Dieses scheinet es doch zu bestätigen, daß das Glas beynahe allein Antheil an der Entstehung der Kieselhaut habe.

§. 14.

Diesen Erfahrungen zufolge löset also die freye Flußspathsäure Kieselerde auf, und nimmt sie aufgelöst mit in das vorgeschlagene Wasser.

Findet sie dieses nicht, so gehet sie als ein trockner Dampf damit fort; Merkwürdig genug, da diese Erde so feuerfest ist! Sollte dieses nicht die Erscheinungen der Verflüchtigung des Diamants aufklären? Wahrscheinlich ist es mir, daß die Flußspathsäure eine seiner Bestandtheile ist.

Die Entstehung der Kieselrinde auf dem Wasser, ließe sich meines Erachtens so erklären: daß, entweder die Säure die im Glase befindliche zur Auflösuug schon halb vorbereitete Erde, in grosser Menge auflöset, und damit überladen, den Theil, den sie mit Wasser gemischt nicht halten kann, fallen lässet; oder, daß auch

auch das Laugensalz aus dem Glase sich ins Spiel mischet.

In dem Scheeleschen Versuche hatte sich zwar aus dem blossen Sande die Kieselerde an den Schwamm gesetzet.

Man siehet aber auch, wie langsam es geschahe, und ohne Zweifel erst dann, wenn das wenige im Schwamm befindliche Wasser mit der, in der Säure aufgelöseten Kieselerde, bereits gesättiget war. Flußspathsäure, die ich schon über ein Jahr in einem Glase aufbewahret habe, hat das Glas in vielen Punkten die mit concentrischen Circkeln umgeben sind, zernagt, und ein fest am Boden liegendes Pulver abgesetzt.

Dieser merkwürdige Stein kann noch zu vielen Versuchen Stoff geben; goldene Gefäße wären meiner Meinung nach die bequemsten zu dieser Arbeit, und auch zur Aufbewahrung der Säure.

XVII.

XVII.

J. C. F. Meyer's

Versuche

mit der

in dem Gußeisen

entdeckten weißen

metallischen Erde.

§. 1.

Die im ersten Bande dieser Schriften, in der Fortsetzung der Versuche mit dem Eisen, auf der 219ten Seite in den 39 — 43sten Versuchen, erwähnte weiße, aus dem Gußeisen geschiedene Erde, schien mir so viel besondere, sie von anderen Erdarten unterscheidende Eigenschaften zu haben; daß ich sie einer näheren Untersuchung werth hielt. Ich goß dahero, um mir eine gehörige Menge davon zu verschaffen, auf ein Pfund Kramergewicht, des aus Sumpferzten geschmolzenen Torgeloischen Gußeisens, mit vielem Wasser verdünnetes englisches Vitriolöl. Die gesättigte Vitriollauge, welche schon etwas, theils weiße, theils graue Erde abgesetzt hatte, seihete ich durch; goß neues Vitriolöl aufs Eisen, und fuhr damit so lange fort, bis die Vitriolsäure nichts mehr auflösen wollte.

Aus

Aus der Vitriollauge war, da sie lange gestanden hatte, ein gut Theil Erde niedergefallen, welche vermittelst des Durchseihens davon geschieden ward, und gut ausgesüßt ziemlich weis aussahe. Nachdem die klare Lauge eine Zeitlang erwärmet war, trennete sich mehr Erde davon, die ich von Zeit zu Zeit daraus absonderte, gut aussüßte und trocknete.

Bey diesem Verfahren zeigte sich immer weniger Erde, die letzte sah ziemlich grün aus. Da hier gar keine gelbe Erde mit herausfiel, mußte ich das Verhältniß der Säure gegen das Eisen und die weiße Erde recht getroffen haben.

§. 2.

Um diese Erde nun recht rein und von allem Eisen frey zu erhalten, übergoß ich sie mit der Hälfte reinen Vitriolöles, und doppelt so viel Wasser, als ihre eigene Schwere betrug. Die reinere zuerst gefällete zergieng darinn gänzlich, ohne das geringste Schäumen; durchgeseihet sahe die Auflösung blaßröthlich aus. Die Auflösung der grünen Erde, hatte durchgeseihet, eben diese Farbe, sie lösete sich aber nicht gänzlich auf, uud es blieb im Fließpapier eine graue Erde zurück, die dem Gewichte nach nicht viel betrug. Höchst wenig Wasser goß ich nach und nach aufs Fließpapier, und wenn dieses einigemal geschehen war, schlug sich die Erde darin bereits weis nieder.

Die Auflösungeu, die die Dicke eines ausgepreßten Oeles hatten, goß ich in sehr viel destillirtes Wasser, wodurch sich eine Menge weißer Erde niederschlug, die ich davon sehied, aussüßte, und gelinde trocknete. Sie sahe fast milchweiß aus, und war sehr leicht; wenn sie aber nicht behutsam getrocknet ward, fiel sie etwas, doch sehr schwach, ins Braungelbe.

Die

Die durchgelaufene Lauge schlug ich mit kaustischem Salmiakgeiste nieder. Es fiel eine bräunliche, getrocknet schwarzbraune Erde nieder, nicht so locker wie die weiße, und unter dem Vergrösserungsglase durchsichtig. Die weiße Erde wog zehn und eine halbe Drachme, die braune zwey und eine halbe.

§. 3.

Von der weißen Erde, die ich zu folgenden Versuchen gebrauchte, wenn nicht ausdrücklich die braune benannt wird, warf ich etwas in reiner Salpetersäure. Sie zergieng darinn, ohne daß Luftblasen in die Höhe stiegen; ich schüttete nach und nach mehr hinein; auch diese zergieng, die Auflösung sahe blaß rosenfarb aus; war aber noch nicht gesättiget. Um sie völlig zu sättigen, erwärmte ich die Mischung, warf, wenn alles aufgelöset war, mehr hinein, bis sich nichts mehr auflösen wollte; da ward die Auflösung opalfarben, und bald darauf eine ganz milchweiße steife Gallert, die säuerlich, zusammenziehend, aber nicht eisenhaft schmeckte, und das Lackmußpapier roth färbte.

Wenn etwas mehr Salpetersäure zugegossen wurde, lösete sich die Gallert auf, und ward wieder flüßig. Diese Auflösung goß ich in eine Retorte, und destillirte die Säure zuletzt in offenem Feuer ab. Die zurück gebliebene Erde, wozu ich funfzig Gran verbraucht hatte, sahe gelblich aus, ward aufs neue mit einer halben Unze Salpetersäure übergossen und destillirt. Sie wollte sich nicht wieder auflösen, und schien, da ich die Säure zuletzt durch Glühfeuer alle davon getrieben hatte, nicht weiter verändert. Salpeter darauf geschüttet und destilliret, giengen rothe Dämpfe fort, und die Erde ward, doch nicht alle Stücken derselben, braunroth; da ich sie aber im

Schmelz-

Schmelztiegel mit gleich vielem Salpeter fließen ließ, ward sie durchgehends rothbraun, und beym Auslaugen fand ich, daß der alkalisirte Salpeter einen Theil derselben aufgelöset hatte, denn die Lauge lief ganz klar und dunkelbraun durchs Seihpapier.

§. 4.

In zwanzig Grane schwacher Salzsäure, trug ich eben so viel dieser weißen Erde. Sie färbte sich, wenn sie nur von der Säure berühret ward, citronengelb, lösete sich leicht und ohne die geringste Bewegung auf. Die Auflösung sahe citronengelb aus, und nachdem ich sie trocken werden ließ, ward sie eine klare durchsichtige Masse. Mit wenigem Wasser wieder aufgelöset, mehr Erde hinein getragen und erwärmet, ward sie zuletzt opalfarben, bis sie auch ganz gallertartig, halb durchsichtig weis ward. Salzsäure zugetröpfelt, ward die Masse, wo die Säure hinfiel, schleimig gelb, und es ließ sich alles wieder dadurch auflösen.

Mit Galläpfeltinktur gemischt, ward diese Auflösung dunkelblau, und dunkler, da die Säure mit zugesetztem Laugensalze gesättigt ward.

§. 5.

So leicht die mineralischen Säuren diese Erde auflöseten, so wenig vermochte zu meiner Verwunderung die Eßigsäure darauf. Fünf Gran davon übergoß ich mit der durchs Einfrieren koncentrirten destillirten Säure; sie lösete aber nichts merkliches davon, so wenig beym kalten Aufguß, als erwärmet, auf. Ich goß die Säure ab, trocknete die Erde, und übergoß sie mit der auf der Westendorfschen Art koncentrirten Säure; aber auch diese lösete, damit erwärmet, nichts merkliches auf; so wenig, daß die Berlinerblaulauge fast gar nichts daraus fällte.

§. 6.

Mit einer starken, mit der Luftsäure gesättigten Weinsteinsalzauflösung übergossen, lösete sich diese Erde sehr leicht auf, und die Auflösung sahe wie ein starkes braunes Bier aus; mit Wasser geschwächt, fiel sie aber gänzlich daraus nieder.

Der Salmiakgeist wollte sie nicht so leicht auflösen, doch nahm er etwas davon in sich, ward braun damit gefärbet, und ließ das Aufgelösete, wenn es erwärmet ward, fallen.

§. 7.

Fünf Gran mischte ich mit einem Skrupel ätzenden Sublimats, und legte es in eine Retorte in offenem Feuer. Der Sublimat stieg unverändert auf, die Erde sahe violet aus, nur auf der Oberfläche war sie noch weiß. Sie floß vors Löthröhrchen zu einer schwarzen Kugel.

§. 8.

Fünf Gran wurden mit einem Skrupel Schwefelblumen und Sublimat gemischt. Der Schwefel stieg unverändert in die Höhe; die Erde war grau, hatte am Gewichte nichts verlohren, und floß auch vors Löthörchen. In beyden Fällen schien sie also keine Veränderung erlitten zu haben.

§. 9.

Fünf Gran mit einer Drachme Braunschweigischen Salmiaks gemischt und sublimiret, stieg der Salmiak, besonders zuletzt, gelb auf. Am Boden der Retorte fand sich etwas graue Erde, das mehreste sahe aber wie eine weiße metallische Masse aus, die aber nur locker zusammen hieng. Ich sublimirte es abermals mit einer Drachme des erwähnten Salmiaks; auch dieser stieg gelb auf.

Die am Boden der Retorte befindliche graue Erde ward aufs neue mit einer Drachme Salmiaks sublimirt, der kaum eine Spuhr der gelben Farbe zeigte. Die zurück gebliebene graue Erde wog einen und einen halben Gran.

§. 10.

Die im ersten §. erwähnte, mit Salmiakgeist niedergeschlagene braune Erde, lösete sich auch in der Weinsteinsalzauflösung auf. Auch von der Vitriolsäure ward sie aufgelöset, aber die Auflösung war braun, und trocknete zu einer klaren Masse ein, die wieder aufgelöset und mit vielem Wasser geschwächt, die Erde von bräunlicher Farbe fallen ließ. Krystallen konnte ich von keiner Auflösung erhalten.

§. 11.

Metallischer Art schien diese Erde zu seyn. Um zu erfahren, ob man aus ihr einen König schmelzen, und wie es auf die leichteste Art bewerkstelliget werden könnte, setzte ich zehn Gran ohne allen Zusatz im verdeckten Tiegel vor dem Gebläse. Der Tiegel war dadurch mit einem hell kolophonien farbenem Glase überzogen worden; kein metallisches Korn war zu sehen.

Einen Skrupel mit einer Drachme rohen schwarzen Flusses gemischt, in einer Dute, darinn ich die Mischung mit Salz bedeckte, eine halbe Stunde vor dem Gebläse im Feuer erhalten, fand ich die Dute unten mit einer dünnen Schlackenrinde bedeckt; keine Spuhr eines metallischen Kornes. Auf das geschmolzene Salz hatte ich hierbey nicht Acht gegeben.

Eine Drachme mit ein und einer halben Drachme des de Morveauxschen Eisenflusses gemischt, mit Salz bedecket, in einer Dute eine halbe Stunde vors Gebläse geschmolzen, gab auch kein metallisches Korn, weder unter noch über der Schlacke; zwischen dem geflossenen gemeinen Salze bemerkte ich aber kleine Stückchen, die metallisch aussahen. Ich lösete das Salz mit Wasser auf, und es blieben sechszehn Gran eines metallischen zerreiblichen schäumichten Körpers in kleinen Stücken zurück, die vors Löthröhrchen nicht schmelzen zu wollen schienen.

Einen Skrupel der Erde mit deren doppeltem Gewichte eben dieses Flusses, in einer mit Kohlenstaub ausgegossenen Dute, ohne sie mit Salz zu bedecken, geschmolzen, gab eine gut geschmolzene Schlacke, und auf derselben kleine metallische Körner, die drey und einen halben Gran wogen.

Ein Skrupel mit einem Skrupel leuchtenden Spathes, in einer mit Kohlenstaub und Thon ausgegossenen Dute geschmolzen, hatte auch ein Korn unter der Schlacke, aber auch viele über der Schlacke gegeben, deren Gewicht, da sie nicht gut zu scheiden waren, ich nicht genau bestimmen konnte; das eine große Korn wog zwey Gran.

Einen Skrupel ließ ich im Feuer glüen, er hatte fünf Gran am Gewichte verlohren, und war an der Oberfläche etwas gelblich geworden; mit zwey Granen Kohlenstaub gemischt, war sie vors Gebläse zu einen metallischen Klumpen zusammen gesintert, zwischen dem noch Kohlenstaub saß.

Eine halbe Drachme der Erde mit fünf Granen kalcinirten Borax, und drey Gran Kohlenstaub gemischt, in einer mit Kohlenstaube ausgegossenen Dute geschmolzen, fanden sich zwischen dem Kohlenstaube, der von den Wänden der Dute herunter gefallen war, metallische Körner.

§. 12.

Da mir der Kohlenstaub hier ein paar mal im Wege gewesen war, fiel ich darauf, die Schmelzung in einer ganzen Kohle zu versuchen. Ich machte daher eine umgekehrte kegelförmige Oefnung in einer festen Kohle, drückte einen Skrupel der Erde hinein, setzte die Kohle in einen verdeckten Tiegel, und schmolz sie darinn; dies glückte mir, und ich fand ein sehr schönes Korn, auf welchem höchst wenige weiße halb durchsichtige, mit kleinen Körnern des Metalls angefüllete Schlacke saß. Alles wog zusammen fünf und ein viertel Gran.

Bey Wiederholung dieses Versuchs, dabey ich nur etwas Borax zusetzte, fand ich das Metall in ein Korn zusammen gelaufen, und nur wenig weißliche halb durchsichtige Schlacke darüber.

Ich halte dieses also für den bequemsten Weg, metallische reine Kalche zu reduciren, auch vielleicht zu andern Versuchen in der Probierkunst; hier erhielt ich von dem Skrupel roher Erde genau fünf Gran, sie liefert also fünf und zwanzig pro Cent.

§. 13.

Die ohne Zusatz eines Flusses geschmolzenen Körner, waren inwendig fast alle hohl, und diese Höhlen voll prismatischer metallischen Krystallen; die mit Borax geschmolzenen Körner aber im Bruche dichte, fein körnig und dunkel stahlgrau. Alle aber außerordentlich spröde, und durch geringe Schläge ganz zu Pulver zu zermalmen; vom Magnet wurden sie nicht gezogen, und vors Löthröhrchen flossen sie leicht, wobey sich aber gleich Schlacke zeigte.

§. 14.

Von den mineralischen Säuren ward dieses Metall ohne Hülfe der Wärme nicht sehr angegriffen, vom Königswasser noch am mehresten, welches sich davon, so wie es auch die Salpetersäure that, gelb färbte.

Mit den Säuren einige Tage gekocht, hatte die Salpetersäure es fast ganz aufgelöset, denn es war kaum ein Gran von fünf Granen zurück geblieben. Die Salzsäure hatte von fünf Granen zwey Gran zurückgelassen. Das Königswasser von drey Gran ein halb Gran. Und die geschwächte Vitriolsäure von fünf Granen, ein und einen halben Gran; dieses wollte sich auch durchs Vitriolöl nicht auflösen lassen. Alles Zurückgebliebene sahe noch metallisch aus, und floß leicht vor dem Löthröhrchen.

§. 15.

Die Auflösung in dem Königswasser, die einen Ueberschuß von Säure hatte, ward durch die Berlinerblaulauge gleich dunkelblau. Mit dem fixen und flüchtigen Laugensalze gab sie einen braunen Niederschlag.

Kupfer und Gold damit digeriret, schien keine Veränderung darinn zu bewirken; Eisen schlug einen weißen Kalk daraus nieder, und Zink verursachte einen braunen Niederschlag, der vor dem Löthröhrchen leicht floß.

Die Auflösung in Salpetersäure ward durch hineingelegtes Eisen und auch Zink, dunkelbraun, und das Metall ward als braune durchsichtige Blättchen von unförmlicher Gestalt niedergeschlagen. Die Auflösung in der Salzsäure, und die Auflösung in der Vitriolsäure, gaben durch hineingelegten Zink und Eisen, einen weißen Niederschlag. Alle Auflösungen aber wurden mit der Berlinerblaulauge, blau, nnd durch die Galläpfeltinktur schwarz niedergeschlagen.

§. 16.

Ein Stückchen von diesem Halbmetalle, in die geschwächte Goldauflösung in Königswasser, in die Silber- und Eisenauflösung in der Salpetersäure, in die Kupfer-

Kupfervitriolauflösung gelegt, bewirkte so wenig kalt, als erwärmet, einen Niederschlag.

§. 17.

Ein paar, drey Gran wiegende Stücken dieses Halbmetalles, wurde mit einem Skrupel Schwefelblumen überschüttet und in offenem Feuer destilliret. Nach dem Erkalten ward die Retorte abgesprengt, und der wieder abgeschmolzene Schwefel, offen abgebrannt. Das Metall hatte auf der Oberfläche seinen metallischen Glanz verlohren, inwendig war es ganz unverändert.

Dieses zerrieb ich, mischte es mit einer Drachme Salmiaks, feuchtete es etwas an, und erhielt nach der Sublimation einen sehr gelb gefärbten Salmiak.

§. 18.

Einige Stückchen, die drey Gran wogen, wurden in eine halbe Drachme fließenden Salpeters getragen. Es geschahe keine Verpuffung, und es wurden auch keine rothe Dämpfe bemerkt. Ich ließ es eine halbe Stunde verdeckt glühen, und fand eine rothbraune Masse, die ich mit Wasser übergoß. Dieses lief bräunlich durchs Seihpapier; das zurückgebliebene war eine braunrothe Erde, zwischen welcher das Metall noch mehrentheils unverändert lag.

§. 19.

Mit dem Quecksilber und etwas Wasser lange gerieben, zeigte sich keine Vereinigung.

§. 20.

Drey Gran Metall, mit sechs Granen des reinsten Goldes in einer ausgehöhlten Kohle, (worinn auch die folgenden Mischungen geschmolzen wurden) geschmolzen, war zu einem Korne geflossen, das auswendig wie Gold aussahe, und auch würklich mit einer dünnen Goldhaut umzogen war. Der Obertheil der Kugel schien nicht sehr verändert zu seyn, der untere Theil war feinkörniger, und ließ sich etwas ausdehnen; es saßen aber kleine Stückchen Gold zwischen demselben.

Drey Gran dieses Halbmetalles, und sechs Gran feinen Kapellensilbers auf eben diese Art geschmolzen, war in kein Korn zusammengeflossen. Jedes schien unverändert.

Drey Gran desselben, und sechs Gran Kupfer war in ein Korn gegangen, das mit einer sehr dünnen Rinde Kupfer überzogen war; inwendig war es einförmig, dunkel stahlfarben und spröde.

Drey Gran davon und sechs Gran Bley, hatte ein sehr unebenes Korn gegeben. Es ließ sich etwas hämmern, auch schneiden, doch merkte man hiebey etwas körnigtes in der Mischung. Breit geklopft ließ es sich brechen, und war im Bruch körnigt, wenig zusammenhängend. Vors Löthröhrchen schwitzte das Metall als eine halb glasigte Schlacke aus, sonderte sich aufs Bley in ein Korn, das nun vom Magnet gezogen ward. Dieses hatte ich auch schon vorher bemerkt; daß ein Körnchen dieses Metalls, das ich mit Bley vor dem Löthröhrchen zusammen schmelzen wollte, vom Bley abgesondert blieb, eine Schlacke absetzte, und das metallische Korn sich nun vom Magnet ziehen ließ.

Drey Gran Metall, und sechs Gran des reinsten Zinnes, schien zusammengeflossen zu seyn, ließ sich unter dem Hammer etwas breitschlagen, brach aber doch, und war im Bruche nicht recht zusammenhängend. Vor dem Löthröhrchen floß diese Mischung leicht, und es sonderten sich braune Schlacken ab, die der Magnet nicht zog. Das Zinnkorn ließ sich nun gut hämmern, war aber doch weit brüchiger wie das reine Zinn.

Drey

Drey Gran mit sechs Gran des besten mit Brennbarem geschmolzenen schwedischen Stabeisens, hatten sich genau vereiniget. Das Korn war sehr spröde, zersprang leicht unter dem Hammer, sahe im Bruche wie schlechtes Gußeisen aus, floß leicht vor dem Löthröhrchen, und setzte denn eine braune Schlacke ab.

§. 21.

Die von der Sublimation des Salmiaks zurück gebliebene graue Erde (§. 9.) reducirte ich mit etwas Borax in der Kohle.

Ich erhielt ein Körnchen, das einen Gran wog, vom Magnet gezogen ward, sehr spröde war, und vor dem Löthröhrchen leicht floß.

§. 22.

Die braune Erde schmolz ich auch in der Kohle, und erhielt eine hohle Kugel, die leicht zerreiblich war, nicht recht metallisch aussahe, und vom Magnet gezogen ward. Mit etwas Borax eingesetzt, gab sie ein reines metallisches Korn, mit etwas klarer glasartiger Schlacke bedeckt, die blaßgrün aussahe. Das Metall war härter, wie das von der reinen weißen Erde erhaltene, kam dem schlechten Gußeisen sehr nahe, ward vom Magnet gezogen, von der Vitriolsäure leicht mit Schäumen aufgelöset, ließ aber auch, wenn die Lauge gesättiget war, eine weiße Erde fallen. Hier war das Metall also ohne Zweifel mit vielem Eisen vermischt.

§. 23.

Ein Gran dieses Metalles, mit drey Granen Salpeters, funfzehn Gran Weinsteinsalzes, und einer halben Drachme Freyenwalder Sand gemischt und geschmolzen, gab ein klares meergrünes Glas mit einigen braunen Flecken an der Oberfläche, welche vermuthlich von dem in den Hölen des Tiegels sich aufgehaltenen brennbaren Staube waren gefärbet worden.

Fünf Gran der weißen Erde, fünf Gran Salpeter, eine halbe Drachme Weinsteinsalz, und eine Drachme Sand, hatte ein eben dergleichen Glas gegeben, das auch an der Oberfläche gegen den Rand des Tiegels einige braune Flecken hatte. Daß dieses vom Brennbaren herrühret, schließe ich daraus; weil die weiße Erde auf der Kohle mit Borax zu einem kolophonienfarbnen Glase schmelzet.

§. 24.

Ist dieses Halbmetall nur ein verlarvtes Eisen, oder ist es ein neues Halbmetall? Mit dem Eisen kömmt es darinn überein; daß es sich durch die Berlinerblaulauge aus seinen Auflösungen blau niederschläget; daß es mit der Galläpfeltinktur schwarz wird; daß es sich mit dem Salmiak gelb in die Höhe sublimirt; daß es sich mit dem Quecksilber nicht vereiniget; und mit dem Bleye nicht zusammenschmelzet. Zusammengenommen, wichtige Gründe, es für Eisen zu halten!

Daß es vom Magnet nicht gezogen wird, (denn auch die kleinsten Stäubchen zeigen keine Neigung zu ihm) aber wenn es mit Bley zusammen auf der Kohle vor dem Löthröhrchen geschmolzen war, von ihm gezogen ward, sollte mich beynahe bewegen, es für eine eisenhaltige Mischung anzusehen. Und doch ward auch das Körnchen, das aus dem Ueberbleibsel der mit Salmiak sublimirten Erde geschmolzen worden, darinn nun nicht mehr Eisen seyn sollte, vom Magnet gezogen.

Aber womit wäre das Eisen hier gemischt? die vererzenden Minern, Schwefel und Arsenik konnten es wohl nicht seyn, da sich der Schwefel nicht in

Säuren

Säuren auflöset; das Eisen zwar in sich nimmt, aber denn nicht mit dem reinen Metalle zusammenfließet.

Arsenik? Es gab nie den geringsten Rauch oder Geruch von sich, der diesen Körper so bald verräth.

Magnesia? Diese hatte ich im Verdacht. Aber sie wird im Feuer, darinn sie leicht ihr Brennbares verlieret, schwarz, gehet mit der Vitriolsäure leicht in Krystallen, schlägt sich durch die Berlinerblaulauge nicht blau nieder, färbt das Glas ohne Brennbarem, amethystfarben; diese Erde das Gegentheil. Magnesia gehet sehr schwer mit dem Eisen zusammen, dieses Metall sehr leicht.

Wäre es ein fremdes Metall gewesen, so hätte es sich nicht bey den verschiedenen Behandlungen davon scheiden lassen. Eine Erde konnte es noch weniger seyn, und ich bin daher sehr geneigt, es für ein neues Halbmetall zu halten. Von den andern Metallen unterscheidet es sich sehr, aber es weicht auch vom Eisen in wesentlichen Stücken ab, die meine Meinung zu bestärken scheinen. Meine Gründe sind folgende:

1) Weil es vor dem Löthröhrchen leicht fließet, und mit dem so schwerflüßigen Eisen, eine vor dem Löthröhrchen leicht schmelzende Mischung giebt.

2) Daß es sich als Metall so schwer auflöset, da sich das Eisen so leicht in allen Säuren auflösen lässet.

3) Daß es vom Eisen aus seinen Auflösungen niedergeschlagen wird.

4) Daß es als eine weiße Erde im Feuer keine dunkele Farbe annimmt.

5) Als Erde so leicht im Feuer fließet; und

6) sich als Erde aus seinen Auflösungen, die offenbar mit Säuren noch übersetzt sind, fast gänzlich mit bloßem Wasser herausschlagen lässet; mit dem Metall konnte ichs, wegen der geringen Menge die ich

davon

davon noch besaß, nicht versuchen. Alles keine Eigenschaften, weder des Eisens, noch eines andern bekannten Halbmetalls!

Die Leichtflüßigkeit des aus den Sumpferzten geschmolzenen Eisens, verursacht dieses Halbmetall wohl offenbar, ob ich sie gleich ehedem der Magnesia Schuld gab. Vermuthlich ist nur ein kleiner Rest desselben, der davon in dem daraus geschmiedeten Eisen zurückbleibt, Schuld an der Kaltbrüchigkeit desselben; denn daran zweifele ich nicht, daß es nicht in allem aus Sumpferzten geschmolzenen Eisen stecken sollte.

Auf die erwähnte Art aus dem Eisen geschieden, ist es wohl das kostbarste Halbmetall, da das Pfund Eisen nicht viel über drey Drachmen davon enthalten würde; wahrscheinlich ist aber ein leichterer Weg, es zu erhalten, möglich.

XVIII.

L. F. Hermanns

der k. k. patriotischen Societät in N. Oe. Mitglieds rc.

Nachricht

von der

Eisen-

und

Stahlmanipulation

bey den

berühmten gräflich Lodronschen Eisenhütten

in Kärnten.

Eingang.

Diese Eisenwerke liegen ohnweit **Gmünd** in **Oberkärnten.** Die Eisenhammerwerke auf der sogenannten **Eisentraten**, und die Stahlwerke in der **Radl.** Sie bestehen in 2 **hohen Oefen** [1]); in

1) Die hohen Oefen nennt man in den österr. Ländern durchgehends Bläyhäuser.

in 4 Eisen- [2]) und in 6 Stahlhämmern [3]), welche zusammen dem gräflich Lodronschen Hause eigenthümlich gehören.

Da ich mich im gegenwärtigen Aufsatze blos auf die Hammerwerksmanipulation einschränke, so habe ich von der Schmelzmethode bey den hohen Oefen nichts weiter zu erwähnen, als daß die Erze, welche alda verschmolzen werden, theils aus Pflinz (Spatum Ferri) theils aus gemeinem Eisenstein (Ferrum commune) am wenigsten aber aus Glaskopf (hæmatites nigrescens) bestehen. Man macht hier sowol Flossen oder Gänse, als auch Blateln; leztere hält man, der Erfahrung zufolge, bey der Manipulation auf Eisen hier für nützlicher. [4])

Manipulation auf Eisen.

Sobald die Blateln aus den Blähhäusern in die Hammerhütten gebracht werden, so ist die erste Arbeit welche man damit vornimt, das Braten; es geschieht auf folgende Art:

Das Braten.

Jedem Meister wird sein bestimmtes Quantum vorgewogen, wovon jeder seinen Antheil besonders bratet. Die

2) Was man anderwärts Stabhämmer nennt, heißt in Kärnten Walaßhämmer; auch ist zu bemerken, daß man hier eine jede Hütte, wenn sich auch 3 oder mehr Hämmer darin befinden, gradeweg einen Hammer nennt.

3) Die Stahlhämmer heissen hier Brescianhämmer.

4) Ueber die Art, die Blateln zu machen, S. B. F. Hermann's Reisen durch Oesterreich, Steyermark, Kärnten, Krain, Italien ꝛc. Wien 1781, in 8. 1. B. p. 133.

Die **Bratfeuer** sind hier fast auf die nemliche Art zugerichtet, wie die von der Hauptgewerkschaft zu **Eisenerz in Steyermark**; nur mit dem Unterschiede daß diese nicht wie jene, in der Mitte des Herdes einen Schlauch haben. [5]) Die Manipulation dieser **Bratfeuern** besteht in folgendem:

Gerade vor der Forme, hier **Eßeisen** genannt, werden nach der Länge des Herdes in zwo Reihen Stücke von **Sinter** und **Schwall** gelegt, welche einer halben Faust groß sind. [6]) Man schichtet sie in einer gleichen Richtung, und zwar dergestalt auf, daß der Wind füglich durch dieselben durchziehen kann. Auf diese Stücke werden nun einige **Eisenblateln**, eines an das andere aufgelegt, und dadurch gleichsam ein Schlauch formirt, in dessem Lichte sich der obige **Schwall** und **Sinter** befindet. Wenn dies geschehen ist, so bedeckt man den Heerd mit 5 bis 6 Körbe voll **Braschenkohlen**, auf welche wiederum **Blateln** gelegt, und dazu die grössern Stücke ausgesucht werden; auf diese wirft man endlich die kleinern Stücke der zerschlagenen **Blateln**, und auf diese, den, bey den **Zerrenfeuern** abgefallenen **Sinter**, der aber vorher unter einem hierzu eigens vorgerichteten Pochhammer klein gepocht wird. Der ganze Haufe wird so vorgerichtet, daß an seiner Oberfläche alles gleich ausgebreitet ist; nur muß man sich hüten, das Brockwerk nicht zu vest an einander zu legen, damit der Luftzug nicht gehemmt werde. Nun wird derselbe mit Kohlläste wohl

5) S. Die Beschreibung vom Eisen- und Stahlschmelzen in Steyermark in Ferber's physikalischen metallurgischen Abhandlungen 2c Berlin 1780 S. 273.

6) Schwall nennt man hier jene Schlacken, die noch hältig genug sind, um mit Nutzen einzerrennt zu werden.

wohl bedeckt, durch die Forme angezündet, und das Gebläse sachte angelassen; Man sieht hiebey darauf, daß das Feuer nie zu heftig werde; man sucht es also immer nur in dem Grade der Glühung zu erhalten. Die Blateln rc. welche zu einem Braten eingelegt werden, wiegen ungefähr 13 bis 14 Wienerzentner; nach Verlauf von 6 Stunden ist das ganze Braten vorüber. Daher werden in einer Schicht, die sich nach Mitternacht anfängt, und nach Mittag endigt, zwey Braten eingesetzt und vollendet.

Das hierzu aufgestellte Personale besteht aus zwey Personen, deren Schuldigkeit ist, die Blateln aus den Blähhäusern in das Brathaus zu führen, solche zu zerschlagen, zu braten, und alsdenn jedem Meister, dem sie gehören, in die Hammerhütte zu zustellen. Sie bekommen für jeden Centner zwey Kreuzer.

Das Zugericht:

Die hiesigen **Feuergruben**, 7) worin zerrennt wird, sind alle mit vier Abbrändern 8) ausgesetzt; und in jeder befindet sich ein guter talkartiger **Bodenstein.** Anzuchten oder Luftgraben werden zum Theil, zum Theil auch nicht gemacht. Wenn die Grube auf einem sehr trockenen Orte steht, so hält mans nicht für nöthig. Eine solche Feuergrube hat in ihrer Breite vom **Sinterblech** bis zur **Wolfsseite** 24; nach der Länge, nemlich von der **Forme** bis zum **Voreisen** 26, und nach ihrer Tiefe bis zum Bodensteine 18 Zoll. Die

7) Man nennt sie auch wohl schlechtweg nur das Feuer.

8) Abbränder sind gegossene eiserne Platten, welche die Länge und Breite haben, wie oben angezeigt ist; sie sind zwey Zoll dick

Die Abbränder, als welche durch ihre Länge und Breite das Maaß der Feuergrube bestimmen, sind gerade auf die Schärfe gestellt, und etwas senkrecht eingesetzt, so, daß der Boden der Feuergrube dadurch etwas schmäler wird, als der Rand; nur derjenige Abbrand, worauf das Eßeisen liegt, steht weniger schief.

Gedachtes **Eßeisen** steht 4½ Zoll ins **Feuer** hinein, und hat nach der Bleywage einen Fall von 6 Graden. Es wird mit der **Spinna** 9) am **Rüssel** vollkommen rund abgerichtet, und hat in seinem Querschnitte 1¾ Zoll. Im **Faden** 10) und an der **Wolfsseite** ist es um einige Linien länger, so, daß der **Rüssel** ein schiefes **Maul** macht. Der Nutzen dieser schiefen Zurichtung soll dieser seyn: 1) bewirkt dieselbe, daß sich der **Teichel** 11) nicht zu weit hinabsetzen könne, und 2) daß das **Roth** oder **Sinter** mehr **in die Hand**, das ist: gegen das **Sinterblech** getrieben werde. Aus der letztern Ursache geschieht es auch, daß die Tiefe des **Wasserbalges**, welche so, wie die **Forme**, von Kupfer sind, um 1 Zoll weiter als der **Handbalg** ins **Eßeisen** hineingelegt wird. Am Rande des **Feuers** sind zwey andere Abbränder aufgestellt, welche statt eines **Löschkran-**

9) Die Spinna ist ein Instrument, welches eben so groß ist, als die Mündung der Forme seyn muß, und worüber diese geschlagen wird.

10) Faden heist der untere Theil des Formrüssels.

11) Was hier Teichel genennet wird, nennt man anderwärts eine Luppe, Geschray 2c.

kranzes [12]) dienen, und verhindern, daß die Kohlen nicht auseinander rollen, und unnütz verbrennen können; das übrige wird mit Lösche umkränzt.

Das Zerrennen: [13])

Eh man mit den Einzerrennen anfängt, wird die obbeschriebenermassen zugerichtete Feuergrube mit Kohllösche angefüllt, und diese festzusammen gestampft; in der Mitte wird eine ziemliche Vertiefung gemacht, und solche ebenfalls mit einem Korb voll Kohlen angefüllt. Nun wird das Zerrennwerk, welches auf dem Rande der Grube liegt, vorgerückt [14]) und Kohlen drauf geworfen. Auf dieses legt man den von der letzten Schicht übrig gebliebenen zusammengedrückten Teichel knap vor das Eßeisen, bedeckt die ganze Grube mit Kohlen, und fängt so das Heizen an.

Das Gebläse wird nach und nach verstärkt, und endlich immer in einem gleichen Gange unterhalten; die Bälge sind von Holz. Nachdem der obgedachte Teichel sehr weiß geheizt ist, so räumt man die Kohlen weg, hebt ihn auf, kehrt ihn um, stoßt das Brockwerck, welches der am Boden gelegenen Seite anhängt, ab, und läßt ihn so einige Minuten auf

12) In vielen Eisenhütten braucht man hierzu keine Abbränder, sondern man bedient sich der etwas angefeuchteten Kohllösche, mit welcher man den Rand der Feuergrube bis auf 1 und 2 Schuh hoch umkränzt; daher nennt man es einen Löschkranz. Er dient dazu, das Feuer besser zusammenzuhalten.

13) Heist soviel, als einschmelzen, einfrischen.

14) Dieses Zerrenwerk besteht aus Brocken, Schwall und einigen Blateln.

auf dem Feuer liegen. Während dieser Zeit schweißt man demselben die Presa an. 15)

Der Hammermeister nimmt nun den Teichel mit der Greifzange bey der Presa, bringt ihn unter den Hammer, drückt ihn zusammen, und schlägt ihn in eine etwas länglichte Form aus. Während dieser Zeit schürt der Heizer das Feuer wieder an, legt einen Zentner der gebratenen Blateln an die, dem Eßeisen gegen über stehende Seite, und wirft einen Korb voll Kohlen drauf. Der inzwischen zusammengedrückte Teichel wird nun wieder zum Abheizen ins Feuer gebracht, und mit Kohlen bedeckt; auf diese legt man etwa zwey Schaufel voll von dem, beym Zusammendrücken abgefallenen Sinter und Schwall, um damit das Feuer zu futtern.

Wenn der Teichel so lange geheizt worden, daß er schön weiß glüht, so nimmt ihn der Meister abermal bey der Presa, bringt ihn unter den Hammer, und schrottet ihn in zwey Theile, die Presa wird ebenfalls mit der Schrothacke davon abgesezt, und zum künftigen Teichel, wenn selbige noch lang genug ist, aufbehalten; wo nicht, so wird eine neue gemacht. Gemeinlich ist eine Presa auf eine ganze Schicht genug. Die zwey Hälften des Teichels, die izt Halbteichel heissen, werden nun mit der Zange bey der Greife gefaßt, wieder ins Feuer gebracht, und wie-

 der

15) Die Presa ist ein viereckigtes längliches Stück Eisen, das an dem einen Ende, wo man es mit der Zange faßt, etwas dicker ist; sie wird am Rande des Teichels angeschweißt, und dient dazu, daß der Teichel, wenn man diese Presa in die Zange nimmt, aus dem Herde gebracht werden kann.

der weiß geheizt [16]). Jeden theilt man nun abermals in zwey Stücke, welche Tejolen genannt werden; diese aber werden, nach dem sie ebenfalls weiß geheizt worden, in die gehörigen Gattungen ausgeschmiedet. Man richtet sich hierbey nach der Qualität derselben; die weichsten werden zu denjenigen Gattungen ausgeschmiedet, die einer solchen Eigenschaft bedürfen. Weil bey diesen Werken überhaupt nur sehr weiche Eisengattungen erzeugt werden, als da sind: Drat- und Büchseneisen ꝛc. so wird sehr darauf gesehen, daß die Feuer immer stark in Saft gehen [17]). Da nun dies beym Anfang der Arbeit nicht angeht, so fält der erste Teichel allezeit etwas frischer aus, und hat mehr Sauer [18]) als die darauf folgenden. Denn bey diesen hat das Feuer schon mehr Saft und Schwall am Boden, welches verhindert, daß der Teichel nicht zu tief hinabsitzen könne. Er soll allezeit fest unter dem Eßeisen liegen.

Aus

16) Die Greife ist eben das, was die Presa ist, nur das sie kleiner ist.

17) In Saft gehen heißt, wenn das Feuer immer fremde unmetallalische Materie genug hat, um nie genöthigt zu werden, die Teichel, oder seine metallischen Theile zu stark angreifen zu dürfen. Um dieses zu bewirken, muß der Zerrenner immer hinlänglichen Sinter, Schwall ꝛc. zusetzen; der Mangel desselben läßt sich sogleich an der weissen Farbe der Flamme, oder an dem weissen Lauch, wie man hier sagt, erkennen.

18) Frisch heißt hier soviel als hart; und sauer bedeutet soviel als spröde und kompakt. Was man hier Sauereisen nennt, heißt in Steyermark und anderwärts Düreisen, Dürstein. Das Sauereisen giebt starken Kalo, weil es durch die starke Zehrung des Feuers entsteht; auch rothbrüchiges Eisen, welches sich im Schmieden gerne störret.

Aus gedachter Ursache wird auch der Sinter nicht so oft abgestochen, als z. B. bey Stahlfeuern. In einer Zeit von zwey Stunden, als während welcher ein Teichel einzerrennet und geschmiedet wird, läßt man ihn nur zweymal ab; das erstemal nach Abheizung des Teichels und den Tejolen, und das zweytemal vor Aufhebung des Teichels. Nach jedem dieser Abstiche aber muß der Zerrenner, um Sauereisen zu verhüten, einige Hand voll Brockwerk und Schwall zusetzen. Der Sinter wird insgemein nur beym obern Sinterloch abgestochen; beym untern Stichloch geschieht es hier deswegen nicht, weil sich der Teichel dadurch allzuweit hinabsetzet, und die Erzeugung eines guten weichen Eisens, wie man aus der Erfahrung weiß, vereiteln würde.

Erzeugung:

Eine Schicht dauert bey diesen Wallaßhämmern eine Zeit von 15 bis 17 Stunden; sie fängt um 12 Uhr des Nachts an, und hört um 4 oder 5 Uhr Nachmittags auf. Binnen dieser Zeit werden bey einem Feuer 6 bis 7 Teichel gemacht. Auf einen Teichel werden ungefähr 80 bis 90 Pfund Blateln genommen, und in einer Schicht bey zwey Feuern 10 bis 12 Zentner Eisen gemacht [19]. Jetzt wird

19) Der Ruhm, den sich die hiesige Waare bereits erworben hat, bürgt zwar für die Nützlichkeit der kleinen Teichel; aber sie scheinen mir gleichwohl gar zu klein zu seyn. So schädlich die unmäßig grossen Teichel sind, wie man sie z. B. in Tyrol macht, welche 5 bis 7 Zentner wiegen, eben so unnöthig, wo nicht schädlich, schienen mir die zu kleinen zu seyn. Denn ich glaube, wenn die beste Menage beobachtet wird, so sollen sie nicht

wird 20) hier keine andere Gattung, als **Büchsen-** und **Drateisen** bereitet. Jede Stange davon wiegt 20 bis 24 Pfund; der Meiler oder 10 Wienerzentner, wird auf der Stelle für 10 Rthlr. verkauft. Man macht zwar auch **Schienen**, **Reiffe**, **Pflugbleche** rc. wenn sie bestellt werden; man muß sie aber in einem höhern Preise bezahlen.

Kalo:

Jedem Meister werden von 12 Zentner 40 Pfund zwey Zentner 40 Pfund an Kalo paßirt; folglich muß er dafür einen Meiler, oder 10 Zentner ausgeschmiedete Waare stellen. Für jedes Pfund, das davon abgeht, werden ihm 3 Xr. abgezogen; im Gegentheile erhält er aber auch das nämliche für jedes Pfund das er mehr liefert. Dieser Kalo ist allerdings sehr beträchtlich; man hat aber gefunden, daß mit einer geringern Paßirung hier nicht auszukommen wäre, wenn anderst die Eisengattungen von ihrer bisher bekannten Güte nichts verlieren sollen.

Löhnung der Arbeitsleute:

Es ist hier so, wie in Steyermark, der **Leykauf** eingeführt; die eine Hälfte davon wird zu **Martini**, und die andere zu **Johannis** abgereicht. Der Hammermeister bekömmt jährlich 6 Fl.; Der **Heizer**, welcher in Steyermark der **Großheizer** genannt

nicht unter 150 Pfund gemacht werden, weil bey kleinern die Arbeit, Zeit- und Kohlenaufwand Verhältnißmäßig grösser ist; die erforderliche Güte des Eisens aber auch bey grössern ereicht werden kann.

20) Im Jahr 1779.

genannt wird, 3 Fl.; der Zerrenner (d. i. Kleinheizer) 1 Fl. 30 Xr. Das Arbeitslohn wird nach dem Gewichte bezahlt; von jedem Zentner bekömmt der Meister 12 Xr.; der Heizer 6 Xr. Der Zerrenner hat meistens nur Wochen- und Schichtenlohn; man giebt ihm anfänglich 30, 33 oder 36 Xr. für die Woche. Zeigt er viele Geschicklichkeit, so wird ihm der Lohn verbessert. Er erhält alsdenn gemeiniglich den Schichtenlohn, und zwar für die Schicht 18 Xr. Im letztern Falle muß er sich aber die Kost selbst schaffen.

Wenn einige der vorerwähnten besondern Eisengattungen bestellt werden, so bekömmt nur der Meister für jeden Meiler eine Zulage von 39 Xr.

Das Zeugmachen:

Die Arbeiter verfertigen sich hier eben so, wie anderwärts, ihre Werkzeuge selbst; man nennt diese Arbeit das **Zeugmachen**. Es wird hier keineswegs, wie an einigen andern Orten, nach den Schichten bezahlt; sondern jedes Stück ist taxirt. Für einen **neuen Hammer**, der nicht über zwey Zentner schwer ist, wird 6 Fl., und für einen neuen **Ambos** 3 Fl. bezahlt; wenn diese Stücke **belegt** werden müssen, so zahlt man für jedes Blatl 15 Xr. Gehämmerte **Tschabaten** [21]) hat man hier nicht, sondern sie werden beym Hochofen **gegossen** [22]). Für die kleinern Werk-

Z 4

21) Worauf der Ambos ruht.

22) Sie werden 9 bis 10 Zentner schwer gemacht, und sind in Rücksicht der Arbeits-Zeit, Kohl- und Lohnersparung viel nützlicher, als die geschmiedeten.

Werkzeuge wird für jedes Pfund 1 Xr.; für Stählung eines Hammers 1 Fl., und für die eines Ambosses auch soviel bezahlt.

Manipulation auf Stahl:

Wie ich schon Anfangs bemerkt habe, so heissen die hiesigen Stahlwerke **Brescianhämmer**, und der dabey bereitete Stahl **Brescianstahl.** Ich habe oben erinnert, daß auf **Eisen** blos **Blateln** verarbeitet werden; hier gebraucht man nebst diesen auch **Flossen.** Diese letztern dienen aber hauptsächlich nur zu einem gewissen Gebrauche, den ich bald beschreiben werde. Da ich hier vorläufig nichts weiter anzumerken finde, so komm ich zugleich auf

Das Zugericht:

Die **Feuergrube** ist hier eben so, wie in den Eisenhütten mit 4 **Abbrändern** ausgesetzt, welche auf einem talkartigen einen Schuh dicken Bodensteine aufliegen.

Die Strucktur der Grube war am 30sten October 1779 diese: Nach der Länge, vom **Eßeisen** bis zum **Voreisen** $20\frac{1}{2}$ Zoll; nach der Breite, vom **Sinterblech** bis zur **Wolfsseite** 29 Zoll. Die Breite der Abbränder bestimmt die Tiefe derselben; drey davon haben 17, der eine aber, worauf das **Eßeisen** ruht, hat 13 Zoll in der Breite. Die Tiefe der Grube ist also 17 Zoll. Sie sind alle in einer gleichen perpendikularen Richtung eingesetzt; Folglich stelt die Grube ein länglichtes Viereck vor. Die **Forme** ragt 4 Zoll in die Grube hinein, und liegt nicht gerade in der Mitte des Feuers, sondern um 2 Zoll näher gegen das Sinterblech. Sie ist völlig rund abgegerichtet, und hat vorne im Rüssel, im Durchschnitte 1½ Zoll. Unten am Faden ist sie um einen Messerrücken länger. Und man will aus der Erfahrung wissen, daß, wenn sie im Faden kürzer, oder auch nur gleich, wie der obere Theil, zugerichtet wäre, man damit weiche und keine Stahlartige Teichel erzeugen würde, Die Arbeiter sind von diesem Grundsazze so sehr überzeugt, daß sie ihm überall mit Genauigkeit folgen. Ihr Fall beträgt nach der Bleywaage 5 bis 7 Grade. Arbeitet das Feuer zu Sper 23), so wird sie noch etwas mehr in dasselbe vorgerückt, ihr verhältnißmäßig ein stärkerer Fall gegeben, auch die Balgtießen mehr in dieselbe hineingerückt. Erhält man aber zu viel Sauereisen, so ergreift man das Gegentheil. 24)

Die Balgtießen haben einen Fall von 16 Graden; sie sind in ihrer Mündung 1¾ Zoll weit, und haben eine ungleiche Richtung, denn der Wolfsbalg liegt 5 Zoll, und der Handbalg 5½ Zoll vor der Mündung der Forme zurück. Dadurch bläst der Wind etwas ins Kreuz. Die Bälge sind hier von Leder; und man hält durchgehends dafür, daß sie einen viel gleichern Wind geben, als die Hölzernen. Man hat auch Proben damit gemacht, und gefunden, daß den erstern, wo es auf eine sehr genaue Arbeit ankömmt, allemal der Vorzug einzuräumen sey. Da

 die

23) Sper heißt hier, wenn die Gewalt des Feuers und des Windes zu schwach ist, eine reine Scheidung zu bewirken.

24) In Steyermark werden die Formen, fast überall, nicht so scharf gelegt, wie hier; die Ursache davon aber ist, daß das hiesige Roheisen viel wilder, und daher schwerer zu bezwingen ist.

die Stahlmanipulation immer einen gleich anhaltenden Wind fordert, so werden sie die ganze Schicht hindurch immer in einer gleichen Bewegung gehalten. Ein jeder derselben hebt in einer Minute 9mal auf.

Das Zerrennen:

Bevor man diese Arbeit anfängt, muß der Boden in der Feuergrube gemacht werden. Sie wird also mit feiner Kohllösche gefüllt, und diese so vestzusammengestampft, daß dieser Boden bis 4 Zoll unter die Forme reicht. Der Heizer fängt die Schicht, welche um 10 Uhr Nachts beginnt, auf folgende Art an: Da die Grube während der Zeit, als sie in der Feurung steht, das ist; vom Ende einer Schicht bis zum Anfange der darauf folgenden, immer mit glühenden Kohlen ausgewärmt werden muß, so fängt er damit an, diese Kohlen mit einem sogenannten **Stauchschlägel** fest zusammen zustauchen, als wozu bey 300 Stösse erforderlich sind; wenn dies geschehn ist, so füllt er die Grube mit Kohlen, legt etwa bey 100 Pfund etwas dickere **Blateln**, oder in deren Ermangelung, auch Flossen auf dieselbe, läßt das Gebläse um, und fängt so mit dem Zerrennen an.

Nachdem diese binnen einer Zeit von $\frac{3}{4}$ Stunden eingeschmolzen sind, so legt er die bey dem letzten **Zerrennen** erzeugten zwey **Teichel** in das Feuer; und zwar einen in die Mitte desselben, nahe an die **Forme**; den andern aber bey der Vorseite an dem Rande der Grube. Sobald diese so weit geheizt sind, daß eine **Presa** an selbe angeschmiedt werden kann, als welches binnen einer Zeit von zwey Stunden geschieht, so werden sie inzwischen auf die Seite gelegt. Nun tritt der **Stahlmeister** zum Feuer, der seine Arbeit folgendergestallt unternimmt: Er räumt alle in der

Grube

Grube befindliche Kohlen auf die Seite, wirft den auf der einzerrennten Maße befindlichen Sinter, welcher sehr gering ist, mit einer Schaufel auf den Herd, rührt die flüßige Maße in der Grube, welche der **Sauer** genannt wird, mit einer hölzernen Stange auf, und setzt während diesem Umrühren 3, 4, auch 5 Schaufel voll **Skaja** 25), die mit **Sinter** vermischt wird, zu, bis sie anfängt zu stocken. Nun werden einige Körbe voll Kohlen drauf geworfen, und das Gebläse wieder angelassen. Die vorbenannten zwey Teichel werden nun aufs neue zum Ausheizen ins Feuer gebracht. Am Rande der Voreisenseite wird ein **weicher Boden** 26) zum **Einrennen** hingelegt, und auf diese Art sowol zum **Teichelheizen** als **Gottakochen** 27) der Anfang gemacht.

Die

25) **Brockwerk oder Koth.**

26) Ein **weicher Boden** ist eine Eisenplatte, die nichts stahlartiges besitzt, das heißt, die nicht hart, sondern sehr weich ist. Diese **Böden** werden ausdrücklich zur Stahlmanipulation vorgerichtet; denn man glaubt allhier überzeugt zu seyn, daß ohne derselben keine gute stahlartige **Gotta** gekocht werden könne; sie werden in der Grösse wie die ordinairen **Blateln**, jedoch in einem **Frischfeuer**, verfertigt, und dazu **Flossen** genommen. Ihre Dicke beträgt 1 Zoll.

27) **Gotta** heist die in der Grube befindliche Maße, so lange sie noch flüßig und nicht zerschrotten ist. **Gottakochen** heißt also, diese Masse **reinigen**. Das **Kochen** einer **Gotta** kann aber nicht eher geschehen, bis am Boden der Grube, der erforderliche **Sauer** gemacht ist; er besteht aus einem Schmelzwerk, das aus dem beym Anfang der Zerrennung eingeschmolzenen **Blateln** entstanden ist, und wozu nur die **Ränfte** derselben genommen werden.

Die Teichel werden folgendergestalt behandelt: nachdem einer derselben **weißgeheizt** ist, so wird er in einen länglichten Kolben ausgeschmiedet; dieser Kolben wird abermals ins Feuer gebracht, und dann in zwey Theile, oder zu **Tejolen** zerschrotten. Letztere werden, nachdem sie ebenfals **weißgeheizt** worden, in Kolben abgesetzt, welche erst nach nochmals erhaltener Hitze, in kleine Ausziehkölbeln, wovon eines $1\frac{1}{2}$ höchstens 2 Pfund schwer ist, ausgeschmiedet. Mit dem zweyten Teichel, der inzwischen auf der Seite gelegen hat, wird nun auf gleiche Art verfahren.

Hiebey ist zu bemerken, daß das unganze Wesen, welches sich auf den Aussenflächen der Teichel befindet, und hier **Ria** genannt wird, fleißig mit der Schauffel abgestossen werden muß, weil solches zu weich ist und verursachen würde, daß der Teichel sehr **heidig** ausfiele. [28])

Während diesen Arbeiten wird zugleich die **Gotta** gekocht, der **weiche** Boden sachte einzerrennt, und nach Erforderniß **Blateln, Sinter, Refudi** [29]) und **Quarz** zugesetzt.

Der Gang des Feuers wird theils aus seiner Flamme erkannt, theils mit dem **Sinterspies** untersucht. Geht dasselbe im **Lauche** weiß auf, so zeigt es **Sauereisen**, und einen Mangel an **Sinter** an. Daher wird in diesem Falle etwas von dem abgehobenen **Sinter** und **Skaja** zugesetzt. Wenn die Maße sehr

28) **Heidig** heißt so viel als eisenschüßig.

29) **Refudi** heissen in Steyermark **Würste**, und sind die weichen unganzen Enden der Stahlstangen.

sehr aufwallt, welches man mit dem Sinterspiesse erkennt, so setzt man **Blateln** zu; **Refudi** werden dann zugesetzt, wenn man in der **Gotta** einige Löcher wahrnimmt, als welches Sauereisen anzeigt, und von einem gar zu hitzigen Gange des Feuers herkömmt [30]). Der **Quarz**, welchen man hier **Feuerstein** nennt, wird alsdenn aufgegeben, wenn die auf der **Gotta** befindlichen Schlacken zu zäh sind, und gleichsam picken. Man erkennt dies ebenfalls mit dem Sinterspies. Dieser Quarz ist sehr rein und weiß; er wird vor dem Gebrauche stark im Feuer gebrannt, und im kalten Wasser abgelöscht, als wodurch er ziemlich mürbe wird. Die Quantität dieses Zusatzes richtet sich nach der Erforderniß. Uberhaupt aber wird nie mehr auf einmal, als eine halbe Schaufel voll aufgesetzt, welche schon hinlänglich ist, die Schlacken zu reinigen und flüßiger zu machen. Sobald nun die **Gotta** hinlänglich gekocht und gestockt ist, so hebt man dieselbe mit eisernen Stangen aus dem Feuer. Die unter derselben zurückgebliebene Masse, der **Sauer** genannt, wird abermahls mit hölzernen Stangen umgerührt. Das, was sich an den Abbrändern anlegt, wird herdangerissen, wiederum etliche Schaufel voll **Skaja** zugegeben, und die Grube mit Kohlen gefüllt. Die **Gotta** ist inzwischen in zwey Theile zerschrotten worden; diese Stücke heissen nun **Teichel**; sie werden zum fernern Ausheizen so gleich wieder ins Feuer gelegt, und zugleich die erforderlichen **Blateln** und ein weicher Boden zum wiederholten **Gottakochen** vorgerückt. Hiebey wird nun durchgehends eben so verfahren,

30) In Steyermark sagt man in diesem Falle: das Feuer macht Dünneisen; man hilft ihm ebenfalls durch Zusetzung einiger Flossenbröckeln ab.

fahren, wie bereits gesagt worden. Vom Anfange der Arbeit bis zum ersten **Teichelschrotten** verlauft eine Zeit von 5 bis 6 Stunden. Die darauf folgenden Teichel erfordern aber keine so lange Zeit, als der erste, weil bey diesem der **Sauer** gemacht werden muß, der die ganze Schicht über im Feuer bleibt. Wenn sie aber zu Ende ist, so wird er herausgenommen; sobald der letzte Teichel aufgehoben, und der Sauer etwas erkaltet ist, wird er mit hölzernen Stösseln zusammengestossen, herausgehoben, und bey der darauf folgenden **Zerren** statt eines **weichen Bodens** beym **Gottakochen** gebraucht. Die von der letzten **Gotta** erhaltenen zwey Teichel werden zur künftigen **Zerren**, um solche dabey vorbeschriebenermassen auszuheizen, aufbewahrt; zu mehrerer Kohlenerspahrung aber wird denenselben gleich zu Ende der Schicht, da sie noch in der Hitze sind, die gewöhnliche Presa angeschmiedt, welches sonst nur beym Anfange der **Zerren** geschieht.

Erzeugung:

In jeder Schicht werden bey einem Hammer 4 **Stahlgotten**, jede zu **einem** Zentner schwer gerechnet, erzeugt. Die Schicht fängt um Mitternacht an, und endiget sich gemeiniglich um 2 Uhr Nachmittags. Bey jedem der hiesigen 6 Stahlhämmer, welche alle in einer kleinen Entfernung von einander erbaut sind, ist ein Stahlmeister, Heizer und Wassergeber angestellt.

Kalo:

Von zwölf Zentner Roheisen muß der Meister einen Meiler, oder 10 Zentner ausgeschmiedeten Stahl

Stahl stellen; nur ist ihm erlaubt, unter diesen 10 Zentnern auch einen Zentner Refudi und Ausschuß mitzurechnen. In Rücksicht des mehrern oder mindern Kalo hat es hier die nehmliche Bewandniß, wie bey den Eisenhämmern.

Löhnung der Arbeitsleute:

Von jedem Meiler Stahl bekömmt der Meister, von No. 2 und 3, 4 Fl. 10 Xr. bis 4 Fl. 20 Xr.; der Heizer 2 Fl. 5 Xr. bis 2 Fl. 10 Xr. Den Wassergeber muß der Meister aus seinem eigenen Beutel bezahlen. Werden gröbere Gattungen, als itzt gewöhnlich sind, gemacht, so werden immer dem Meister um 10 Xr., dem Heizer aber um 5 Xr. von jedem Meiler weniger gereicht.

Das Zeugmachen:

Das Hammerzeug wird allhier bey einem eigentlich dazu bestimmten Wallaßhammer angefertigt; die Taxe ist folgende: für das Abhämmern eines Ambosses oder Hammers bekömmt der Meister 20, der Heizer aber 10 Xr. Für das kleinere Zeugmachen, und für die Reparatur der Zangen, erhält der Meister jährlich 3 Fl.; der Heizer 1 Fr. 30 Xr. Für Einlegung eines neuen Grundsteins sammt Einsetzung der Abbränder hat der Meister 6, der Heizer 3 Fl. Für einen Abbrand unter das Eßeisen einzusetzen, bekömmt der Meister 1 Fl.; der Heizer 30 Xr. und für Einsetzung eines andern Abbrands, der erste 30, der zweyte 15 Xr.

Ganz-

Ganzjährige Erzeugung in dem Jahre 1778.

Bey sämmtlichen Eisen- und Stahlhütten sind in diesem Jahre durch 8 Meister aufgearbeitet worden an Roheisen , , , 10147 Zent. 3 ℔

Hieraus wurden erzeugt:

Eisen , ,	5655 Ztr. 62 ℔.	
Stahl , ,	2281 — 88 —	
Zusammen , ,		7937 — 50 ℔

Folglich zeigt sich ein sehr beträchtlicher Kalo von , , , 2209 Ztr. 53 ℔

Hiezu sind an Kohlen verbraucht worden 17849 Säcke.

Der Werth der obgedachten Waaren beträgt gegen 60000 Fl.; Sie werden sowol im Lande selbst stark gesucht, noch mehr aber nach Italien, ins Reich, und in die Schweiz ꝛc. verkauft.

XVIIII.

Herrn Peter Boddaert Abhandlung von Amphibien.

Da die Zoologen dieses Jahrhunderts sich mit großem Fleiße auf die Untersuchng der Thiere, ihrer Lebensart, und des Baues ihrer Körper geleget haben; so war es eine natürliche Folge, daß die um und neben uns lebenden Thiere, oder diejenigen so wegen ihrer Schönheit, Nutzbarkeit und anderer Ursachen wegen sich vor den andern auszeichnen, von ihnen mit noch grösserem Fleiße musten untersuchet werden; so haben wir heut zu Tage eine ziemlich vollkommene Geschichte der vierfüßigen Thiere, welche uns der Graf von Buffon, ein Mann der über unser Lob erhoben ist, in einer sehr rednerischen Schreibart geliefert hat. Viele Thiere von verschiedenen Gattungen sind von dem gelehrten **P. S. Pallas** mit dem ihm eigenen Scharfsinn und Genauigkeit beschrieben worden, und die Beschreibung derjenigen Arten, die in der vortreflichen Naturaliensammlung des Prinzen von Oranien befindlich sind, haben wir dem Herrn **Vosmaer** zu danken. Die Insekten Teutschlands hat **Rösel** meisterhaft abgebildet, so wie solches von der **Merianin**, dem **Voet**, **Drury** und **Cramer** in Ansehung der ausländischen geschehen ist. Wie viele Vögel haben nicht **Edward**, **Brisson** und **Daubenton** beschrieben? Die zahlreichen Familien der Konchylien, haben ein **Argenville**,

Gualtieri, Lister, Petiver, Seba, Knorr und Martini, durch Abbildungen und genauen Beschreibungen bekannt gemacht. Allein, obgleich verschiedene Theile der Zoologie durch die vielen und grossen Bemühungen berühmter Männer zu einer grossen Vollkommenheit sind gebracht worden; so zeigen doch neuere Beobachtungen, z. E. eines Pallas von den nagenden Thieren (Glires) und die neuen Thiere womit obgedachtes Fürstl. Cabinet ausgeziert worden, daß noch viele Lücken in diesem Fache sind. Ohngeachtet man schon grosse Schritte in der Kenntniß der Landthiere gethan hat, so sind uns doch die Wasser- und Seethiere größtentheils noch unbekannt; ausser den Zoophyten, die uns durch die Bemühungen des Marsigli, Ellis, Baster, Backer und Pallas sind bekannt worden, ist die Geschichte der Amphibien noch in ihrer Kindheit, denn es sind sehr wenige Schriftsteller in diesem merkwürdigen Theil der Naturgeschichte anzuführen; die Amphibien von Carolina und Florida hat uns Catesby vortreflich mit ausgemahlten Kupfern geliefert, und die Merianin nur einige wenige; mehrere und genauere Beschreibungen findet man in des Seba thesauro: einige sind sehr genau von dem vortreflichen Gronovius in seinem Zoophylacio beschrieben, und wir hätten noch mehrere von ihm erhalten, wenn der Tod ihn nicht in der Blüthe seiner Jahre weggerafft hätte, denn ich habe eine Handschrift von ihm gesehen, worinn er sehr viele Amphibien und Fische beschrieben hatte, und welcher viele Abbildungen und getrocknete Exemplarien beygefüget waren, die nun zum Schaden der Wissenschaften, den Motten zur Nahrung dienen. Der grosse Linne' hat in der letzten Ausgabe seines Systems viele Amphibien angeführet; er hätte aber noch mehrere namhaft machen können,

wenn

wenn er nicht noch zu frühe von der Welt wäre abgefordert worden. Indem ich nun die Arbeiten dieser grossen Männer bewundere, und zugleich ihren Verlust bedaure; so freue ich mich doch, ihre Fußstapfen von scharfsinnigen Männern betreten zu sehen, die durch die nemliche Wißbegierde angefeuret, alle ihre Kräfte anwenden, dasjenige, was ihnen ihre Vorgänger übrig gelassen haben, vollkommener zu machen, zu verbessern und zu vermehren, damit die Werke des grossen Schöpfers mehr bekannt und erkannt werden, und damit seine Güte, Allmacht und allweiseste Vorsehung mit den hellesten Lichte in die Augen der Sterblichen leuchten, und von ihnen nach Würden geschätzt werden; damit zugleich auch aus der Erkenntniß der erschaffenen Dinge, dem menschlichen Geschlechte der gröste nur mögliche Vortheil erwachsen möge.

Dies sind nun die Bemühnngen, die sie, berühmte Männer, bey der Untersuchung der Natur sich zum Band ihrer Freundschaft gemacht haben, und weshalb sie mich, der ich ihnen den Namen nach, kaum bekannt, und ein Anfänger in der Naturwissenschaft bin, zu ihrem Mitgliede aufgenommen haben.

Durch diese Ehre angefeuert, werde ich suchen mich ihrer Freundschaft und ihres wohlverdienten Ruhms würdig zu machen.

In dieser Absicht übergebe ich ihnen hiermit diese geringe Abhandlung von den Amphibien.

Wenn man die Geschichte der Amphibien durchgehet, so siehet man zuerst auf die Stelle, welche ihnen in dem Natursystem ist angewiesen worden; ferner, wohin die Natur sie geordnet hat; und endlich müssen die Geschlechter sowol aus dem natürlichen als kunstmäßigen Charakter ausgeforschet werden.

Die mehresten **Amphibien** sind den Alten schon bekannt gewesen; ob sie gleich mit Unrecht einige lebendiggebährende darunter gerechnet haben: als das **Nilpferd** (hippopotamus [1]) die **Fischotter** (Lutra) und andere mehr, da hingegen hat **Plinius** [2]) die Eidechsen (lacerta) und die **Chamäleons** den vierfüßigen Thieren beygesellet. Auch redet er von den Schildkrötten des Indischen Meers, und erzählt davon viele Mährchen [3]), imgleichen erwähnet er der Schlangen [4]). Aus dem **Theophrast** führet er die heilende Kraft der Feuerkrötte (rana rubetarum), die Wiederauflebung der Schlangen und Eidechsen an [5]). Von der Feindschaft der Eidechsen und Schlangen, und von dieser ihrer Häutung spricht er im 27 Capitel; und im 26 Capitel lesen wir, daß der **M. Scaurus** die Krockodille in den öffentlichen Schauspielen vorgezeiget habe, welche er mit dem Stinck (lacerta Scincus) meisterhaft beschrieben hat [6]); Der horntragenden Schlangen (cerastes) erwähnet er, welche man lange Zeit für ein Unding gehalten hat, die aber der berühmte **Schauw** in Arabien gesehen hat; auch gedenkt er des Pfeilschosses (coluber jaculatrix), welche von einem Baum herunter geschossen; des Aufschwellens des Halses von der Otter (aspis), und vieler andern, so nachher vorkommen werden.

Den

1) Die deutschen Benennungen in dieser Abhandlung sind nach der deutschen Ausgabe des **Linne'** vom Statius **Müller** genommen worden.
2) Histor. natur. Lib. IV. cap. 2.
3) l. c. Lib. IX. cap. 10. 11.
4) l. c. Lib. XIII. cap. 59.
5) l. c. Lib. VIII. cap. 31.
6) l. c. cap. 25.

Den Namen **Amphibien**, hat man ihnen von der doppelten Lebensart, da sie so gut im Wasser als in der Luft Athem holen, gegeben; deshalb sie die Holländer **Diren van beiderley Leven** nennen.

Wenn wir den organischen Bau dieser Thiere, sowol den äusserlichen, als innerlichen betrachten, so scheint es sehr schwer zu seyn, zu bestimmen, wohin man sie in die grosse Kette der natürlichen Körper bringen soll; wohin sie in das künstliche Natursystem der beyden großen Männer, des **Linne´** und **Gronov** gebracht sind, wollen wir nun betrachten.

Der berühmte **Linne´** hat sie in allen Ausgaben seines Systems zwischen den Vögeln und Fischen gestellet, und in verschiedene Ordnungen abgetheilet; in der 6ten Ausgabe hat er sie folgendergestallt geordnet: 1) in **Schleichende** (serpentia) ohne Füsse; 2) in **Kriechende** (reptilia) mit vier Füßen; 3) in **Schwimmende** (nantia) mit Schwimmflossen und Luftlöchern auf den Seiten; dieser letzten Ordnung hat er in der 12ten Ausgabe noch die **Gehenden** (meantes) welche mit Luftröhren und Lungen versehen sind, zugesetzet.

Der berühmte **Gronov** hat die Methode des **Linne´** in seinem Zoophylacio befolgt, jedoch die Ordnung der Schwimmenden, die er zu denen mit knorplichten Flossen (cartilaginei), und zu denen mit Beinohren (branchiostegi) rechnete, weggelassen. Die gehende Eidechsensirene kannte er damals noch nicht, nach seinem Tode aber habe ich davon 4 Stück gesehen.

Der um die Naturgeschichte so verdiente **Scopoli** hat die Klasse der **Amphibien** zwischen den Vögeln und Fischen gesetzet, und nach Anleitung des **Linne´** und **Garden**, die Schwimmenden dieser Ordnung

 bey=

beygefügt, er nennet sie aber unächte. Die Sirene bringet er als ein eigen Geschlecht unter die Kriechenden. 7)

Auf diese Art haben die vorzüglichsten Männer in diesem Fache, diese Klasse zwischen den Vögeln und Fischen gestellet.

Was aber die Geschlechter anbetrift, hat **Linné** in der 6ten Ausgabe solche folgendergestalt eingetheilet: **Blindschleiche** (caecilia) mit einem runzelichen Körper, zwo Fühlhörnern am Maule, ohne Schuppen und ohne Schilde; 2) **Ringelschlange** (amphisbaena) rundherum mit Ringen umgeben; 3) **Schlangen** (anguis) unterhalb schuppig; 4) **Natter** (coluber) der Bauch mit Schilden und der Schwanz mit Schuppen bedeckt; 5) **Königsschlange** (cenchris) mit Schilden am Bauche und Schwanze; 6) **Klapperschlange** (crotalophorus) auch mit Schilden am Bauche und Schwanze, und an diesem noch eine Klapper.

In die 2te Ordnung hat er den Drachen (draco), die Eidechse, den Frosch und die Schildkröte gestellet. In der 10ten Ausgabe hat er die Ordnung umgekehrt, und mit der Schildkröte, dem Drachen, der Eidechse und dem Frosche, den Anfang gemacht. Den Namen Cenchris hat er in Boa abgeändert. In die Ordnung der Schwimmenden, hat er den **Pricken** (petromyzon), den Rochen (raja) den Hayfisch, (squalus), den Seedrachen (chimæra), den Seeteufel (lophius), den Stör (accipenser) hineingebracht; welchen er in der 12ten Ausgabe die Fische mit den Beinohren zugesetzt hat: nemlich den Hornfisch, (balistes),

7) Scopoli introduct ad hist. natur. pag. 462. sqq.

listes), den Beinfisch (ostracion), den Igelfisch (diodon), den Stachelbauch (tetrodon), den Meerhasen (cyclopterus), den Schildfisch (centriscus), den Stadelfisch (syngnathus), und das Meerpferd (pegasus).

Gronov hat die Geschlechter ganz anders eingetheilt*); die erste Ordnung der Kriechenden enthält den Drachen, den Krockodill, den Stink, den Chamäleon, den Salamander, den Stachelschwanz (cordylus), die Kammleguan (iguana), die Eidechse, den Frosch, und die Schildkrote. Die zwote Ordnung, der **Schleichenden** begreift die Blindschleiche, die Ringelschlange, die Schlange, die Stockschlange oder den Zweykopf (scytale), die Natter, die Viper, die Königsschlange, und die Klapperschlange; die übrigen hat er zu den Fischen mit Beinohren hingewiesen.

Um nun auf die, von der Natur den Amphibien angewiesene Stelle zu kommen, so ist es nöthig auf den organischen Bau derjenigen Theile zu sehen, welche zum Umlauf des Bluts, und zur Fortpflanzung gehören; wobey man nicht aus der Acht zu lassen hat, in welche Klasse sie nach ihrer Figur, Lebensart und Naturtrieb gehören.

Die Versuche der vergleichenden Zergliederungskunst, lehren uns, daß bey allen Thieren, die ein warmes Blut haben, zwey Herzohren, zwey Herzkammern, und vier grosse Blutgefässe angetroffen werden, und daß das Blut aus der vordern Herzkammer in die hintere nicht eher kommen könne, bevor es nicht durch die Lungen gegangen ist; hingegen daß bey den Thieren mit kalten Blute nur ein Herzohr, eine Herzkammer und eine Blutader befindlich sey: solchergestallt hat es **Haller** in der grünen Eidechse, in dem Frosche und in der Kröte gefunden, und

*) Zoophyl. I. p. 10.

in der Schildkröte Blasius [8]), Collins [9]), Jacobäus [10]) und ich in den Fröschen und Eidechsen, wie Borrichius [11]) in den Krokodillen. Hasselquist [12]) aber bezeuget ausdrücklich, daß er zwo Herzkammern in dem Krockodill gesehen habe. Bey der Schildkröte ist man zweifelhaft, als in welcher die vorhingenannten Schriftsteller nur eine Herzkammer wollen gefunden haben; aber Du Verney und Mery behaupten zwo gesehen zu haben, welches auch die parisischen Zergliederer von dem Chamäleon versichern. [13])

Muralt [14]) und Willis [15]) haben eine einzige Herzkammer in der Blindschleiche, in der Viper, in der Schlange, und in der Eidechse gefunden. Nichts destoweniger wird der rechte Theil des Herzohrs bey den Fröschen von der zusammengezogenen Hohlader angefüllet, hernach aber der linke Theil, welcher das Blut zur Herzkammer führet: wie solches der grosse Haller als Augenzeuge versichert [16]); und ich selbst habe die schwankende Bewegung des Bluts bemerkt, welche viele Stunden lang anhielt, nach dem ich den Fröschen das Herz mit den Pulsadern ausgeschnitten hatte.

In diesem Stücke weichen die Amphibien von den Vögeln ab: denn diese haben zwo Herzkammern, eine

8) Miscell anatom. p. 272.
9) Anatome piscium p. 773.
10) De ranis et lacertis p 105.
11) Hermet sapient. Egyptior.
12) Reisen, 2. Th. S. 344.
13) Memoires pour l'Hist. des Animaux.
14) Vademecum anatom. p. 33.
15) Anima brutor. p. 28 29.
16) Element. physiol. Lib. IV. §. 20. p. 416.

eine Lungenpulsader, und warmes Blut; und nähern sich also mehr den Fischen, die mit Kiemen versehen sind.

Was die Werkzeuge des Othemhohlens anbetrift, so hat **Wurfbain** zween längliche glatte und durchsichtige Säckgen bey der Eidechse angetroffen, welche von der Speiseröhre anfangen nnd bis zum Eierstock heruntergehen; also ist kein Zwergfell vorhanden [17]); auch finden sich bey dem Chamäleon so kleine Lungen, daß sie kaum die Größe einer Bohne erreichen, aber gleichfalls kein Zwergfell.

Bey den Nahrungswerkzeugen bemerken wir zuerst die obere Kinnlade, welche bey den Eidechsen beweglich ist, wodurch sie also mit einigen Vögeln übereinkommen, wie ich solches auch nach Anleitung des **Hallers** in der grünen Eidechse und einigen Schlangen gesehen habe; ob es gleich **Du Verney, Du-Hamel** und andre dem Krokodill absprechen; die Jesuitischen Missionarien behaupten aber das Gegentheil hiervon selbst mit Augen gesehen zu haben [18]). Die Mehresten von dieser Klasse sind mit Zähnen versehen: so lehret uns die vergleichende Zergliederungskunst, daß die Frösche den Zähnen ähnliche Kinnladen haben, oder daß jede Kinnlade sägenförmig gezähnelt ist, wie bey der Amboinischen Eidechse und andern, auch bey dem Salamander mit lappichten Füssen; desgleichen sehen wir solche Kinnladen bey den Vögeln, als bey der Ente, dem Taucher, dem Tukan, dem Großkopf (momota), und vielen andern.

Es scheinet daß nicht allen die Lippe fehle, welches auch ein Kennzeichen der Vögel ist; denn es giebt Frö-

17) Wurfbain Salamandrolog. c. 8. pag. 66.
18) Observat. de Math. & Physiq. p. 15. 42.

sche mit Lippen; und daß die Schlangen einen Speichel haben, der ein abscheuliches Gift ist, solches lehren uns der Klapperer (crotalus durissus) die Königsschlange (boa constrictor) die Otter (coluber aspis); wie denn auch die Beobachtungen darthun, daß die Acontia Boa, die Thiere, welche sie verschlingen will, vorher mit Speichel überziehet. Dennoch habe ich bey keinem Amphibium weder selbst Mandeldrüsen bemerket noch beschrieben gefunden. Die Schlangen können die Speiseröhre auf solche außerordentliche und unglaubliche Weise ausdehnen, daß sie einen Raub, der oft sechs Mal dicker als ihr Hals ist, verschlingen können, wie solches die Stücke in den Kabinetten der Naturliebhaber bezeugen. Mehr als einmal habe ich die innere Haut der Speiseröhre von der Schildkröte mit harten und spizigen Warzen besezt bewundert, so wie Richter [19]) ähnliche beym Stör und Schelhammer [20]) bey dem Schwerdfische bemerkt hat.

Alle Amphibien besitzen einen länglichen Magen, so daß er eine Fortsetzung der Speiseröhre und des Darmkanals zu seyn scheint, jedoch ist er dickhäutiger als beyde, welches sie mit den Fischen gemein haben; er verwandelt den verschlungenen Raub in Schleim, ob ich gleichwohl bey dem Klapperer die ausgebrochene Speise in Gestalt einer Kugel oder eines Eies, dreymal gesehen habe.

Die Fettbehältnisse werden so wohl bey den Amphibien als bey den Vögeln fälschlich für das Netz gehalten. Fast bey allen ist ein pankreatischer Kanal anzutreffen, welcher dem bey den Vögeln und Fischen mit

19) Ichtyotheolog p. 203.
20) Monograph. p. 18.

mit knorpelichten Flößen, ähnlich ist. Die Leber der Schlangen theilet sich in zwo Lappen, bey einigen Eidechsen und Fröschen in drey, und bey dem Salamander in vier Lappen. Der Gallenblasengang eröffnet sich in den Darmkanal ohne sich mit dem Lebergang zu vereinigen, eben so wie bey den Vögeln. Der Darmkanal ist gleichförmig, nur daß der Magen in der Mitte als ein aufgetriebener Schlauch oder eine Flasche hervorraget, welches auch den Fischen gemein ist.

Die Schildkröte und einige Nattern haben einen dicken Darm, der aber nicht länger als der Körper selbst ist; wodurch sie sich den Vögeln nähern.

Gautier [21]) hat bey der Schildkröte bemerkt, daß die Milchgefäße in die Lunge und Leber hineingehen und sich in die Lungenpulsader einmünden (anastomosiren.)

Nun komme ich auf die Zeugungswerkzeuge. Die Amphibien haben keine Saamenbläsgens, die ableitenden Saamengänge eröffnen sich entweder in die Ruthe oder in den Hargang, wie bey den Vögeln. Die Schildkröte und der Frosch haben nur eine einfache Ruthe [22]) der Serpent (boa) und die Natter (coluber) haben eine doppelte [23]), und bey den Ruthen, die oben in zween Theile ausgehen, fließt der Urin durch einen eigenen Gang und nicht durch die Ruthe selbst, wie es bey den Fischen und Vögeln auch nicht geschieht. Das weibliche Geburtsglied öffnet sich in den Mastdarm. Die im Ey befindliche Frucht wird nicht durch die Wärme von der Mutter ausgebrütet.

Dieses alles zeiget, daß sie sich den Vögeln nähern; wegen ihrer Lebensart im Wasser kommen sie aber

21) Observat. III. p. 424.
22) Rœsel histor. Ran. Tab. 6.
23) Seba thes. I. Tab. 109. Fig. 1.

aber mit den Fischen mehr überein, wie auch wegen der Begattungsart einiger Eidechsen.

Da uns aber die Natur lehret, die schwimmenden Amphibien zu den Fischen mit Beinohren zu rechnen, und diese denen mit Knorpelflossen nahe verwandt sind; so erhellet zur Gnüge, daß man in der Verkettung der natürlichen Dinge, von der Sirene an, durch die Eidechsen zu den Schwimmenden übergehen müsse; von der Seite der Vögel aber, bleibt eine Lücke übrig: denn man kann nicht, ohne einen Sprung zu thun, der äußerlichen Gestalt nach, von den Vögeln zu den Amphibien kommen.

Eine genaue Betrachtung lehret uns also, daß die Amphibien der innern Beschaffenheit nach mehr den Vögeln, der äußern Gestalt nach aber den Fischen nahe kommen; deshalb haben die Zoologen sie mit Recht zwischen beyde gestellet; ob uns gleich die Zusammenkettung von Seiten der Vögel verborgen ist, und ohne einen Sprung zu thun, die Vögel, der äusseren Gestalt nach, nicht zu den Amphibien übergehen. Die äußere Gestalt der Eidechse bringet sie den vierfüßigen Thieren nahe; denn sie kommen mit den Schuppthieren (manis) überein, so daß diese ehedem Eidechsen genannt worden vom **Bontius, Olearius, Petiver, Clusius,** und **Perrault**; auf eben diese Art ist die Schildkröte mit den Armadillen verwandt. Die Frösche aber finden in den andern Klassen kein, ihnen gleichendes Vorbild. Die Eidechssirene bahnet uns den Uebergang zu den Fischen, und auf der andern Seite verbinden sich die Eidechsen mit den Schlangen, so wohl durch die Eidechsenschlange (anguis lacertina), welche der berühmte **Pallas** in Sibirien gesehen hat, als durch die zweyfüßige und vierfüßige Schlange.

Schlange. Die Schlangen aber werden mit den Fischen durch den Aal verbunden, dessen Rückenflosse kaum sichtbar ist.

Wir sehen also, daß diese Klasse von Thieren so wohl nach dem natürlichen als künstlichen Systeme zwischen den Vögeln und Fischen zu stehen komme, was aber die Abtheilungen der Geschlechter anbetrift, so finden wir solche anders der Natur nach, und anders der Kunst nach eingetheilt.

Wir wollen also die Eintheilungen des **Linne** und des **Gronovs** vornehmen.

Den Anfang macht die Schildkröte, welcher der Frosch zur Seite gesetzt ist; darnach der Drache und die Eidechse, welche **Gronov** in viele Unterabtheilungen gebracht hat, z. B. den Drachen, den Krokodill, den Stink, das Chamäleon, den Salamander, den Stachelschwanz, die Eidechse, die Iguana, welche sich durch den Schwanz, die Füße und die Zunge von einander unterscheiden. Hierauf folget die Abtheilung der Schlangen; die Klapperschlange, der Serpent (beym **Gronov** Cenchris) die Natter, die Schlange, die Ringelschlange und die Blindschleiche. Die dritte Ordnung des **Linne'** enthält die Schwimmenden, worinn der Pricken, der Roche, der Hayfisch, der Seedrache, der Seeteufel, der Stör, der Hornfisch, der Beinfisch, der Stachelbauch, der Igelfisch, der Meerhase, der Schildfisch, der Nadelfisch und das Meerpferd befindlich sind; allein die Schwimmenden müssen unter die Fische gerechnet werden, denn die vergleichende Zergliederungskunst lehret, daß sie, und nicht einmal alle, von den Fischen bloß durch die Werkzeuge des Othemholens sich unterscheiden. Zulezt macht die Eidechssirene die lezte Ordnung aus.

Bey diesen Thieren eine natürliche Abtheilung anzubringen, ist äußerst schwer. Ich für mein Theil schlage folgende vor, bis berühmte Naturforscher eine bessere ausfündig machen werden. Die **Ringelschlange** mit Ringen um dem Körper und um den Schwanz; die **Klapperschlange** mit Bauch- und Schwanzschilden und einer Klapper; der **Serpent**, mit Bauch- und Schwanzschilden und einem unbewafneten Schwanz, wird vermittelst der stummen Klapper mit der Klapperschlange verbunden, und zugleich durch die Viper des **Gronovs** mit der **Natter**, welche Bauchschilde und Schwanzschuppen hat, da die **Schlange** unten mit Schuppen bedeckt ist. Die vierfüßige Schlange nähert sich den **Kröten**, welche ich, wegen ihres rundlichern Körpers, ihrer dickeren Lenden, und ihres kriechenden Ganges, von den Fröschen abgesondert habe; in der Beschreibung des **zweyfärbigen Frosches S. 11.** habe ich solches weitläuftiger ausgeführet.

Auf die Kröte folgt der gemeine **braune Landfrosch** mit einfachen Fingern, hernach **der Laubfrosch** mit abgerundeten breiten Nägeln; nach den Fröschen kommen die **Schildkröten**, welche mit Flossen, mit Schwimmfüßen oder mit Fingern versehen sind, und zu den **Eidechsen** durch den **Krokodill** übergehen, dessen Körper überall gepanzert ist. Dann folgt der **Stachelschwanz**, der sich durch seine kielförmige Schuppen dem Krokodill nähert; hierauf **die Iguana**, worunter der **Fechter** (calotes) und alle übrige, deren Rücken kammartig oder gezähnelt ist, gehören. Gleich hinter diesen kommen das **Chamäleon** und der **Salamander**, mit dem warzigten Körper und lappichten Füßen, und auf diese der **Stink**, dann die **Marmeleidechse** (ameiva), welche

welche sich durch einen doppelten Kragen und durch viereckigte Bauchschilde unterscheidet; hierauf die eigentlich sogenannte **Eidechse**, unter welche ich den **fliegenden Drachen** des Linné und Gronov gebracht habe, dieser scheint mir eben so wohl dahin zu gehören als das **fliegende Eichhorn** und die **fliegende Maus** (Petaurista mus volans), zu den Eichhörnern und zu den Mäusen gerechnet werden.

Dieser Abtheilung der Amphibien gemäß, werden solche näher an einander gereihet. So gehen die Runzeln der **Blindschleiche** in die Ringe der **Ringelschlange** über, welche nur halb bey der **Klapperschlange** vorhanden sind, deren oberwärts schuppichte Körper zu den übrigen schuppichten Thieren führet. Diese Halb-Ringe werden zum Theil Schuppen bey den **Nattern**, und bey den **Schlangen** lauter Schuppen. Endlich geht die **vierfüßige Schlange**, welche die allerkleinsten Schuppen hat, zu den **Fröschen** über. Hier macht die **Kröte** mit ihrem warzigten Körper und kürzeren Füßen den Anfang; und durch den **veränderlichen Frosch** (rana variabilis), geschieht der Uebergang zu den **Fröschen**. Die gespaltenen Füße und die plattrunden Nägel bestimmen bey den Fröschen zwo Unterabtheilungen, nemlich in den gemeinen **braunen Landfrosch** und in den **Laubfrosch**. Daß der Uebergang von den Fröschen zu den **Schildkröten** nicht ohne Sprung geschehen kann, habe ich schon oben bemerkt: denn ich habe niemals einen Frosch mit einer ledernen oder knöchernen Decke angetroffen. Die Schildkröten mit getheilten Füßen verbinden sich mit den Eidechsen durch den **Krokodill**, der ringsherum mit einem knöchernen Panzer bedeckt ist. Vom Krokodill zum **Stachelschwanz** wird der natürliche Uebergang durch die stachlichten Schuppen des Körpers und den gezähnelten Schwanz veranlaßt. Die **blaue Eidechse** mit dem stachlicht schuppigen Schwanze und dem schuppigten Körper geht zu den **Iguanen** über: denn diese haben einen gezähnelten Rücken und bey einigen ist auch der Schwanz fein gezähnelt, ja bey den **Amboinischen** ist der Schwanz flossenartig; diese macht den Uebergang zu den **Salamandern**, deren warzigter Körper sich dem **Chamäleon** nähert, und diesem die Abtheilung der **Ameiven**, mit unterwärts viereckigten Schilden und mit einem doppelten Kragen. Mit diesen sind die **platten Eidechsen** verwandt, welchen zunächst der **Stink** folgt, und endlich macht die **Sireneneidechse** den Beschluß.

Dies sind also die Geschlechter:

Schleichende:

1) Blindschleiche,
2) Ringelschlange,
3) Klapperschlange,
4) der Serpent,
5) Natter,
6) Schlange.

Kriechende:

7) Kröte,
8) Frosch,
9) Schildkröte,
10) Krokodill,
11) Stachelschwanz,
12) Iguana,
13) Salamander,
14) Chamäleon,
15) Eidechse,
16) Stink,
17) Sirene.

Diese Geschlechter enthalten viele Arten, welche sehr schwer zu unterscheiden und auseinander zu setzen sind: denn in jedem Geschlechte ist eine Art der andern so ähnlich, daß man sie kaum anders als nach der Zeichnung und Farbe erkennen kann, allein nimium ne crede colori. Die Schlangen haben dieses besonders eigen,

eigen, daß sie im Anfang des Frühjahrs ihre dunkele Haut verlieren, und sich mit den schönsten Farben zeigen; daher die Liebhaber der Schlangen, die sie aus Indien bekommen, die alte Haut mit einem Messer oder mit der Hand abzunehmen pflegen; hierdurch werden sie in den Kabinetten zwar schöner, aber es fehlt sehr viel, daß sie den angebornen Glanz wieder erhalten sollten. Der Wachholdergeist zerstört die Farben an den Schlangen und Fischen. Ich habe eine Ringelschlange gesehen die mit schwarzen und scharlachrothen Ringen gezieret war; die rothe Farbe erhielt sich über Jahr und Tag im Zuckergeist, welcher Rumm oder Taffia genennet wird: so bald sie aber in Wachholdergeist gethan wurde, verschoß die rothe Farbe, die Haut wurde blaß und die rothen Ringe wurden weiß. So habe ich den gefleckten Stachelbauch (tetrodon ocellatus) gesehen, welcher mit Zitrongelben Ringen auf dem Rücken prangete, und mit einem schwarzen Fleck in den sogenannten Augen oder runden Flekken, wie der, auf den Flügeln des Königs (papilio Priamus) versehen war; in Jahresfrist verschwand diese Zierde, die Ringe wurden schmutzig weiß und die schwarze Farbe wurde bräunlich. Bey dem gefleckten Klippfisch blendeten mich die Rückenflossen und die Kiemenhaut mit ihrer prächtigen grasgrünen Farbe, als der Fisch noch lebte, und weil bey einem von meinen Exemplaren die Farbe nur noch schwach zu sehen ist, so erhellet daraus, daß man der Farbe an den, in geistigen Flüßigkeiten aufbewahrten Thieren nicht trauen kann. Ob nun gleich die Farben der mehresten verbleichen, so scheinen sie doch bey dem Klapperer, bey einigen Serpenten, bey der Durstnatter, und an mehrern beständiger zu seyn.

Es bleibt uns also nur die Zeichnung der Haut übrig, welche viel zuverläßiger ist, die Arten zu bestimmen, als die Abzählung der Schilde und Schuppen, welche immer unsichrer und bey den kleinen Thieren am Schwanze kaum möglich ist, wie schon der gröste Zoolog dieser Zeit, **ein Pallas**, solches bemerket hat. Ich habe bey Untersuchung der Schlangen in meinem Kabinette einen Unterschied von zehn bis vierzehn Schuppen an einer und eben derselben Art gefunden, so hat auch **Gronov** in dem **Weißringel** (amphisbæna alba) 224, und **Linne** 213 Ringe gezählt; in dem **Rußringel** (amphisbæna fuliginosa) hat Gronov 209 und Linné 200 gesehen; an dem **Zweykopf** hat Linné 240 und Gronov 224 gefunden, und dieser hat an vier Exemplaren von dieser Art zwischen 240 und 225 Ringe bemerkt. Da ich aber diese Materie in dem 4ten Theil der Actor. medico physic. nov. Academ. Cæsar. Naturæ Curios. welcher unter der Presse ist, weitläuftiger abgehandelt habe, so will ich mich hiebey nicht länger aufhalten.

Da ich von der Zeichnung der Haut als einem Hauptkennzeichen der Schlangen gesprochen habe, so kann ich nicht umhin hier noch anzuführen, daß die **Farben und Zeichnungen** bey andern Thieren vielleicht ein sicheres Unterscheidungszeichen seyn können: denn so sehen wir z. B. bey dem Geschlechte der **Katzen**, gefleckte und gestreifte, **Hirschböcke**, **Dammhirsche** von fuchsrother oder fahler Farbe, daher sie auch ehedem im Französischen bêtes fauves, genannt wurden. Bey den **Vögeln** treffen wir noch deutlichere Beyspiele an: ist nicht die Röthe des Kopfs entweder an einem Theile desselben oder überall, nebst einem grünen oder schwarzen Körper den Spechten gemein? sind nicht die Hähne vorzüglich mit den glänzendsten Farben vom Schöpfer gezieret? findet man nicht die Papageien bald roth bald grün? Die schwarzen Tukans sind unten gelb und gemeiniglich mit einer Binde um die Brust versehen; Fast alle Kolibri sind grün; die brasilianischen Seidenschwänze (ampelis cotinga) spielen blau und roth; unter den **Fischen** sind die Klipfische fast alle bandirt; die Igelfische gestreift und gefleckt; die Stachelbäuche haben oberwärts Querbanden. Auch die **Amphibien** sind nicht ohne schöne Farben, wie es aus dem Geschlechte der Eidechsen und der Nattern, worunter die Durstnatter mit der blauen und goldnen Farbe ausnehmend schön schimmert, erhellet, u. d. m. Ich bin aber willens von den vorzüglich auffallenden Farben der Thiere einandermal mehr zu sagen, und schließe deshalb hiermit.

XX.

Nachricht

von einem ungewöhnlich grossen mit Steinrinde dünne übergezogenen Geweih, eines zu dem Hirschgeschlecht gehörigen, vermuthlich nicht mehr bekannten Thieres. Nebst einem Anhange über die Merkwürdigkeiten der Gehörntragenden Thiere aus dem Hirschgeschlecht.

Vom Dohmherrn.

Friedrich Eberhard von Rochow.

Ich erfülle die angenehmste meiner Pflichten, indem ich Ihnen, meine hochzuehrende Herren, etwas merkwürdiges aus dem Thierreiche bekannt mache, welches Dieselben, in Dero Schriften dem Lesenden Publiko auf Treu und Glauben mitheilen können. Es betrift ein seltsam geformtes und ausserordentlich grosses Geweih, welches im Rhein in dem Jahr 1771. bey Worms gefunden, und durch einen Freund in die Hände des Herrn Dohmdechanten des hohen Stifts Halberstadt, Freyherrn von Spiegel zum Diesenberg, gekommen ist.

Die Figur ist ohngefähr so gestaltet, wie Tab. X. Fig. 2. anzeiget.

Es wiegt 28 ℔ Fleischergewicht; und da es nicht die völlige Länge hat, in dem die ganze Krone und nach Proportion noch ein Ende fehlt, so muß sein Gewicht zwischen 40 und 50 ℔ ausgemacht haben.

Es ist die rechte Stange. Und sie ist, wie die Rose deutlich zeigt, von einem lebendigen Thiere zur gewöhnlichen Zeit abgeworfen worden. Seine Maßen sind folgende:

Höhe von der Rose, (das ist, der runde Fleck, wo jede Stange auf dem Hirnschädel, gewisse Zeiten im Jahr fest aufgewachsen ist) bis an den Bruch, 3 Fuß 4 Zoll.

Dicke oder Umfang der Rose, 1 Fuß.

Länge der Augensproße, oder des ersten Endes über der Rose, welche NB. auch abgebrochen, aber nicht wie an andern Hirschen cilindrisch, sondern platt oder Schaufel förmig ist, 9 Zoll; am Bruch ist sie $4\frac{1}{2}$ breit. Sie senkt sich nach unten und rechts.

Länge der Eissprosse, oder des zweyten Endes 1 Fuß 10 Zoll. Sie ist, anstatt wie bey allen andern Hirschgeschlechtern mit einer sanften Krümmung der Spitze, nach oben gebogen zu seyn, höchst sonderbar, mit einer Krümmung nach der inwendigen linken Seite, und mit nach unten zu, ein wenig gesenkter scharfen Spitze, gebildet; Die ungewöhnliche Dicke dieses, übrigens cilindrisch gebildeten Endes, ist an der Stange $7\frac{1}{2}$ Zoll.

Auf der entgegen gesetzten Seite zeigt sich an dieser Stange ein Bruch, als wenn dort ein sehr breites Ende abgebrochen sey, welches ebenfalls ein ganz ungewöhnlicher Ort ist, wo sonst bey gewöhnlichen Geweihen niemals etwas, einem Ende ähnliches zu finden ist.

Der Bruch, oben wo die ganze Krone, und vermuthlich ein beträchliches Stück von der Stange noch fehlt, ist nicht minder merkwürdig. Die Stange wird daselbst platt, ist unter dem Bruch über $5\frac{1}{2}$ Zoll

 breit,

breit, und wie bey Elennhirschen und Dammhirschen gestaltet.

Die Farbe der sehr dünnen Steinrinde, welche den porösen Theil an den Brüchen nicht, wohl aber den platten Theil der Stange, und die Fläche der Rose womit sie das Kranium berührt, bedeckt, ist schmutzig Wachsgelb. Sie liegt so anhängend dicht auf, das man sie nicht ablösen kann, und läßt fast alle die kleinsten Ungleichheiten der Oberfläche des Gewehes sehen.

Nach dieser genauen Beschreibung, will ich einige Vermuthungen hinzu thun, doch mit der bescheidenen Blödigkeit eines, in dem unermeßlichen Felde der Natur noch mit ungeübten Schritten wandelnden Beobachters. Es ist bekannt, daß sich hier und da, und noch neuerlich durch den Fleiß des, in der Mineralogie und andern Künsten vorzüglich geschickten Herrn **Rombrich**, Herzogl. Braunschweigischen Hof-Factors zu Blankenburg, in der Baumannshöhle Knochen in Tropfstein gefunden haben, die man nicht leicht unter die gewöhnlichen Rubriken von bekannten Thieren bringen kann. Man weiß ferner, daß schon **Julius Caesar** [1]), in dem er die merkwürdigen Thieren Deutschlands angab, eines mit dem Namen **Bison** belegte. Dessen Gattung nicht mehr zu finden ist. Denn Hirsche aller Art, zeuget auch Italien; und Alces **Elenn**, und Urus **Auerochs** hatte er besonders genannt, welche denn auch bekannt genug sind. Und nach allen Proportionen, die dieses monströse Gehörne vermuthen läßt, muß das Thier, dem der Schöpfer zwey solche Stangen zu tragen gegeben, die zwischen

60

1) Vid. Cluver. ad Cæsarem de B. Gall. VI. 26. squ. et Jung. Hist. Comit. Benth. Hannover 1773. p 61. sq.

60 und 100 ℔ gewogen haben müssen, an Größe des Körpers die des Hirsches und des Elenns weit übertroffen haben, da die beyden abgeworfenen Stangen eines recht guten jagdbaren Hirsches von 16 bis 24 Enden, nicht leicht 20 ℔ zu wiegen pflegen, und das Geweih des Elenns vors erste, die Höhe des stärksten Hirschgeweihs nicht erreicht; auch fürs andre seiner breiten Krone ohnerachtet, es an Gewicht nicht leicht übertrift.

Wenn man über dieses bedenkt, daß zufolge der untrieglichen Kennzeichen an der Rose, das Thier, dessen monströses Gehörn ich beschreibe, zu dem Hirschgeschlechte, oder zu denen Thieren die ihre Gehörne oder Geweihe alle Jahr abwerfen, gehört habe: so denke man selbst, nach den Regeln der Natur Gesetze, sich die Maße desjenigen Körpers, der alle Jahr den Stoff zu 60 bis 100 ℔ neuer Materie, um statt des abgeworfenen Gehörns ein neues zu bilden, liefern kann.

Die zweyte Vermuthung, denn wer kann hier mehr als vermuthen? ist: daß etwa in der Jugend der Erde, alle Thierarten stärker gewesen, und jede Evolution der organischen Materie, kräftiger, prächtiger, und nach kolaßalischerm Maasstabe ausgefallen wären. Es hat diese Vermuthung viel Gründe vor sich. Ich könnte der ehmaligen Riesen unter den Menschen, der ungeheuren Ammonshörner im Kalkstein, und anderer Erscheinungen erwähnen; ich will mich aber näher an meinen eigentlichen Vorwurf halten, und nur der ungewöhnlich grossen Hirschgeweihe Erwähnung thun, die sich hier und da in alten Samlungen finden.

So hängt z. E. in der Capitelsstube des hohen Stifts zu Halberstadt ein sehr alter Kronleuchter, an welchem, gerade als ob Horatzens — Neptunum appingere silvis — ganz eigentlich die Idee dazu geliefert hätte, der Neptun auf einem Seepferde steht, und zwey zusammen gehörende Hirschstangen von ungewöhnlicher Grösse, obgleich nur von vierzehn Enden und nach der Rose zu urtheilen, von einem jungen Hirsch, aus dem Leibe des Seefisches hervorragen. Obbelobter Herr Dohmdechandt Freyherr von Spiegel hat gleichermaßen, sowohl in seiner vortreflichen Samlung **von seltenen Hirsch- und Rehgehörnen**, mehrere alte Stangen, die an Stärke alles itzo bekannte auf lebendigen Thieren dieser Art weit übertreffen, wovon das, auf den, Demselbigen gehörigen, und menschenfreundlich dem Publiko zur Freude gewidmeten Spiegelbergen vor Halberstadt, einem steinernen Hirsch aufgesetzte, sehr hohe und starke Hirschgehörn, von 20 Enden, eines jeden Betrachtung verdient. Denn wenn z. E. zu Moritzburg in Sachsen gleich ein Hirschgehörn von 64 Enden zu sehen ist, so ist dieses doch nicht so merkwürdig zu meiner Absicht, als die Dicke und Länge der Stangen, die die von mir benannten Gehörne zeigen; in dem dergleichen von Enden krause Gehörne, zu weilen nicht von den stärksten Stangen, und mithin nicht von sehr vorzüglich starken Hirschen getragen werden, wie zum Beyspiel im Isenburg-Büdingischen ganz geringe Hirsche an Stangen und Leib, oft bis 24 Enden tragen. [2])

Aus

2) Daß diese krause oder vielendigte Gehörne bloß von gehabter guter Nahrung und gelindem Clima herrühren, keinesweges aber, das Alter des Hirsches anzeigen, beweißt nachstehendes Beyspiel:

Ein Mann im Halberstädtischen griff im Winter 1777. ein vor Hunger und Kälte fast erstarretes Hirschkalb in einer

Aus allen diesen angeführten erhellet nun, daß dieses Gehörn nicht zu einem Thier aus denen uns bekannten Hirschgeschlechtern gehört habe. Denn erstlich, ist die Figur der Augensprosse oder des untersten Endes über den Hirnschädel ganz abweichend. Bey den Hirschgeschlechtern ist sie schlechterdings durchgängig cilindrisch, und mit einer Krümmung nach oben zugespitzt. Hier ist sie von der Stange her platt und scheint breiter zu werden, je weiter sie absteht, auch sich ganz rechts, d. i. auswärts zu ziehen, welches eine doppelte Sonderbarkeit ist.

Zweytens ist die Eissprosse oder das zweyte Ende vom Kopfe zwar cilindrisch und zugespitzt, aber es hat seine Beugung nach inwendig gegen die andre feh-

einer benachbarten Wildbahn, und nahm es mit nach Hause, pflegte seiner und brachte es glücklich auf. Es setzte das folgende Jahr Spieße. Die gute Nahrung wurde fortgesetzt, und nun setzte dieser Spiesser mit einmal im Jahr 1779 zehn Enden auf. Welches um so merkwürdiger ist, da in der Wildniß ein Hirschkalb erst Spiesse, davon es ein Spießer heißt; das andere Jahr die beyden Augensprossen, oder wieder, nur aber stärkere Spieße aufsetzt: da denn im ersten Fall ihm der Name Gabler beygelegt wird. Dann setzt er gewöhnlich im folgenden Jahr 6 Enden, als an jeder Stange drey, womit er gleichfals zu weilen 2 Jahr fortfährt, bis er in der Folge 8, 10, 12, und mehr Enden aufsetzt. Gar oft geschieht es aber, daß ein starker Spießer 6 Enden aufsetzt, gar oft, daß ein guter Sechser 10 Enden aufsetzt. So bald nun der Hirsch über 8 Enden trägt, nennt ihn die Jägersprache einen jagdbaren Hirsch. Ein sehr alter Hirsch pflegt zu weilen von 24 Enden bis auf 8 Enden zurück zu setzen, unterscheidet sich aber alsdann durch die Länge und Dicke der Stangen und Enden, auch durch die Figur seiner Rose, zur Genüge.

lende Stange, da aller bekannten Hirschgeschlechter Eissproßen mit einer sanften Beugung erst nach unten, bald aber nach oben in eine Spitze zu laufen; und über dieses senkt sich an diesem Ende die Spitze der Eissproße nach dem Kopfe zu, welches wieder eine doppelte Sonderbarkeit ist.

Drittens ist an der entgegengesetzten Seite der Stange dieser Eissproße gerade gegen über ein läng-licher Bruch an der Stange, als ob daselbst ein sehr breites Ende abgebrochen, ganz deutlich und unge-zweifelt zu sehen, welches wieder eine so grosse Son-derbarkeit ist, davon sich bey allen bekannten Hirsch-geschlechtern keine Spur findet. Nun mögte wol mancher sagen;

„Wer kennt alle Anomalien der Natur? Wer „weiß ob dieses nicht ein Hirschmonstrum gewesen, so „wie der Quasi-Riese Gilli und der fette Ochsenhändler „in Engelland? Eine Schwalbe macht keinen „Sommer, so auch nicht ein einzelnes Gewächs „ein neues Genus, wozu sich übrigens keine Indi-„vidua finden. —" Darauf antworte ich: Wä-ren blos die Stangen stark, lang und mit vielen Enden versehen, so wäre freylich diese Stange nur von einem Riesen unter den Hirschen. So aber sind an dieser noch nicht einmal ganzen Stange fünf Sonderbarkeiten von seltsamer Art zu finden. Wä-ren ferner diese seltsamen Gestalten der Enden mon-strös, so wären sie nicht an einer so starken Stange, in dem das Monströse der Hirschhörner nach der Erfahrung aller Jäger, jederzeit mit einer Verletzung an den Zeugungstheilen zusammen hängt, da denn die daraus folgende Ungesundheit des Individui, keine so starke und gesunde Stange aufzusetzen, er-laubt haben würde. Endlich so ists sehr möglich,

daß

daß so wie bey uns sich die Furia infernalis Linnæi, und die wilden Enten und Schnepfen ꝛc. seit den bisher mit so velem Eifer betriebenen Ausradungen der Büsche, und Austrocknung der feuchten Gegenden, fast gänzlich verlohren haben oder verliehren werden, und so wie in wenig Jahren z. E. die Auerochsen vermuthlich vom ganzen Erdboden vertilgt seyn werden, deren letzten Rest, seit dem im vorletzten Kriege die rußischen Jäger um Taplacken in Ostpreussen, wo ihr Hauptstand war, sie verwüsteten, nur noch vielleicht aus wenigen Individuen besteht, wo noch gar einige daselbst mehr vorhanden sind: So kann auch bey mehrerer Cultur und Bevölkerung der Gegenden Deutschlands, dieses damals dort einheimische Thier, dem diese Art Gehörn zu tragen vom Schöpfer beygelegt worden, sich eben so verlohren haben.

Aus dem vorhergehenden glaube ich daher mit Recht so viel folgern zu können, daß dieses Gehörn kein blosses riesenförmiges auch kein monströses Elenn oder Hirschgeweyh, oder keine Anomalie, sonst bekannter Hirschgeschlechter sey; sondern einem bisher unbekannten und ausgestorbenen Geschlecht grosser Thiere, vermuthlich der Schwäbischen-Gebirge, die der Rhein durchfließt, und die noch bis itzo sehr wildreich sind, gehört habe; doch überlasse ich grössern Naturkenner nein entscheidendes Urtheil hierüber zu fällen.

Ich bediene mich dieser Gelegenheit, einige Bemerkungen über das Abwerfen und wieder Aufsetzen der Gehörne unserer Hirschgeschlechter zur Berichtigung dieses Theils der Naturgeschichte benzufügen.

Zuförderst scheint mir dieser Umstand etwas höchst charakteristisches zu enthalten, und wenn man die großen vierfüßigen Thiere überhaupt in Gehörnte und nicht Gehörnte, erstere aber in solche die

ihr

ihr Gehörn behalten, und in solche die es jährlich abwerfen, genauer eintheilte; so würde, wie es mir scheint, die Naturgeschichte an Bestimmtheit ihrer Charakteristik dabey gewinnen.

Nun giebt es in Europa nur fünf bekandte Thierarten, die ihr Gehörn jährlich im gesunden Zustande abwerfen und wieder aufsetzen, als:

1) Hirsche, wozu rothe, blaß und weiße Hirsche, unter dem allgemeinen Titul Adelwildpreth nach der Jägersprache gehören.
2) Tannhirsche.
3) Elenn.
4) Rennthiere.
5) Rehbock.

Von allen diesen Arten ist, wie ich, bis auf die Rennthiere, gewiß weiß, das weibliche Geschlecht ungehörnt.

Diese fünf Thierarten, die, was das männliche Geschlecht betrift, ihr Gehörn jährlich im gesunden Zustande, vom zweyten Jahr ihres Lebens an abwerfen, machen billig eine Klasse für sich aus, und geben dabey dem Naturforscher viel Merkwürdiges zu beobachten, davon ich nur einiges anführen will. Der edlen Hirsch, Tannhirsch, Elennhirsch, Rennhirsch, verrichtet seine Brunftzeit, oder sein Zeugungsgeschäfte, wenn er sein Gehörn völlig trägt, im September und October. Er wirft es nach seinem Alter und Wohlbefinden, im April oder May ab. Um diese Zeit ist sein Gehörn reif, das ist, es löset sich, in der auf dem Hirnschädel in allen übrigen Monathen sonst fest aufgewachsenen Rose von selbst ab, daß er es mit Kopfschütteln von sich wirft, da etliche Monathe vorher ein starker Mann es nicht abbrechen konnte. Doch der zweyjährige Hirsch oder Spießer,

Spießer, der sein erstes Gehörn trägt, welches aus geraden Stangen, etwa ein Viertel Berliner Elle lang, ohne alle Enden, besteht, kann es durch Schütteln nicht los werden, weil es noch zu dünn und leicht ist; sondern dieser steckt das Spieß in die Erde und bricht es ab. Vier Tage nachdem der Hirsch es abgeworfen, sieht man schon, wie die kurz nach dem Abwerfen wie zwey platte weiße und mit einer Haarwulst umgebne Vertiefungen, aussehende Stellen der Rose nun einen gelbröthlichen gallertartigen Saft ausschwitzen, welcher sich in der Mitte kugelförmig hebt, und mit einer schwarzen kahlen Haut gegen den zehnten Tag überzieht, worauf bald einzelne feine schwarze Härchen wachsen, und das Blut in kleinen Tropfen durchschwitzt. So hebt sichs in vierzehn Tagen bis zur Handbreite, da denn die zwey Augensprossen erscheinen, welche wie Zweige an einem Baume bey jungen Hirschen zwey Finger breit über der Rose, und bey alten dichte über der Rose im gesunden Zustande beständig forne aus der Stange herauswachsen.

Hier ist ein dunkles Feld für die Philosophie. Wer weiset den blinden gallertartigen Säften in diesem Zustande, den Weg der Regelmäßigkeit im Wachsen, den bloß für diese Periode entstehenden, und den Wachsthum der neuen Stange der Länge nach, begleitenden Blutgefäßen, ihre labyrinthische Bahn, und der Augensprosse ihren Ort des Entstehens, nach der zweckmäßigsten Richtung, und dem absichtsvollsten richtigsten Ebenmaaß an, um sie sowohl zur Bewaffnung furchtbar, als auch zur Zierde des Hirsches zu machen? Wenn es nicht der allmächtigweise Gott that, der in seiner Schöpfung im Mannigfaltigen so wie im Einfachen sich verherrlichte, und die nicht denkende Materie an Gesetze band, die wir nicht

kennen,

kennen, aber deren Würkungen wir bewundernd anstaunen müßen.

Nach vier bis fünf Wochen zeigt sich die Eissprosse, und in der sechsten bis siebenten Woche die Krone, und da ist oft schon das Gehörn eine Länge von 24 Zoll gewachsen. Beyde Stangen sind nun mit einer dem Mausefelle an Farbe und Feinheit der Haare fast ähnlichen Haut überzogen. Nun bilden sich in der Länge und Dicke unter dieser Haut die Enden völlig aus, bis in der neunten bis eilften Woche alles unter dieser Haut hart wird, und der Hirsch ein Jücken, als das Zeichen des völlig reif gewordenen Gehörns empfindet, welches in den Anfang des Augusts zu fallen pflegt. Wenn nun vorher der Hirsch, sein annoch weiches Gehörn äußerst geschont, und deswegen die Büsche und niedrigen Hölzer vermieden, auch im Getreide nicht länger sein Wohnbette aufgeschlagen, als bis zum Zeitpunkt da die Aehren noch gerade standen und nicht niederhingen; dagegen aber alsdann sich an kahlen Felsen, oder in lichten Wäldern und Stangenörtern aufgehalten hat; auch, um die Fliegen und Mücken, die auf das weiche saftige Gehörn erpicht sind, abzukehren, sie sich in den Weichen zwischen dem Bauche und den Hinterkeulen, behende und behutsam abstreift: so wird er nun, um des Jückens los zu werden, so dreist und wütend, daß er einen Strauch von weichen Holze, Werften, Espen, Haseln, oder Vogelbeeren sich sucht, und daran, wie in einer Art von Furie, alle die rauche Haut von dem ganzen Gehörne abschlägt und schabt. Was er von dieser rauchen Haut finden kann, verschlingt er sorgfältig, und mit dieser Arbeit ist er in etlichen Nachtstunden fertig. Nun sieht sein Gehörn weiß und blutig aus, und man sieht die halb vertief-

ten

ten Kanäle deutlich, wo die Blutgefäße, von unten bis oben, nach verschiedenen Zweigen gegangen sind. Nicht zwey Tage währt dieses, so wird es schon bräunlicher; und nun färbt es der Hirsch, durch tägliches Schaben und Schlagen an jungen Bäumen aller Art, da denn der Saft und das Harz der abgeschabten Rinden es endlich nebst Luft und Sonne ganz braunschwarz färbt, nur daß die Spitzen der Enden weiß bleiben, weil der Hirsch sie in der Erde und an Steinen, wie polirt und scharf macht. Um diese Zeit hat auch der Hirsch an Feiste beträchtlich zugenommen, und sobald als sein Gehörn völlig im Stande ist, fängt nicht lange darauf, seine Brunftzeit an.

Mit den Tannhirschen hat es bis auf wenige Abweichungen in der Jahreszeit die nemliche Bewandniß.

So auch mit den Elenn und Rennhirschen, von welchen, nemlich den Rennthieren, ich aber, da ich kein Augenzeuge bin, mich zu schreiben enthalte.

Doch mit dem Rehbock ists ganz anders. Der Rehbock muß, zufolge der vom Schöpfer eingerichteten Naturgesetze, mit **kahlem Kopfe** im December und Januar brunften. Es ist zwar im August und Anfang des Septembers die den Jägern bekannte Zeit, da der Rehbock mit großer Begierde, die überjährigen **Ricken** [3]) herumjagt, und sich mit ihnen begatten will, welches die Jäger „**der Bock springt aufs Blatt**“

3) **So heißt in der Jägersprache das Weibliche des Rehgeschlechts. So wie auch das Weibliche des Hirschgeschlechts, das Thier genannt wird.**

Blatt“ und zwar darum so heißen, weil, wenn man auf einem Büchenblatte die Stimme der Ricke zu dieser Zeit nachmacht, und sich verborgen hält, der Rehbock wie blind, so bald er es hört, heranspringt, und dabey geschossen wird. Aber dieses ist keine ordentliche Brunft, weil man niemals im September und Oktober eine Ricke trächtig befunden hat.

Im November fängt der Rehbock an, sein Gehörn abzuwerfen. Die stärksten und gesündesten, wie bey den Hirschen auch geschiehet, zuerst, und die schwächsten zuletzt; nun leiden die Ricken sie um sich, ihre Brunftzeit geht an, und währt den December hindurch. Da der Rehbock ein sehr gefährliches und wie ein Pfriem geschärftes Gehörn hat, und ein, mit sehr viel lebhaftern Affekten als die andern Hirscharten, begabtes Thier ist, so erkläre ich mir daher, warum im August, da er noch gehörnt ist, ihn die Ricke so fürchtet und flieht, daß kein Jagdhund sie zu schnellerer Flucht bringen könnte: dagegen im December, da er nicht mehr gehörnt ist, ihn um sich leidet; zu welcher Zeit oft vier Böcke und zwanzig Ricken in einem Rudel, versammlet sind, die zusammen ganz friedlich leben, da ihre Waffen ihnen abgenommen sind. Zu jeder andern Zeit, und wann sie noch gehörnt wären, würden sie, so nahe beysammen, in heftigen Kämpfen, statt ihr Geschlecht zu vermehren, sich selbst in Unfriede verzehren, und es ausrotten.

Wie heftig diese Kämpfe zuweilen seyn müßen, davon kann ich folgendes Beyspiel anführen. Ich schoß vor einigen Jahren einen Rehbock von sechs Enden, dem in einem Kampf mit einem andern starken **Spießbock** (dessen Gehörn nemlich ohne Auswüchse

wüchse oder Enden gewesen 4)) dieser Spießbock eines seiner Spieße über dem rechten Auge durch den sinum frontalem und den Gaum bis nahe auf die Zunge, hineingestossen. Bey der durch diesen Stoß vermuthlich verursachten heftigen Bewegung des Patienten, war nun dem Thäter, dieses Spieß dergestalt aus dem Kopfe gebrochen, daß man auf der in die Höhe stehenden untersten Seite der Rose die Splitter des Cranii sehen konnte. Es war aber dieses Spieß, dem Rehbock von sechs Enden dennoch völlig im Kopfe verwachsen, und die Wunde geheilt, auch der Rand derselben, mit weichen Härchen wie gepolstert; und, als ich ihn schoß, welches im September geschah, befand sich der Rehbock in völlig gesundem Zustande, und war gut am Wildpreth. Ich ließ den Kopf skeletiren, und schenkte das Präparat, in die oben schon belobte Sammlung rarer Hirsch- und Rehgehörne des Herrn Domdechanten des hohen Stifts Halberstadt, Freyherrn von Spiegel zum Diesenberg, wo es sich auch noch befindet. Reckan, den 13. Aug. 1780.

Friedrich Eberhard von Rochow.

4) Bey den Rehen geschiehet dieses zuweilen, daß ein sehr starker Rehbock nur ein Spießgehörn trägt. Seltner ists unter den Hirschen, doch hat auf dem Jagdschloß zu Ahrensberg, im Cöllnischen Sauerlande, sich ein Hirschspießergehörn von ungewöhnlicher Größe an Länge und Dicke der Stangen gefunden.

XXI.

Kurze

Lebensgeschichte

des

Herrn von Güldenstädt.

Der zu frühzeitige und plötzliche Verlust unseres würdigsten Freundes, welchen die Erlauchte Kayserlich Russische Akademie der Wissenschaften zu Petersburg vor kurzem erlitten, und mit uns und allen die diesen rechtschaffenen Gelehrten aus Einsichten und Freundschaft genauer gekannt, schmerzhaft seyn muß, betrift den Herrn von Güldenstädt aus Liefland, welcher den 23. März alten Calenders in diesem Jahre an einem bösartigen Fieber, aller angewandten Rettungsmittel ohnerachtet, verstorben ist. Er war ein Nachkömmling von einer Schwedischen in Liefland zurück gebliebenen Familie. Dieser Freund war einer der würdigsten Schüler den die königlichen Anstalten in Berlin von jeher aufzuweisen haben: weit entfernet von den gewöhnlichen vielen jugendlichen Schwachheiten, auch von allen Spielwerken, eitelm Glanze der sogenannten Schönheiten der neumodischen Art der Gelehrsamkeit, und was sonst alle Gründlichkeit leicht verdringet, und die Wissenschaften wieder, zu ihrer wahren Kindheit bald zurücke bringen wird. Hier hat er sich unter Fleiß und

und Rechtschaffenheit, unter den Augen grosser Männer fast zusehens gebildet. Seine vortreflichen Gemüthseigenschaften und Geschicklichkeiten, machten ihn zuletzt der **hiesigen königlichen Akademie der Wissenschaften**, einem **Muzel** und **Roloff** besonders bekannt; er liebte seine Lehrer und bewies sein dankbares Herz bis an seinen Tod. Seinen Unterricht gaben ihm ein **Gleditsch**, **Gerhard**, **Meckel**, **Pallas** und **von Castillon** vornehmlich, und er suchte von allen für die Zukunft Vortheile zu ziehen, worauf andere niemals dachten, die er aber in der Folge und auf seinen Reisen genugsam benutzt hat.

Die **russische kayserliche Akademie** zu **Petersburg** trug ihm seiner Talente halber, die bekannte und wichtige **Reise durch einen Theil der entferntesten europäisch und asiatischen Länder** auf, die er mit allem Eifer, Einsicht und Treue übernahm, **bis auf und über das Caucasische Gebirge.** Die Früchte davon hoffte man noch zu geniessen. Von diesen aber wird ein Theil der allerwichtigsten Nachrichten außer Rußland nicht leicht bekannt werden; der andere sich noch in der Arbeit befinden; der dritte aber um welchen es nicht weniger Schade seyn muß, weil er die Naturgeschichte von manchen Fächern besonders angehet; ist wohl mit ihm selbst begraben worden. Unsere Gesellschaft wird seine Verdienste nie vergessen!

Zu seinem geschwinden Absterben gab eine heftige, bösartige und tödtliche Krankheit in dem Hause eines seiner besten Freunde, nehmlich des berühmten **Herrn Euler** zu **Petersburg** die Gelegenheit. Er, als Naturforscher und Arzt, wollte bey diesen seinen

Freunden, seinen besondern Pflichten vollkommene Genüge leisten, wie er vormals ein gleiches an den königlichen geheimen Ober-Bergrath **Herrn Gerhard** bis zum Erstaunen bewiesen. Er wartete alle und jede dieser Kranken, bey welchen er selbst war. und scheuete aus Pflicht und Großmuth das Anstecken dieser Krankheit nicht. Da nun der Ausgang bey allen diesen krankgewesenen Personen glücklich war: so wurde er am Ende statt aller das Opfer der Freundschaft und Großmuth; und starb ohne Wirkung aller angewandten Rettungsmittel zu früh für etliche beträchtliche Zweige der Naturwissenschaft, und für seine Freunde, die seinen Werth am besten kennen.

Register

der vornehmsten Namen und Sachen.

C.

O.

O.

P.

Q.

R.

S.

Stein-

Bemerkte Druckfehler im ersten Bande der Schriften zu verbessern.

Seite.	Zeile.		statt		lies
7	3	von unten	statt Brunst		lies Brunft, auch an mehrern Orten.
9	7	von unten	— Rarität	—	Varietät
23	3	—	anno	—	anus
27	4	—	März	—	May
26 und 27	letzten Zeilen in den Noten,		statt Fluden		lies Hulden,
67	8	—	abdomini	—	abdomine
76	3	—	in Fern	—	im Kern
83	8	von unten	Zeufe	—	Teufe
120	7	—	Alzkette	—	Alpkette
—	8	—	Karnische	—	Kärnischen
—	9	—	welcher	—	welche
—	10	—	Kärnthinsche	—	Kärntnischen
121	16	—	Jullische	—	Julische
—	17	—	Alzkette	—	Alpkette
122	2	—	. Wie	—	; wie
—	3	—	Hysterich	—	Hystreiff
—	5	—	mehrere	—	mehreren
—	6	—	Schuhe	—	Schuhen
123	21	—	u. p. s.	—	u. s. w.
124	3	—	denen	—	jenen
—	4	—	Krainischen	—	Krainerischen
—	29	—	Linie	—	Rinne
125	3	—	folgende	—	folgenden
—	7	—	den	—	dem
—	17	—	Rahgondie	—	Rapondie
—	34	—	Mappa Carniolæ	—	Mappam Carnioliæ.
128	22	—	Aretische Pflanze (Aretia)	—	Mausöhrlein (Myositis)
—	31	—	Electarum	—	Selectarum
129	6	—	nach, habe ich, komt	—	auch
130	21	—	nächst	—	nach
131	5	—	des	—	der
—	15	—	von	—	vom
—	16	—	Felssteinen	—	Felssteine
132	21	—	Zelantz oder Selantz	—	Zelautz oder Selautz

Seite.	Zeile.		
134	8	— Steine	lies Steinen
—	28	— Kusching	— Büsching
—	29	— andern Ufer	— angeführten Ort
135	1	— den	— der
—	2	— ketten — Zirkel	— kette — Tyrol
—	24	— Gestellsteine	— Gestellstein
136	14	— Kiesel	— Kiesel:
—	28	— innern	— Innern
138	1	— dieselbe	— dieselben
—	3	— Erg:	— Erz:
—	8. 19	Würkstein	— Murkstein
139	1	— keinen wahren Granit	— keinem wahren Granite
140	31	— Lelina	— Leling
142	5	— auch	— auf
—	27	— Steinbruch	— Steinbrech
—	28	— der Gräz:	— der Gränz:
143	1	— der Haupt, Erz oder	— der Haupt: Erz: oder
—	2	— einen Grubengang, an seiner Kure	seine Gruben ganz an — seiner Spitze
—	28	— Salz	— Holz
144	4	— gelaßen	— gelaufen
145	4	— denen	— den
—	22	— silberhältiges	— silberhältige
—	24	— einen	— einem
146	25	— verflahen	— verflächen
—	30	— mit, bleibt weg.	
—	33	— pikant	— klebend
147	19	— Serpentinstein	— Serpentinsteins
—	27	— denen	— den
148	22	— denen	— den
150	5.u.6.	— Asbest, — dem Säulensteine	Asbest: — den Säulenstein:
152	28	— Lieper	— Lieser
153	28	— seinen — Fragia	— seinem — Fragile
155	8	— anderm Ungezieser	— andern Ungeziefers
—	30	— eines andern	— ein anderes
157	2	— denen	— den
—	33	— reichen	— weichen
158	31	— gewalligen	— gewältigen
159	14	— Knapen	— Knappen
162	31	— denen	— den
—	34	— nach diesem, ist zu setzen	— Wege
164	12	— Haus	— Hause
164	13	— Quarzlosen	— Quarze losen

Seite.	Zeile.		
—	14	— nach Ecken : : :	lies an der Kante
165	16	— Basalts : : : :	— Basalt
167	3	— Zieknitz : : : :	— Zirknitz
168	29	— Billenius : : :	— Dillenius
—	34	— dodonæ : : : :	— dobonæ
169	2	— toides : : : :	— loides
—	14	— von : : : : : :	— vom
—	31	— Schaick : : :	— Spieck
—	32	— Billenius : : :	— Dillenius
170	3	— Leopoli : : :	— Scopoli
—	6	— denen : : : : :	— den
—	—	— nach, der : : :	— Felsschiefer
—	7	— dar : : : : :	— ein
—	11	— nach, über : :	— lauter
171	6	— zwo : : : : :	— zwey
172	20	— waren : : : :	— worden
174	22	— die : : : : :	— der
177	4	— schmutzigen : :	— schmutzig
178	22	— Zeihe : : : :	— Zeche
179	23	— einen : : : : :	— einem Haarritzer
180	24	— bergigt : : : :	— Berg auf
181	15	— nach : : : :	— doch
182	22	— wieder : : : :	— wider
—	33	— alten : : : :	— Alpen
183	2	— Büchne : : : :	— Büchel
—	11	— juxtiposition : :	— juxtaposition
—	20	— passen : : : : :	— saßen
—	28	— diesen : : : : : :	— diese
184	11	— Schweitzergruben :	— Schemnitzergruben
188	1	— grüfte : : : :	— gründe
—	26	— Mund : : : : :	— Wind
—	32	— Symtoma natura :	— Systema naturæ
189	13	— nach Berges : :	— über zwey tausend
190	9	— welche : : : : :	— wovon
192	2	— Schluf : : : :	— Schlucht
193	15	— nach, über : : :	— den
—	17	— nach, Murksteinarten	— und
—	20	— welchen letzere : :	— welchem letzteren
194	7	— weil man : : :	— in dem
—	8	— nach, noch : : :	— einen
—	9	— Achaten : : : :	— achatenen
—	26	— des : : : : : :	— das
197	10	— jenen — ihm : :	— jenem — ihn
198	29	— daher bricht : : :	— da hier bricht

Seite.	Zeile.			
199	17	lies und	: : : : : —	um
—	22	— Jan:	: : : : : —	Jau:
—	30	— doch, bleibt weg.		
200	10	— Steinfels	: : : —	Steinfeld
—	11	— welcher	: : : : —	welches
—	20	— Großlirchheim	: : —	Großkirchheim
202	3	— Bemühungen	: : —	Bemerkungen
—	7	— d	: : : : : : —	v
—	13	— Würde	: : : : —	Werke
205	13	— Cucullanum lasustrem	—	Cucullanum lacustrem
207	16	— Haken	: : : : —	Hacken
209	12	— eben dieselbe, als: der	—	einerley mit dem
—	13	— ihrer Behauptung	: —	geschehener Befruchtung.
210	30	— Zortera und Purrellato.	—	Zostera und Furcellato
213	11	— gütern	: : : —	gräsern; und
—	16	—	: : —	Pleuron
215	14	—	: : : —	Asterias
216	20	—	: : —	Asteriæ
218	6	— Fasen	: : : : —	Fasern
314	3 u. 9	— Blumenkäzchen	: —	Blumenkäpchen
414	4 v. unt.	Haubold	: : : : —	Hanbold
258	4 in der Note,	Höpfen	: —	Hüpfen

372 l. statt rubetarum lies rubeta.

Druckfehler in dem zweyten Bande.

Seite.	Zeile.			
78	34	— Clußius	: : : lies	Clusius
124	5 v. unt.	Synonyma	: : —	Synonimie
125	8	— Palißon	: : : —	Pelißon
—	—	S. 239	: : : —	S. 339
372	11	— rubetarum	: : —	rubeta.

Fig. 1.
Fig.
a
b
c
b
a Fig. 8.
b
a
b
c
d
c
Fig. 15

Tab. I.

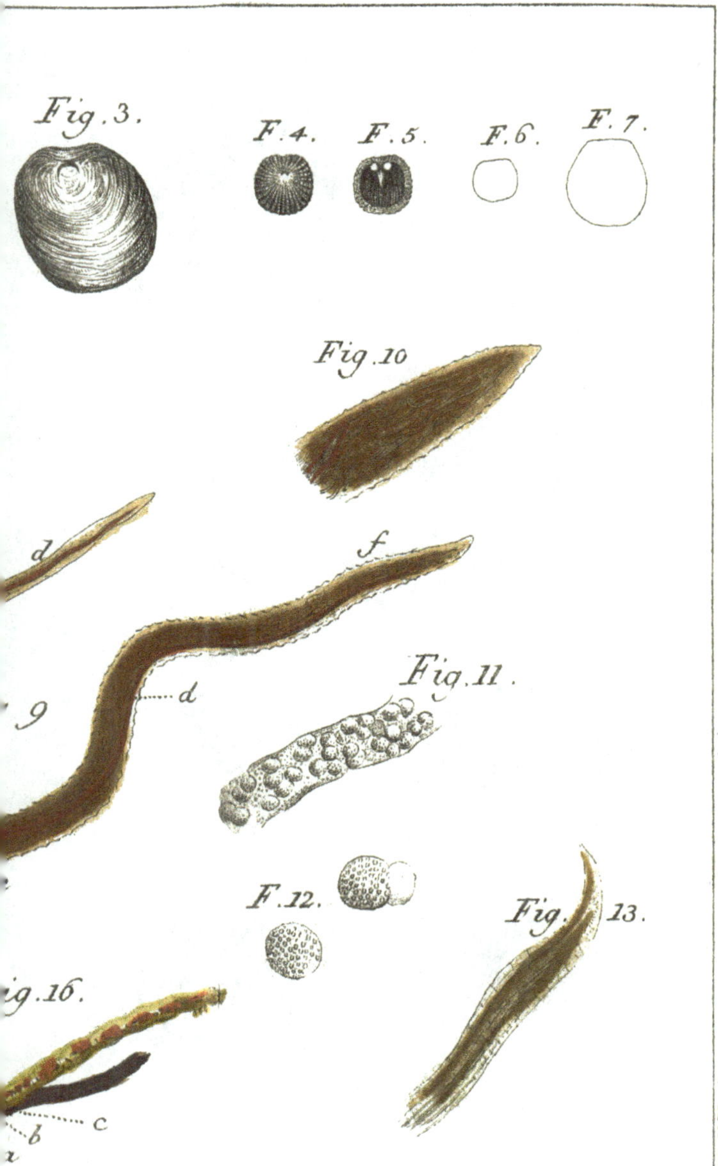

Tab. II.

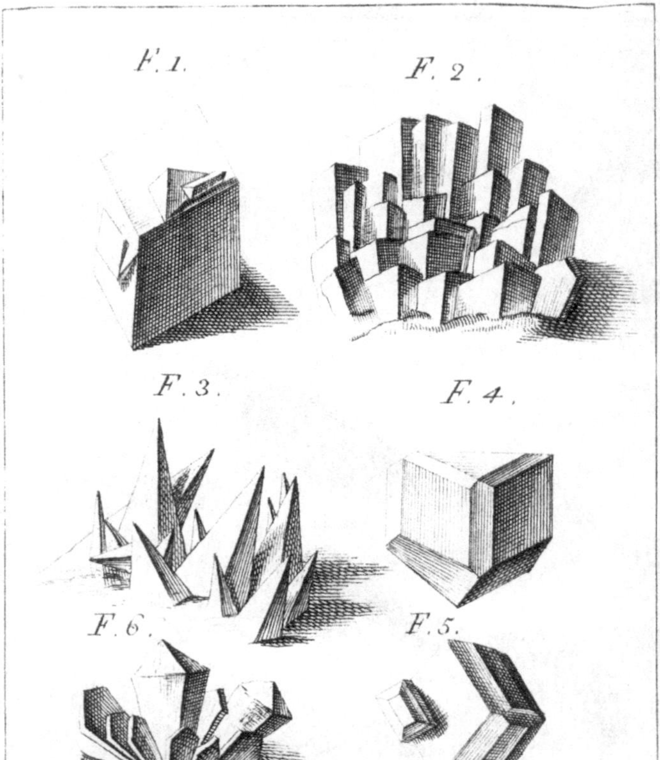

Gundersdorf del.   I. W. Schleuer jun. sc.

F. 1.

F. 2.

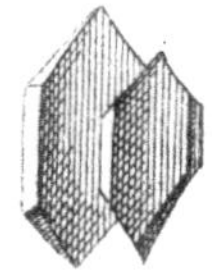

F. 3

F. 4.

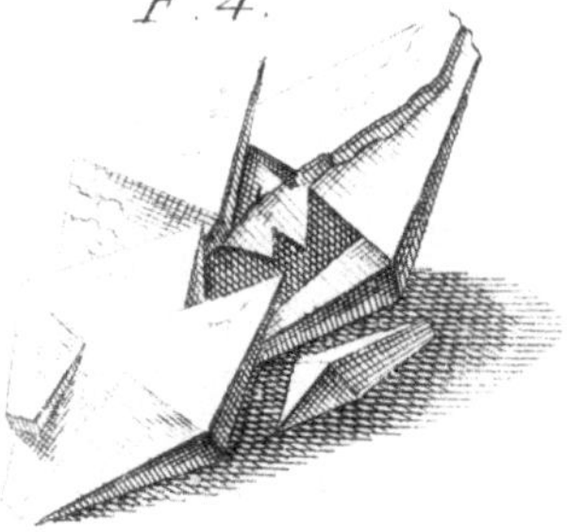

F. 5

F. 6.

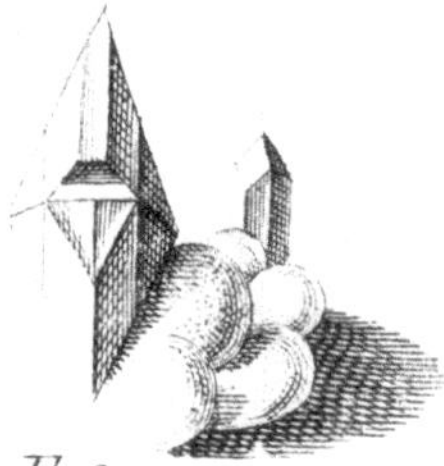

F. 7.

F. 8.

Gundersdorf del. I. W. Schleuen jun sc.

W. Comes Mellin ad viv del. & sculp

TAB N

W. Comes a Mittin ad viv. del. & sculp.

TAB V

Fig. 1.

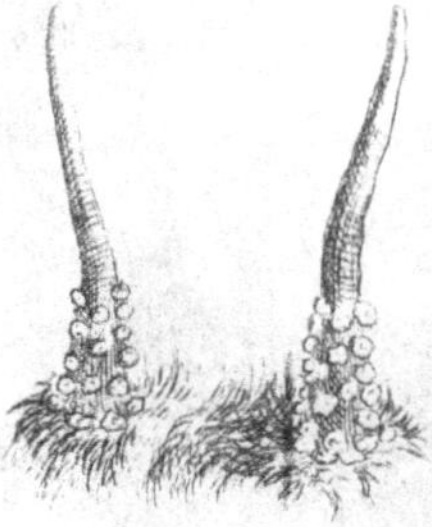

Fig. 3.

V. Comes a Mellin ad viv. del. & sculp.

TAB VI

Fig. 2.

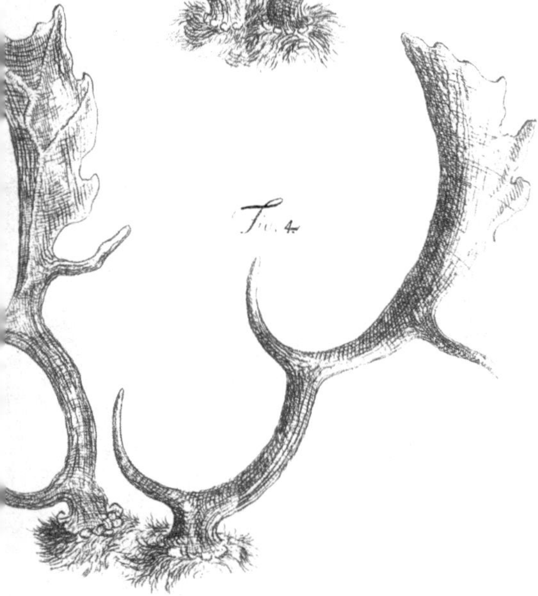

Fig. 4.

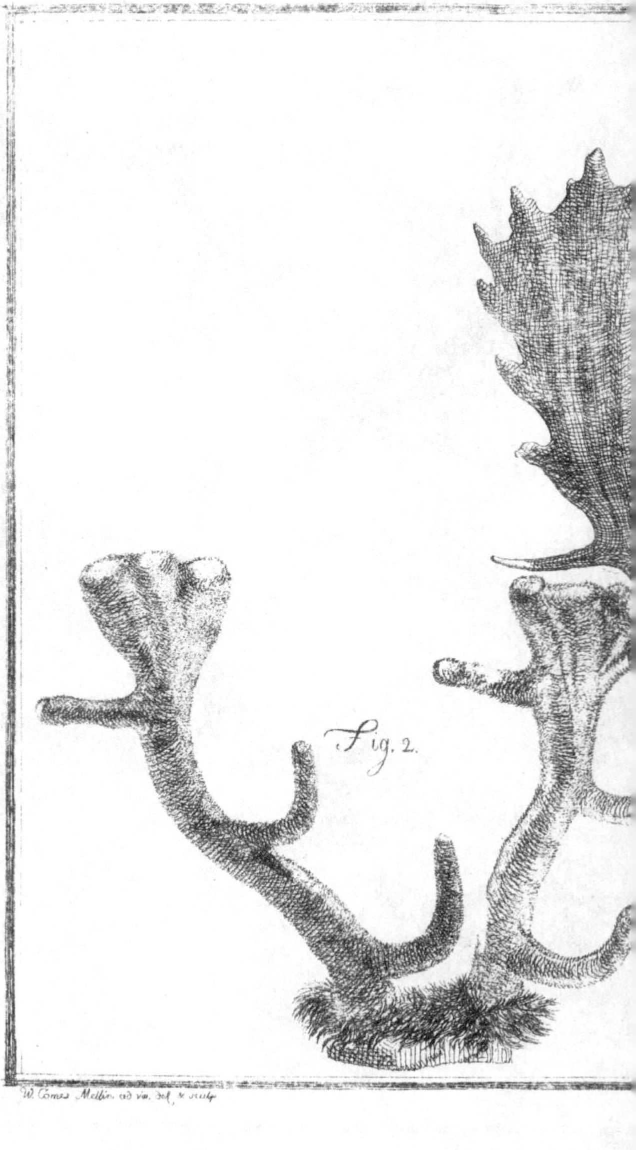

W. Comes Melbin. ad viv. del, & sculp

TAB VII

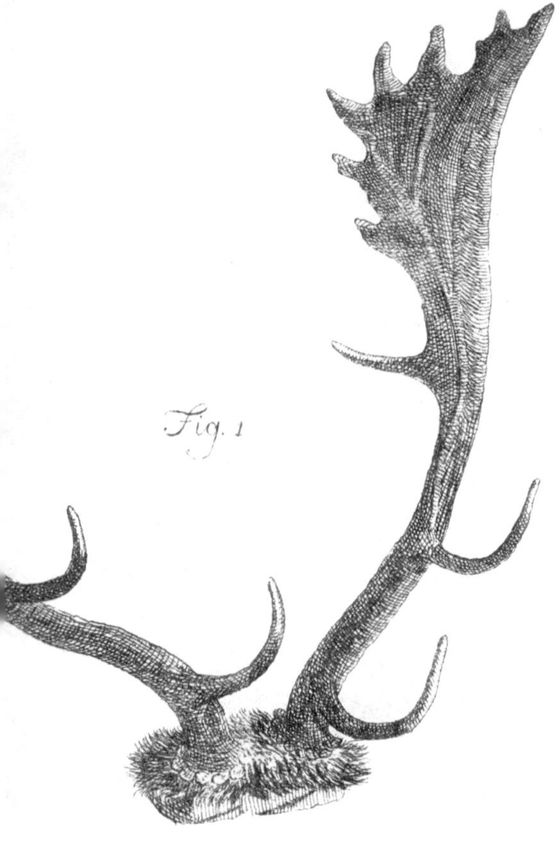

Fig. 1

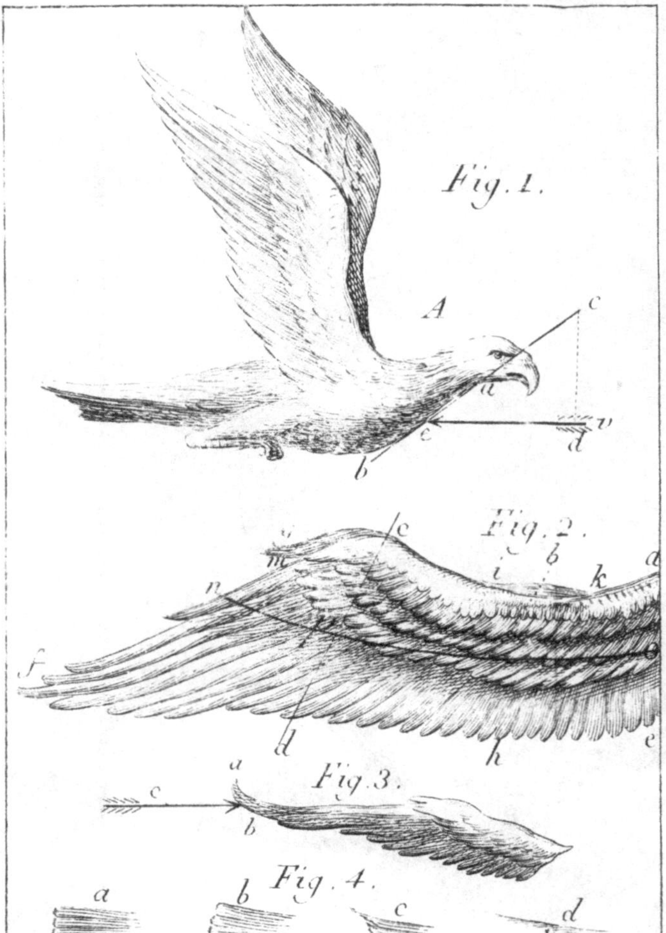
Fig. 1.
A
c
a
e
v
d
b
Fig. 2.
c
m
b
i
k
d
n
f
d
h
e
a
Fig. 3.
c
b
Fig. 4.
a
b
c
d
g
Fig. 5.
h
a
e
c
d
b
i
f

Tab. IX.

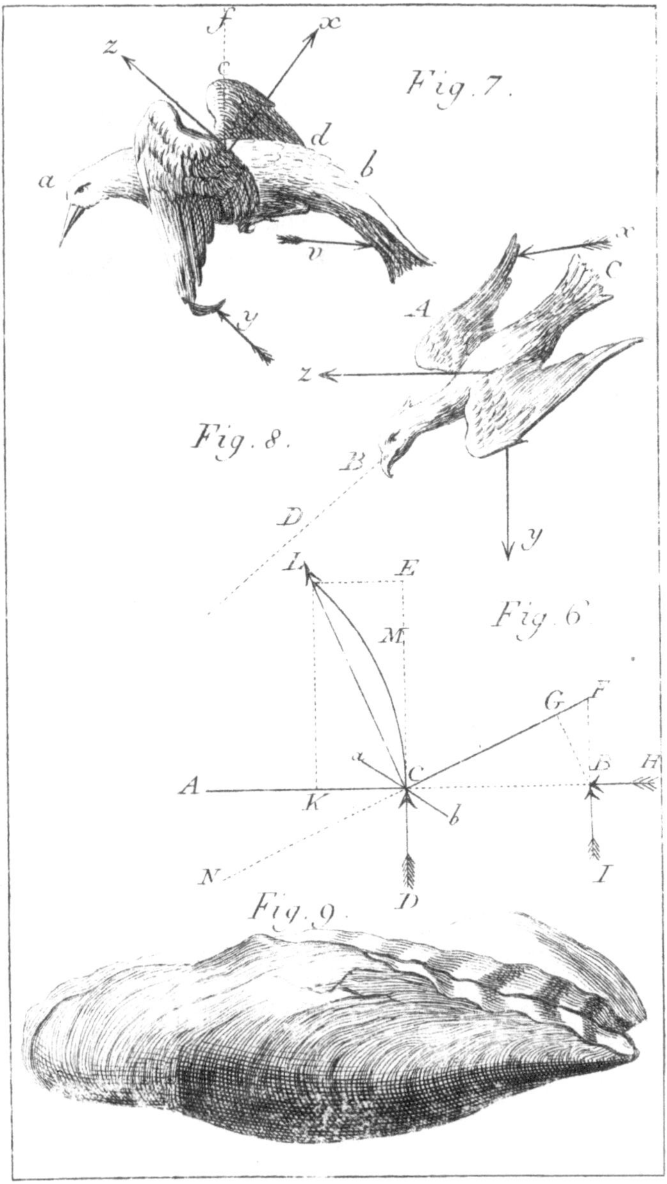

Tab. X.

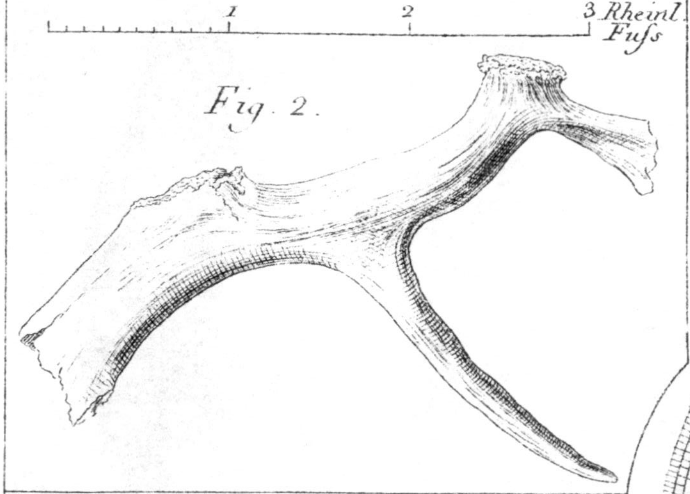

Fig. 2.

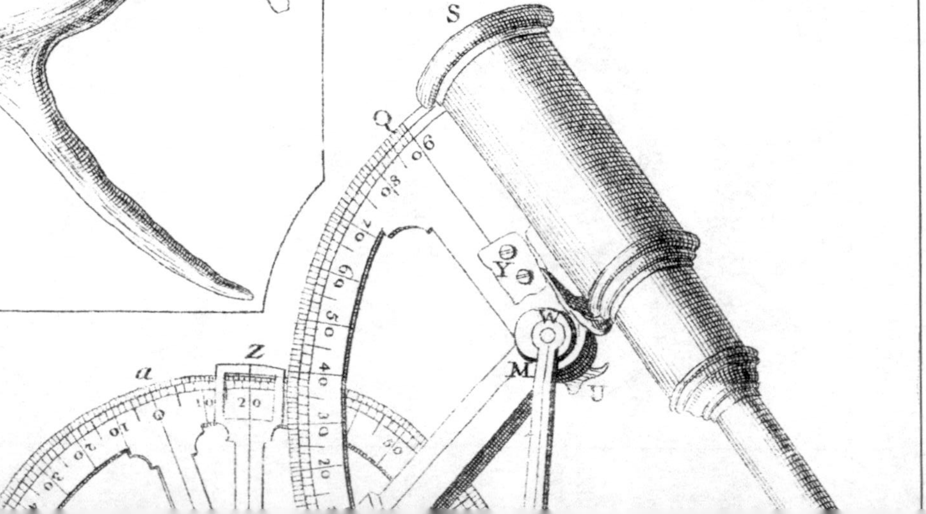

Fig. 1.

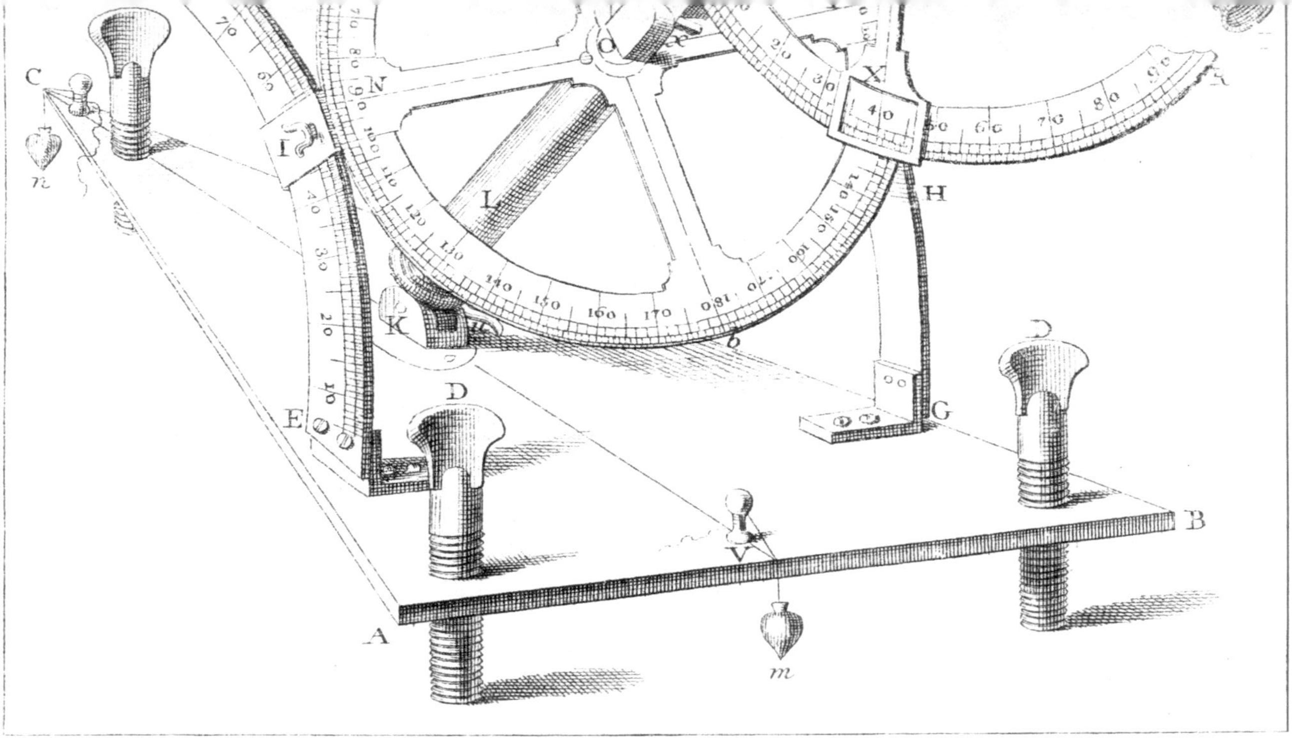

A
B
C
D
E
G
H
I
K
L
N
V
X
m
n
b

FSC
www.fsc.org
MIX
Papier | Fördert gute Waldnutzung
FSC® C083411

Kolibri 360 GmbH
Ferdinand-Jühlke-Straße 7
99095 Erfurt, Deutschland
produktsicherheit@kolibri360.de